节理岩体的力学特性及工程应用系列

本书出版得到了国家重点研发计划(No. 2019YFC1509700)和国家自然科学基金(No. 41977227)资助

岩体结构面力学特性的时间效应

Time Dependent Behavior of Rock Discontinuity

王　振　张清照　顾琳琳　赵　程　沈明荣　著

同济大学出版社
TONGJI UNIVERSITY PRESS

内容简介

本书是关于岩体结构面力学特性的著作，主要介绍了岩体结构面速率依存性、剪切蠕变、剪切应力松弛和长期强度等四个方面时效特性的相关成果。主要采用室内试验、数值模拟和理论推导等方法，系统研究了岩体结构面力学特性的时效特征及其影响因素，建立了理论模型，深入揭示了结构面时效特性的内在联系，统一解释了结构面时效特性的作用机理。

本书适合地质工程、岩土工程及相关专业的科研人员和专业技术人员使用，也可供高等院校师生参考阅读。

图书在版编目(CIP)数据

岩体结构面力学特性的时间效应 / 王振等著. --上海：同济大学出版社，2020.10

(节理岩体的力学特性及工程应用系列/张清照主编)

ISBN 978-7-5608-9520-8

Ⅰ.①岩… Ⅱ.①王… Ⅲ.①岩体结构面—力学性质—时间效应—研究 Ⅳ.①TU452

中国版本图书馆 CIP 数据核字(2020)第 189594 号

节理岩体的力学特性及工程应用系列

岩体结构面力学特性的时间效应

Time Dependent Behavior of Rock Discontinuity

王 振 张清照 顾琳琳 赵 程 沈明荣 著

责任编辑 李 杰 **责任校对** 谢卫奋 **封面设计** 陈益平

出版发行 同济大学出版社 www.tongjipress.com.cn

(地址：上海市四平路 1239 号 邮编：200092 电话：021-65985622)

经 销 全国各地新华书店、建筑书店、网络书店

排 版 南京月叶图文制作有限公司

印 刷 常熟市大宏印刷有限公司

开 本 787mm×1092mm 1/16

印 张 10.75

字 数 268 000

版 次 2020 年 10 月第 1 版 2020 年 10 月第 1 次印刷

书 号 ISBN 978-7-5608-9520-8

定 价 68.00 元

前　言

在地下工程中，岩块滑移变形和失稳造成的大变形、坍塌、滑移型岩爆甚至地震等灾害往往释放能量巨大，一旦发生，可导致整个地下工程支护结构失效。岩块的失稳主要取决于已有结构面的滑移变形累积，此过程中可能不会产生规模较大的微震事件，传统的微震监测手段难以准确对其预报。同时，由于岩体结构面的变形和强度具有显著的时间效应，导致其失稳的发生时间具有很强的随机性，这更加剧了相关灾害的防治难度。岩体结构面力学特性的时间效应主要包括强度及变形的速率依存性、蠕变、应力松弛及长期强度等，是评价地下工程长期稳定性的理论基础。因此，对其基本特征、影响因素、理论模型以及作用机理进行深入的研究，可为相关工程计算、设计、施工及防灾减灾提供理论依据和必要的参考，同时对丰富岩石力学基础理论具有重要的意义。

本书主要围绕岩体结构面力学特性的时间效应，设计并开展了一系列结构面时效特性试验，系统研究了结构面速率依存性、剪切蠕变、剪切应力松弛和长期强度的基本特征，分析了粗糙度、应力历史对结构面时效特性的影响，建立了剪切蠕变和剪切应力松弛经验公式，推导了结构面剪切蠕变和剪切应力松弛之间的转换关系，提出了求解长期强度的新方法。以上述试验分析为基础，提出了应力-变形空间中的稳定区和非稳定区的概念，探讨了结构面时间效应四个方面的关联性。基于结构面的剪切特征，建立了考虑结构面表面形态及剪切过程中粗糙度所提供抗力弱化、摩擦力所提供抗力强化的剪切本构模型，统一解释了结构面时间效应的作用机理。

本书认真梳理了课题组近十五年的相关研究成果，并形成了全新的研究思路，对结构面速率依存性、剪切蠕变、剪切应力松弛和长期强度等时效特性进行了全面深入的研究。全书共8章，第1章为绪论，介绍了研究背景与研究现状；第2章是全书研究的基础，对不同粗糙度结构面的剪切强度及变形特征进行了研究；第3章通过不同剪切速率下的直剪试验以及变速率剪切试验，对结构面的强度和变形特性的速率依存性进行了研究；第4章开展了分级加载剪切蠕变试验以及加卸载后的剪切蠕变试验，研究了结构面剪切蠕变特性以及粗糙度和应力历史等因素的影响机理；第5章在分级加载剪切应力松弛试验、等应力循环剪切应力松弛试验以及加卸载后的剪切应力松弛试验的基础上，研究了不同粗糙度结构面的剪切应力松弛特性，阐述了松弛应力与变形之间的关系及剪切应力松弛机理；第6章采用过渡蠕变法、松弛法、速率法等方法对不同粗糙度结构面的长期强度进行了求解，提出了确定长期强度的新方法——等速率曲线拐点法，并分析评价了四种方法以及粗糙度和法向应力等因素对长期强度的影响；第7章研究了蠕变、应力松弛、速率依存性以及长期强度之间的关系，基于剪切过程中结构面性状以及数值计算结果，提出了JRCW本构模型以描述结构面的剪切过程，综合阐述了结构面的时效特性机理；第8章对研究成果进行了总结。

本书的出版得到了国家重点研发计划(No. 2019YFC1509700)和国家自然科学基金(No. 41977227)资助，部分研究成果是在国家自然科学基金(No. 42002266)、中国博士后基金(No. 2020M673654)、岩土及地下工程教育部重点实验室(同济大学)开放研究基金项目(No. KLE-TJGE-B1903)、江苏省博士后科研资助计划(No. 2019K284)的支持下完成的，在此表示衷心的感谢！

由于作者水平和经验有限，书中难免有不足之处，敬请广大读者批评指正！

著者

2020年9月

目　　录

第 1 章
绪　　论

1.1　概　述

在地球科学中，人们很早就知道时间效应这一重要因素，地壳许多有趣的地质现象和地球物理现象，如层状岩石的褶皱、冰川流动、造山作用、地震成因以及成矿作用，无不与岩土体的时间效应密切相关。对于地球内部介质的物理力学过程，如岩浆活动、地幔对流、板块漂移，则与岩石高温高压流变学有关。随着工程建设的不断发展，越来越多的工程以岩体为基础地质条件，岩体的时效特征成了影响这些工程安全运行的重要因素[1]，例如预应力锚杆的失效是典型的应力松弛问题，而岩质边坡的累进性破坏以及地下隧道或深地下工程数十年后仍可能出现破坏等是典型的蠕变现象，这些现象都与时间有着不可分割的联系，并且对工程的稳定和安全造成巨大的影响。

岩体的时效特征，也称为流变性，主要包括其强度和变形的速率依存性、蠕变和应力松弛等现象，以及由上述现象引起的强度降低，即长期强度。大量的现场量测和室内试验表明，所有的岩土材料都具有一定的流变性[1]。软弱岩石以及含有泥质充填物和夹层破碎带的松散岩体，其流变特性表现得较为显著。例如，奥地利阿尔贝格公路隧道在通过千枚岩、片麻岩、含糜棱岩的绿泥石片岩地层时，局部最大水平收敛变形达 700 mm，变形速度达 700 mm/d[2]；甘肃乌鞘岭特长隧道在通过断层及软弱围岩地层时，发生了严重的大变形，最大变形量超过 1 000 mm，严重影响了工程进度和安全[3]。即使是比较坚硬的岩体，在高应力下也具有非常显著的时效特征[4]，如四川锦屏二级水电站 1# 引水隧洞，在开挖后观测到了非常大的收敛变形，大部分洞段经历 6～8 个月才基本稳定，部分洞段流变变形收敛时间超过 1 年(图 1.1)，而其围岩却是单轴抗压强度为 100 MPa 左右的绿片岩和大理岩[5]。因此，岩体时

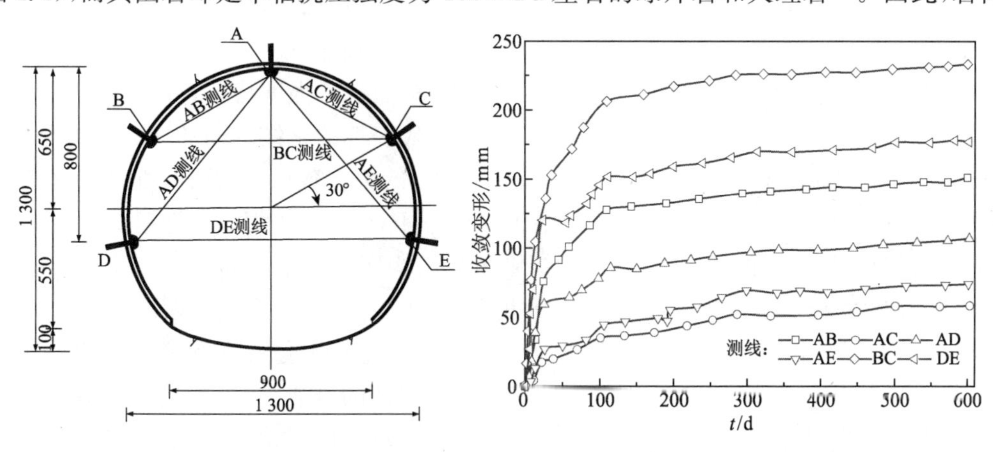

图 1.1　四川锦屏二级水电站 1# 引水隧洞绿片岩段监测断面及监测结果[5]

效特性的研究在诸如岩基、边坡和隧道等地下工程中具有重要的价值。

目前对岩体时效特征的研究主要集中在完整岩石上，而岩体作为自然形成的一种复杂材料，其中赋存了大量的节理裂隙和结构面，这些裂隙和结构面的力学特性往往在岩体中起决定性作用。实践证明，结构面具有非常显著的时间效应[6-8]。因此，通过对结构面开展一系列与时间相关的试验，对结构面强度与变形的速率依存性、蠕变、松弛以及长期强度的特性进行研究，统一分析结构面的时效特征及其之间的关系，并探明其作用机理，对丰富结构面时效特性的研究资料，进一步研究和了解岩体的时效特征，指导相关工程实践具有重要的意义。

1.2 结构面剪切力学特性

结构面的力学特性是结构面的基本力学性质之一，近几十年来，国内外众多学者在结构面表面形态特征、强度特征以及变形特性等方面对其进行了研究，并且取得了较多的成果。

结构面的表面形态是影响结构面强度和变形特性的重要因素，合理的表面形态特征参数对研究结构面的力学性质有着重要的意义[9-12]。Rengers 在卡尔鲁大学岩石力学系时，最早尝试把天然岩石结构面表面粗糙度量测结果与大比例摩擦模型试验结合起来[13]；Barton 和 Choubey(1977)[14]给出了 10 种典型的剖面，结构面的粗糙度在 0～20 之间变化，并于 1987 年通过研究不同表面形态结构面的力学行为，提出了岩体结构面粗糙度系数(Joint Roughness Coefficient, JRC)的概念[15]。基于 Barton 的研究，国际岩石力学学会后来又重新给出了 9 类粗糙度的典型剖面，并确定了相应的 *JRC* 范围[16]。陶振宇等(1992)[17]认为，结构面表面是由两种不同的起伏因素构成的，一种是较大的起伏不平，称为起伏度；另一种是起伏面较小的凹凸不同，称为粗糙度。周创兵(1996)[18]、谢和平等(1992)[19]、王建锋(1991)[20]等研究了分形维数与结构面粗糙度系数的关系。杜时贵等(1994, 1999, 2002)[21-23]研制了轮廓曲线仪和基本粗糙度尺，为节理粗糙度系数的定量统计提供了一种快速量测手段，并且认为结构面表面形态和 *JRC* 存在各质异性、各向异性和非均一性的特点。李化等(2014)[24]利用相对起伏度 R_a 和伸长率 R 共同反映结构面粗糙度系数(*JRC*)，并将 Barton 标准粗糙度等级剖面曲线按其与 R_a 和 R 的相关性及其几何形态分为平直状、波浪状、锯齿状三类。目前，Barton 提出的结构面粗糙度评价方法虽然是一种二维评价方法，但仍然是评价结构面粗糙度应用最为广泛的方法。

抗剪强度是结构面最重要的力学性质之一。结构面抗剪强度特征，目前已经有了较为丰富的研究，其中关于结构面强度特性的研究，最有代表性的是结构面的三大强度公式，即 Patton 公式[25]、Ladanyi 公式[26]和 Barton 公式[14,27]，绝大多数后续的研究都是以这三大强度公式为基础而展开的，并获得了较为理想的结果。Patton 和 Ladanyi 将粗糙不平的结构面简化为具有相同角度的规则齿形，并对规则齿形结构面提出了强度公式[25,26]；Barton 以结构面粗糙度的概念为基础，针对不规则齿形的结构面提出了摩擦强度公式[14]，之后 Barton 又根据试验提出了一个新的不规则岩体结构面抗剪强度经验公式，即 JRC-JCS 模型[27]。这三个理论是目前研究岩石结构面瞬时强度特性的经典公式，但是各自也有一定的局限性，规则的起伏角在不同正应力下所产生的不同破坏机理与结构面实际状态有一定的差距，而结构面粗糙度的量测是较复杂和困难的，这是因为结构面粗糙起伏特征千变万化，难以用简单的数学关系式准确表达[28]。

相对于结构面的强度特性研究而言，结构面变形特性的研究不如结构面强度特性的研究那样全面和深入[29]。目前在岩体结构面剪切试验中采用的应力路径主要有两种：一种是恒定法向应力分级增加剪切应力的常规结构面剪切试验，以研究结构面剪切变形特性；另一种是采用法向加载或法向循环加卸载的方式进行试验来研究结构面法向闭合特性。国内外已有许多学者进行了不同岩性结构面的闭合试验，所得到的结构面闭合试验曲线的形状基本相同[30]，闭合曲线均具有高度的非线性特征。Goodman 等(1968，1989)[31,32]把闭合曲线的大部分非线性归结于接触微凸体的非线性压碎和张裂，且认为结构面的卸载曲线基本上遵循与完整岩石相同的曲线。夏才初(1994，1996)[9-12]开展了针对结构面表面形态的数学描述及结构面闭合变形性质的研究。另外，Goodman 等(1968)[31]采用双曲线函数、Bandis 等(1983)[33]和 Barton 等(1985)[34]采用改进的双曲线函数、Sharp 等(1972)[35]采用半对数函数、Sun (1983)[36]采用幂函数、Malama 等(2003)[37]采用指数函数等对结构面的法向闭合变形性质进行了描述。赵坚等(2003)[38]认为，天然结构面在漫长的地质历史中一般都经历了多次变形，因而采用双曲线弹性模型是合理的，即认为结构面法向卸载曲线与加载曲线具有相同的本构关系。Jing 等(1994)[39]假定卸载阶段的应力-位移为线性关系，且沿加载曲线的切线方向线性卸载，重新加载时仍采用双曲线函数。尹显俊等(2005)[40]在研究已有结构面剪切循环加载的力学试验和数值模型的基础上建立了新的本构模型，并在本构模型中考虑了磨损对结构面的摩擦和剪胀特性的影响，在物理意义上反映了切向循环加载特性。杜守继等(2006)[29]通过人工岩体结构面剪切试验探讨了结构面剪切变形特性及与变形历史的依存关系，分析认为，在经历不同剪切变形过程后，粗糙结构面变得越来越光滑，粗糙特性呈下降趋势，不同的剪切位移主要影响结构面的抗剪切强度，对剪胀特性影响较小。黄达等(2014)[41]利用二维颗粒流(PFC2D) 程序，模拟研究了起伏角及法向应力对贯通型锯齿状岩体结构面的剪切变形及强度影响规律。因此，结构面的力学特性一直受到众多学者的关注，相关的研究成果也十分丰富，为进一步研究结构面力学特性的时效特征奠定了基础。

1.3 岩体结构面力学特性的时间效应研究现状

1.3.1 结构面强度和变形的速率依存性

岩体都是在一定的加载速率下破坏的。地壳的隆起、褶皱的形成是典型的低加载速率下的岩体破坏；而地壳岩层由于地震而瞬间形成的裂隙、塌陷等则是典型的高加载速率下的岩体破坏。在大型地下岩体工程的开挖施工中，炸药爆炸破碎岩体的过程是一个瞬间完成的动力过程，爆炸冲击波和应力波高速作用于周围岩体，使岩体破裂脱落[42]。对于岩石试验，由于加载速率是一个变化的参数，针对不同工程问题应考虑的试验加载速率不同，而不同加载方式对岩石材料的力学性能有较大影响，因而有关岩石材料在不同应变速率作用下的力学效应分析一直被视为岩石流变特性研究领域中的一个本质和核心的研究内容[43]。

对于完整岩石，岩石的强度随着加载速率的增大而增大已经成为研究者的共识，然而，对于结构面强度与加载速率之间的关系，研究者所持的观点却不尽相同[44,45]。

目前已经公开发表的一部分试验结果表明，节理强度随剪切速率的增大而减小，如Jafari等(2003)[46]对人工锯齿形岩石节理试样进行了剪切速率为0.05～0.4 mm/s的试验，试验结果表明，随着剪切速率的增加，试样的峰值抗剪强度减小；李海波等(2006)[47]对水泥锯齿形节理试样进行剪切速率为0.02～0.8 mm/s的试验，结果表明，岩石节理的峰值抗剪强度随剪切速率的增大而减小，其减小幅度随剪切速率的增大而减小，并提出了基于起伏角度和剪切速率的岩石节理峰值抗剪强度经验公式；Mirzaghorbanali(2014)[48]等对人工锯齿形节理试样进行剪切速率为0.5～20 mm/s的定法向刚度试验，结果表明，随着剪切速率的增大，节理峰值抗剪强度降低。

另一部分试验结果则与上述试验结果不同，如周辉等(2015)[49]对具有不规则齿形的水泥砂浆试块进行了0.2 kN/s、1 kN/s及5 kN/s等速率下的剪切试验，结果表明，不规则齿形的水泥砂浆试块强度随剪切速率的增加先增加后减小。Crawford和Curran(1981)[50]考虑了结构面微凸体接触时间、接触面积、接触行为、刚度、矿物组成和法向应力等因素的影响，试验结果表明，速率相关的抗剪强度变化幅度与结构面力学特性或矿物组成相关性不显著，但与结构面岩壁硬度有弱相关性。当法向应力较低时，对于白云岩结构面试样，随剪切速率的增加，其抗剪强度呈现先增大后不变的趋势，而当法向应力较高时，其抗剪强度随剪切速率的增加先不变后减小；对于花岗岩的中硬岩结构面试样，其抗剪强度与剪切速率相关性不大；而对于正长岩和砂岩的硬岩结构面试样，其抗剪强度随剪切速率的变化显著。Atapour和Moosavi (2014)[51]对平直型石膏结构面试样、平直型混凝土结构面试样和平直型石膏混凝土结构面试样进行了不同法向应力、不同剪切速率的直剪试验，试验结果发现：对于石膏结构面试样而言，峰值抗剪强度随剪切速率的增大而减小，且减小幅度随法向应力的增大而呈增大的趋势，总摩擦角随剪切速率的增大而减小，剪切刚度随法向应力的增大而增大，与剪切速率的负对数呈线性关系，随剪切速率的增大而显著减小，且减小幅度随剪切速率的增大而减小；对于混凝土结构面而言，峰值抗剪强度随剪切速率的增大而增大，且增大幅度随法向应力的增大而增大，总摩擦角随剪切速率的增大而增大，剪切刚度随法向应力的增大而增大，随剪切速率的增大而显著减小，且减小幅度随剪切速率的增大而减小。

对于产生上述一些现象的机理和原因，郑博文等(2015)[52]通过对上述试验数据进行分析，研究成果表明，节理面的物性主要影响总摩擦角，随剪切速率的增加呈增大或减小的变化趋势，而节理面的微观几何形态主要影响总摩擦角随剪切速率的变化幅值。周辉等(2015)[53]运用声发射的手段对水泥砂浆结构面不同加载速率下的剪切试验过程进行监测，结果发现，随着剪切速率的增大，其声发射能量率、累积能量、撞击率和累积撞击数均依次减小，这说明剪切速率越小，结构面内部的裂纹有足够的时间扩展和发育，最终导致结构面强度降低。

上述成果表明，速率依存性作为结构面时间效应的一个重要因素，其基本特征以及对结构面强度或变形的基本规律还没有得到充分的研究，虽然成果比较多，但由于影响因素较多，对于一些现象的解释还不够充分。因此，对于结构面的速率依存性，应该进行更加详细的研究，以揭示结构面速率依存性机理。

1.3.2 蠕变特性

目前，国内外众多学者对蠕变开展了大量的研究工作，但主要集中在完整岩石的蠕变特性，而对于结构面蠕变的研究基本上以完整岩石的蠕变特征及理论为基础，对结构面蠕变特性进行研究。

Griggs(1939)[54]最先对灰岩、页岩和粉砂岩等软弱岩石进行了蠕变试验，指出砂岩和粉砂岩等中等强度岩石，仅当加载达到破坏荷载的12.5%～80%时，就发生了一定程度的蠕变；Cristescu等(1986，1998)[55, 56]进行了大量的岩石蠕变试验，研究表明，蠕变过程中岩石的体积扩容明显，而岩石的体积扩容与其损伤密切相关，可以认为岩石蠕变过程中体积扩容机制与其损伤演化机制是相同的；Okubo(1991)[57]完成了大理岩、砂岩、花岗岩和灰岩等岩石的单轴压缩试验，获得了岩石加速蠕变阶段的应变-时间曲线，结果表明蠕变应变速率与时间成反比例关系；Stead和Szczepanik(1991)[58]通过盐岩蠕变过程的声发射现象，从试验的角度阐述了盐岩蠕变的机理在于岩石内部的损伤发展；Maraninit和Brignoli(1999)[59]对石灰岩等进行了单轴和三轴压剪蠕变试验，研究表明，石灰岩的蠕变最主要的表现是低围压情况下的裂隙扩张，而在高围压状态下，岩石内部则发生孔隙塌陷，由此得出，石灰岩的蠕变对岩石主要影响是使其屈服应力降低；Fujii (1999)等[60]对花岗岩和砂岩进行了三轴蠕变试验，得到轴向应变、环向应变和体积应变三种蠕变曲线，指出环向应变可以作为蠕变试验和常应变速率试验中用以判断岩石损伤的一项重要指标；Gasc-Barbier等(2004)[61]对黏土质岩进行了大量不同加荷方式、不同温度下的三轴蠕变试验，结果表明，应变率和应变大小均随偏应力和温度增高而增大，蠕变率还与加载历史有关，试验10天后应变率已趋于稳定值($10^{-11}s^{-1}$)，但经过2年后其应变率仍保持该速率而没有衰减；Dubey和Gairola(2008)[62]通过对盐岩的蠕变试验，研究了盐岩结构各向异性对蠕变的影响。

在国内，李永盛(1995)[63]采用伺服刚性机对粉砂岩、大理岩、红砂岩和泥岩四种不同岩性的岩石进行了单轴压缩条件下的蠕变试验，指出在一定的常应力作用下，岩石材料一般都存在蠕变速率减小、稳定、增大三个阶段，但各阶段出现与否及其延续的时间则与所观测的岩石性质和所施加的应力水平有关；沈振中、徐志英(1997)[64]对三峡大坝的花岗岩进行了单轴压缩蠕变试验研究，表明即使是强度较高的花岗岩，在长期荷载作用下仍然具有非常明显的蠕变变形；李化敏等(2004)[65]利用自行研制的UCT-1型蠕变试验装置，采用单调连续加载和分级加载方式，对南阳大理岩开展了单轴压缩蠕变试验研究，并分析了硬岩的蠕变过程和规律；徐卫亚等(2005)[66]为了解锦屏一级水电站坝基绿片岩的流变力学特性，采用岩石全自动流变伺服仪对绿片岩进行了三轴压缩流变试验，基于试验结果，研究了绿片岩在不同围压作用下的轴向应变以及侧向应变随时间的变化规律，讨论了流变特性对岩石应力-应变曲线的影响，探讨了不同应力水平下的轴向以及侧向流变速率变化趋势，分析了不同围压下流变的破裂机制，掌握了绿片岩三轴流变的基本规律；万玲等(2005)[67]利用自行研制的岩石三轴蠕变仪，对泥岩进行了系统的三轴蠕变试验，试验中考虑了轴压σ_1和围压σ_3对蠕变的影响，当围压σ_3一定时，轴向应力σ_1增加，蠕变加快，在稳态蠕变阶段的应变率增大，试件的寿命缩短，而当应力差$\Delta\sigma=\sigma_1-\sigma_3$保持不变时，围压$\sigma_3$增加，蠕变则减慢，稳态蠕变阶段的应变率也减小，试件的寿命增加；梁卫国等(2006)[68]通过对不同矿物成分的钙芒硝盐岩和氯化钠盐岩分别进行了多于100天的不同应力作用下的单轴蠕变试验,得出了盐岩矿物成分和应力条件对盐岩蠕变情况的影响;熊良霄等(2010)[69]通过对锦屏二级水电站辅助交通洞的绿片岩单轴压缩蠕变特性试验,研究了轴向荷载方向与层理之间的不同关系对瞬时应变、应力应变关系、轴向应变速率、衰减蠕变持续时间和蠕变破坏机理的影响;范秋雁等(2010)[70]以南宁盆地泥岩为研究对象,进行单轴压缩无侧限蠕变试验和有侧限蠕变试验来分析泥岩的蠕变特性,配合扫描电镜,分析泥岩蠕变过程中细观和微观结构的变化,指出岩石的蠕变是岩石损伤效应与硬化效应共同作用的结果;张治亮等(2011)[71]基于岩石常规三轴蠕变试验成果,研究向家坝水电站坝基挤压破碎带砂岩蠕变力学特性,分析岩石轴向和侧向蠕变规律;李男等(2012)[72]以武汉越江隧道为工程背景,分别对干燥和饱水砂岩进行了剪切蠕变试验,并从剪切蠕变应变特征和剪切蠕变物理力学特性两方面进行了对比分析,重点阐述了水对砂岩剪切蠕变特性的影响,同时对其影响机制进行了相应的分析;蒋昱州等(2012)[73]利用岩石全自动三轴蠕变仪对锦屏二级水电站辅助交通洞典型灰白色细晶大理岩与绿片岩软硬互层岩样开展卸荷蠕变试验,得到岩样轴向、侧向典型的蠕变全过程曲线;刘小军等(2014)[74]对不同含水状态下浅变质板岩进行单轴蠕变试验,研究结果表明,饱和度越大,瞬时弹性模量、黏性模量以及黏滞系数越小,其中瞬时弹性模量与饱和度线性负相关,而黏性模量和黏滞系数与饱和度呈负指数相关;黄兴等(2016)[75]开展了砂质泥岩恒轴压、逐级卸围压三轴卸荷蠕变试验,试验结果表明,卸荷和蠕变所产生的损伤和塑性变形对后续力学行为影响非常显著;蔡燕燕等(2017)[76]为研究蠕变行为对岩石力学性质的影响,对大理岩进行了不同应力水平和时间的蠕变预处理,卸载后再进行单轴压缩破坏试验,结果表明,裂隙压密和弹性阶段的蠕变对大理岩力学性能起强化作用,裂隙稳定扩展阶段的蠕变呈现相反的变化规律,对大理岩力学性能起劣化作用。

通过对上述成果分析可知,对于完整岩石的蠕变,已经有了较多的成果,对其蠕变特征也有了较深入的了解,其蠕变特性受到岩性、围压、温度、含水状态以及应力历史等外部环境因素的影响,这些研究成果可作为研究结构面蠕变特性的基础。而对于结构面的蠕变特征,其机理更为复杂,相对而言,这方面试验研究较少,但在其蠕变特征方面也取得了一些研究成果。

Curran等(1980)[77]在砂岩、石灰岩、大理岩以及页岩等岩石试件中用金刚石切开一定角度的人工节理,采用直剪和三轴蠕变试验研究了节理面的蠕变特性;郭志(1994)[78]论述了岩体软弱夹层充填物的蠕变变形特性,根据蠕变过程曲线分析了初始蠕变与等速蠕变之间的关系;李鹏等(2008, 2009)[79, 80]通过开展不同含水量条件下砂岩软弱结构面剪切蠕变试验,发现随着含水量的增加,其蠕变量也随之增加,并且蠕变速率加快,其原因为水的存在对软弱结构面充填物起到润滑、软化、泥化作用,除减小作用在试样骨架上的有效应力外,还表现为水在蠕变过程中对软弱夹层黏土颗粒走向排列即片理化有显著促进作用,从而导致蠕变量增加;现场剪切蠕变试验是了解岩体剪切蠕变特性的最重要手段,张强勇等(2011)[81]针对大岗山水电站坝区"硬、脆、碎"辉绿岩脉进行了现场剪切蠕变试验,分析了岩体的剪切蠕变变形规律和剪切蠕变速率特性,结果表明,其变化规律与完整岩石的特征基本相似;李志敬等(2009)[82]针对锦屏二级水电站地下洞室富含节理的实际情况,利用双轴蠕变仪对大理岩硬性结构面进行剪切蠕变试验,分析了不同粗糙度情况下岩样剪切位移与时间的变化规律;何志磊等(2014)[83]针对锦屏二级水电站地下洞室群围岩中含软弱夹层的大理岩进行了剪切蠕变试验,结果表明,在应力水平较低时,蠕变变形主要由瞬时弹性变形和黏弹性变形组成,当应力水平较高时,蠕变变形主要由瞬时弹性变形、黏弹性变形和黏塑性变形组成;沈明荣等[84]通过对规则齿形水泥砂浆结构面以及绿片岩结构面的蠕变特性进行了试验研究,试验结果表明,结构面的剪切蠕变和加载持续时间与应力水平有关;丁秀丽等(2006)[85]通过数值模拟的方式对均质岩体、不同分布产状和数量的结构面试件进行单轴、三轴压缩蠕变试验的计算机仿真,结果表明,结构面产状不仅明显改变了岩体的蠕变强度、蠕变曲线形态,而且控制着岩体的破坏模式及破坏条件;唐红梅等(2009)[86]选取西原模型研究结构面的蠕变损伤特性,剪应力越大,其初始剪切模量越大,随时间降低越快,达到稳定蠕变阶段时降低量也相应越大,而剪应力越大,结构面损伤量随时间增长越快,在达到稳定蠕变阶段时,损伤量也越大。

综上所述,目前岩石及结构面蠕变性质的研究主要集中在完整岩石的蠕变特征及机理方面,裂隙扩展、孔隙塌陷、位错等宏观和微观现象是解释其蠕变变形机理及特性的主要方式。结构面具有蠕变的一般特征,可以借鉴完整岩石的一些试验成果对其研究,但是在某些情况下也会表现出较强的特殊性,就目前的研究成果而言,针对结构面蠕变特征的试验目前还相对较少。在这些研究中,针对软弱夹层的蠕变性质开展的试验研究相对较多,而作为岩体中普遍存在的硬性或脆性结构面,其特殊的变形特性及机理还未得到充分的了解,并且在这些研究成果中,其描述的特征基本上与完整岩石所得到的结论相似,而结构面具有贯通的节理面,并且表面形态是各不相同的,现有的研究成果中并没有体现结构面蠕变的特殊性。

1.3.3 应力松弛特性

蠕变为应力不变,变形随时间增加的现象,而松弛则与之相反,定义为变形不变,应力随时间减小的性质。在实际工程中,如地下洞室开挖过程中,围岩中应力和变形均随开挖的进行而不断变化,大部分情况下,围岩处于变形比较明显的蠕变状态,洞室会随时间出现比较明显的蠕变变形,当围岩衬砌刚度较大,围岩变形受到限制时,围岩中的应力会随着时间的推移而逐渐释放,出现应力松弛现象,而这种应力的调整,可能会导致岩石内部的损伤,并形成连续的破坏带[87]。因此,岩体抗松弛性能对工程的长期稳定和安全同样具有重要的影响。然而,由于试验设备及基础理论的不足,结构面的应力松弛特性还未得到足够的重视,并且多针对完整岩石,对结构面松弛的研究并不多见。

根据 Peng 和 Podnieks (1972)[88]对凝灰岩进行的应力松弛试验,测试结果显示,当初始松弛应力低于屈服应力时,没有观察到明显的松弛现象发生,而当初始松弛应力大于屈服应力时,则出现应力松弛现象,并且随着初始松弛应力的增大而增大;随后 Peng(1973)[89]又对 Arkose 砂岩、Tennessee 大理石和 Berea 砂岩进行了松弛试验,试验结果表明,对于上述岩石,当初始松弛应力大于起裂强度时,便会出现松弛现象,而当初始松弛应力大于屈服应力时,则松弛量急剧增加,并且得到结论,应力松弛试验过程中,轴向变形保持不变,试样上不会施加外部能量,应力松弛会使试样内部的断裂增长趋于稳定,而承载能力下降是为了防止发生轴向位移;Lodus (1986)[90]对盐岩也开展了类似的单轴应力松弛试验,试验结果证实了上述推测，并且得到初始松弛应力越大，其松弛量也越大的结论，另外表示，地下洞室松弛速率可以由控制开挖速率实现。

对于上述应力松弛特征和机理，许多研究者也对其进行了证实和进一步研究。陈宗基等(1989)[91]对花岗岩进行了两个松弛试验研究，从所得的应力-应变曲线确定出了松弛在扩容开始时的临界值，并分析了与时间有关的扩容过程，并指出它与裂纹的增长、接合和产生而导致的结构变化有关；李永盛(1995)[63]等采用伺服刚性机对粉砂岩、大理岩、红砂岩和泥岩进行了单轴压缩条件下的松弛试验，指出岩石的松弛曲线形态可以分为连续型和阶梯型两种，连续型和一般的连续介质比较接近，阶梯型与试件中裂隙的发展有密切关系，认为松弛试验中岩石破裂后具有的抗力为岩石材料的残余强度；唐礼忠等(2003)[92,93]进行了岩石在峰值荷载条件下的松弛试验及达到峰值荷载前的加卸载试验，试验结果表明，岩石在峰值荷载变形条件下的应力松弛曲线呈阶梯式下降，表明应力松弛是间断的和阵发式的，其原因是岩石内部破裂面相互滑动、裂纹扩展和新裂隙产生的综合作用，上述试验表明试样的应力松弛特性与裂隙的产生和发展有着比较密切的联系；李铀等(2006)[94]对广东某地的红砂岩开展二向受力状态下的松弛试验，结果表明，当围压相同、时间相同时，应力越高，则松弛量也越大；于怀昌等(2012)[95]在相同围压下，对饱和粉砂质泥岩分别进行了常规三轴压缩试验、三轴压缩蠕变试验以及三轴压缩应力松弛试验，基于试验结果，比较三种力学试验得出的岩石试样轴向强度大小以及轴向峰值应变大小，并从岩石破裂机制方面解释岩石强度以及变形差异产生的原因。田洪铭等(2013，2015)[96,97]采用 TLW-2000 三轴流变仪对泥质红砂岩开展了三轴松弛试验研究，结果表明，岩石的应力松弛可以分为衰减松弛和稳定松弛两个阶段，在松弛过程中，随着松弛损伤的发展，导致松弛具有明显的非线性特征。Paraskevopoulou(2017)[98]等在试验的基础上将应力松弛分为三个阶段，并结合前人的研究成果证实了裂隙发展是造成应力松弛的主要原因。

相对于完整岩石的松弛特性研究，对于结构面的松弛特性研究比较少。Ahmad Fahimifar(2005)[99]对人工砂岩齿形结构面进行了松弛试验，试验结果表明，包含锯齿的结构面应力松弛特性要比平整或分离结构面的松弛特性明显得多；刘昂等(2014)[100]选取 Barton 标准剖面线中的 4 号、6 号、10 号作为人工模拟结构面的表面形态，并用水泥砂浆浇筑成试样，在岩石双轴流变仪上进行试验值大于长期强度的循环加载剪切应力松弛试验；田光辉等(2016)[101]对锯齿形人工结构面的松弛特性进行了研究，结构面剪切应力松弛曲线可以分为瞬时、减速和稳态 3 个阶段，并且松弛应力随着初始松弛应力的增加先增大后减小。

通过以上论述可知，对于完整岩石的松弛现象，研究成果相对较多，其特征较为清晰并且多将松弛现象的机理归结于裂隙的发生与扩展。而对于结构面的松弛，目前研究资料非常少，因而需要进一步揭示结构面松弛特征和机理。

1.3.4 长期强度特性

在实际工程中，大多数的岩体失稳是在工程开挖之后或工程完成之后发生的，对于岩体的强度而言，实质上并没有表现为瞬时强度的特征，而是表现出与时间因素有关的强度特性。因此，长期强度的特性在工程上具有重要的应用价值。迄今为止，推算岩石长期强度的方法主要有两类：一类称为直接法，即对于每个试件，通过一次性加载蠕变破坏试验，测试岩石至破坏所经历的时间，通过建立应力与破坏时间之间的拟合函数关系，推测岩石长期强度。显然该方法需要大量的岩石试件，每次长期强度破坏试验所花费时间很难预先确定，费时费力，因此，一般很少在实际工程中采用。另一类称为间接法，即通过分级加载蠕变破坏试验或应力松弛试验来推算岩石的长期强度。总的来说，这类方法的蠕变试验时间可控，是目前推算长期强度的主要方法。在国外，Schmidtke 和 Lajtai(1985)[102]通过岩石静态疲劳试验得出引起花岗岩试件逐步破坏的最小荷载是单轴抗压强度的 60%；Szczepanik 等(2003)[103]得出花岗岩在长期加载下，荷载为常规单轴压缩试验峰值强度的 70%～80%时，试样开始出现扩容现象，并以此荷载作为该试样的长期强度。

在国内，刘晶辉等(1996)[104]根据软弱夹层的流变试验，提出了三种确定岩石长期强度的方法：等时曲线法、流动曲线法以及根据第 6 天和第 7 天的应变速率和剪应力曲线法；李晓等(1998)[105]的研究结果表明，破裂岩石的确存在长期强度，其值可由一系列破裂岩石蠕变试验确定；崔希海等(2006)[106]根据红砂岩单轴压缩蠕变试验研究，考虑岩石蠕变的“岩石长期强度”应根据岩石进入横向稳定蠕变的阈值应力来确定，这样确定的岩石长期强度值要比根据岩石进入轴向稳定蠕变的阈值应力确定的岩石长期强度值小 19%～35%；刘传孝等(2010)[107]对深部坚硬的细砂岩进行了长期强度的研究，发现深部坚硬的细砂岩，时间对其长期强度的影响较弱，长期强度是其瞬时强度的 94.39%；崔旋等(2011)[108]研究了黏塑性应变率与加载应力水平之间的线性函数关系，从理论上说明只要能获得各分级加载应力水平对应的黏塑性应变率，便可推测岩石的长期强度，然后利用低应力水平下的蠕变试验结果，拟合出岩石的黏弹性模型，并以该黏弹性模型推算较高应力水平条件下岩石的黏弹性应变增量，从而实现从总应变增量中分离出黏塑性应变增量，进一步计算黏塑性应变率，用于推断岩石的长期强度；张强勇等(2011)[81]根据四川大岗山水电站坝基辉绿岩的三轴流变试验结果，分别用等时应力-应变曲线簇法、非稳定蠕变判别法、流变体积应变法和加卸载流变残余应变法进行了硬脆性辉绿岩流变长期强度的分析，通过对破裂辉绿岩的电镜扫描观察，发现辉绿岩的长期宏观强度主要取决于岩体内部矿物颗粒镶嵌组合的牢固程度及矿物之间的胶结程度；沈明荣等(2003, 2011)[109, 110]分别对完整红砂岩以及人工结构面进行了蠕变试验，利用过渡蠕变法、等时曲线法探讨了这些方法确定岩石长期强度在理论上的正确性和试验方法的可操作性，同时提出了蠕变曲线第一拐点法确定长期强度。

通过以上论述可以发现，对于长期强度的研究，相较于蠕变和松弛更少。目前对长期强度取值的研究已得到了经验范围值，但是数值范围很大，并不能准确地确定长期强度值。就求解方法而言，等时曲线法以及过渡蠕变法是目前应用最为广泛的长期强度确定方法，等时曲线法通过研究等时曲线拐点连线的特征，确定长期强度，但是研究发现等时曲线拐点连线的特征具有多样性，因此利用该方法得到准确的长期强度值是十分困难的，并且等时曲线及其拐点连线的力学意义并不明确；过渡蠕变法则是通过稳态蠕变速率的突变来确定长期强度，该方法的准确性依赖于分级加载蠕变试验每级应力增量的大小。因此，这两种方法都不能准确地确定长期强度[111, 112]。由于求解长期强度方法的限制，目前对结构面长期强度的研究较少，不同结构面形态对长期强度的影响规律更鲜有研究。

1.3.5 结构面流变本构模型

流变本构模型是研究流变特性的重要手段之一，是流变力学理论研究的重要组成部分，也是当前岩石力学研究的难点和热点之一。近年来，随着一些新的理论和方法逐渐被采用，岩石流变模型理论也得到了一定程度的发展，主要有流变经验模型、元件模型、损伤断裂流变模型、内时流变模型以及黏弹塑性模型等。基于上述理论，目前很多学者对岩石的流变本构模型进行了研究，并得到了丰富的成果。然而，目前的资料中，针对结构面剪切流变本构模型的研究还相对较少。如何志磊等(2014)[83]在广义开尔文模型的基础上增加了一个非线性项，来描述衰减蠕变阶段和稳定蠕变阶段，根据加速蠕变阶段岩石的损伤特性，选取基于应力水平和时间因素的损伤变量，建立了岩石非线性蠕变损伤本构模型，并通过试验结果对该模型进行参数辨识，验证了该模型的正确性和合理性；徐平和夏熙伦(1996)[113]对三峡岩体结构面进行了室内蠕变试验，提出了一种广义的 Burgers 模型；丁秀丽等(2000)[114]针对三峡工程船闸区硬性结构面试样进行了剪切蠕变试验，分析了结构面在恒定荷载作用下的蠕变性态，提出了结构面的剪切蠕变方程；张清照等(2011, 2012)[115, 116]通过对绿片岩以及人工结构面的剪切蠕变试验，并基于元件模型建立了剪切蠕变本构模型。

总体上来讲，目前对结构面流变本构模型的研究，基本上与完整岩石本构模型相似，其采用的方法、理论以及整体研究思路基本继承了完整岩石本构模型的研究，得到的成果也与完整岩石相似，较少体现结构面的特殊性。

1.3.6 结构面时间效应之间的关联性

通常与时间有关的试验是极其花费时间的，若要进行蠕变、松弛、长期强度以及速率依存性之间的关系研究，则需要进行大量的长期试验，所需的人力和物力将是巨大的，因而对这四种现象之间的关联性的研究还相对较少。就岩石时效特性而言，主要是将时间作为一个重要的因素，考虑岩石或结构面的力学特性受时间因素影响所作出的响应。从理论上分析，岩石的蠕变、应力松弛、长期强度分别表示了时间与变形、应力、强度之间的关系，而速率依存性则是三者综合的表现形式。在表观上，这些现象之间有一定区别，但从目前对这三者的理论和试验研究来看，这三者之间是存在着一定的内在联系的。关于时间效应之间关联性的研究，目前学者最为关注的是蠕变与松弛之间的关系。关于二者关联性的研究，最早出现于固体材料力学中，Lai 等(1968)[117]通过理论推导以及试验验证了蠕变与松弛之间的关系，并且由蠕变数据预测了应力松弛特征；Taira 和 Suzuki(1962)[118]通过试验证明了材料的应力松弛特性取决于应力降低过程中的蠕变性质；屈钧利等(1997)[119]通过松弛函数与蠕变函数的积分公式论述了松弛函数与蠕变函数之间的近似转换关系，松弛函数与蠕变函数存在着以下转换关系：

$$J(t) \approx \frac{1}{E(t)} \tag{1.1}$$

式中，$J(t)$表示蠕变函数；$E(t)$表示松弛函数。

湛利华等(2013)[120]提出利用作图法与数值分析相结合的方法，实现时效应力松弛曲线向时效蠕变曲线的转换。徐献忠等(2009)[121]认为,蠕变与应力松弛是黏弹性材料受载时固有的力学行为,二者是同一物理现象的不同表现形式,并且从稳态蠕变公式导出了应力松弛时衰减应力与时间之间的相互关系。

从固体力学的研究中可以看出,大多数学者认为蠕变和松弛是等价的,并且其本构方程可以互相转换。由于岩石及结构面的特殊性,从目前的研究成果来看,对二者的关联性的研究较少,并且观点也不一致。刘雄(1994)[122]在《岩石流变学概论》一书中指出:岩石的蠕变和应力松弛是等价的,可以借助蠕变试验推断松弛试验的结果;张泷等(2015)[123]基于内变量热力学原理以及模型试验证实了蠕变和松弛是岩石材料在不同约束下的外在表现,但二者具有相同的非平衡演化规律,本质上具有一致性,蠕变与应力松弛本构方程基于相同的基本热力学方程,可以相互转化,且方程参数相同,因此可以通过蠕变方程和蠕变试验结果对材料的松弛特性进行分析;田光辉等(2017)[124]对规则齿形结构面的应力松弛及蠕变特征进行了分析,并采用 Burgers 模型对二者进行了拟合,研究结果表明,蠕变和应力松弛全过程曲线形态相似,曲线都包含衰减和稳定两个阶段,而拟合结果显示,除了参数 G_1 外,蠕变模型的参数值比松弛模型的参数值大;于怀昌等(2012)[95]通过对红砂岩的蠕变和应力松弛试验得出,岩石的蠕变特性与应力松弛特性是不等同的,不能简单地由岩石的蠕变特性推导得出应力松弛特性。

有关速率依存性与蠕变、应力松弛、长期强度的关系的研究较少。付建新等(2016)[125]通过总结前人的结论,认为岩石蠕变与速率依存性具有密切的关系,二者并不是孤立存在的。

综上所述,近几十年来对岩石及结构面时间效应各个方面的关联性研究,基本上是按各自的特性分开进行的。蠕变和应力松弛作为最为典型的时间效应现象,其关联性已经受到了研究者的关注,但观点并不一致;而蠕变、应力松弛、速率依存性、长期强度均属于岩石或结构面典型的时间效应,它们之间可能存在着密切的联系,但还没有得到研究者的关注,目前对其研究还相对较少。

第 2 章
岩石结构面的瞬时剪切力学特性

2.1 引言

岩体与一般介质的显著区别在于它是由结构面纵横切割而形成的具有一定结构的多裂隙体。水电、公路、市政工程等的实践表明，完整岩石的强度并不是影响岩体破坏的主因。因此，研究结构面的力学特性对评价岩体相关工程的安全性及运营期的稳定性具有重要的意义。瞬时剪切特性是结构面中最为基础的力学性质，瞬时剪切参数也是最容易得到的参数，这是进一步研究结构面与时间相关力学特性的基础。例如：结构面的抗剪强度可作为蠕变、应力松弛等试验应力取值的参考；瞬时力学特性的有关研究方法对与时间相关的力学特性研究也具有借鉴意义；直剪试验中的一些试验现象及特征也可作为研究结构面强度及变形的剪切速率依存性、蠕变、应力松弛和长期强度等试验现象机理的基础。

影响结构面力学特性的因素是多方面的，结构面的力学性质不仅与岩壁特性和结构面结合状态有关，而且受结构面表面形态的影响[11, 12]，主要体现在结构面粗糙度对其强度和变形的影响。Barton 在大量天然结构面剪切试验资料的基础上提出了粗糙度系数(Joint Roughness Coefficient, JRC)的概念，并给出 10 条典型的结构面剖面线，由于该标准剖面线来自天然节理面，并且相对于其他粗糙度评价方法简单，易操作，上述剖面线广泛应用于结构面粗糙度的评价[126]。本章借助 Barton 标准剖面线中具有代表性的 4 条(1 号, 4 号, 6 号, 10 号)，利用水泥砂浆及钢模制作不同粗糙度的试块，分别对其进行不同法向应力的剪切试验，建立了考虑粗糙度的强度公式，研究了结构面表面形态对结构面剪切变形特性的影响，并且讨论了结构面剪切变形的非线性特征及形成机理，为后续研究的开展奠定了基础。

2.2 试样制备

本章研究的目的在于探索结构面粗糙度对结构面力学行为的剪切速率依存性的影响规律及机理，而自然界中天然岩体结构面的表面形态变化较大，其多样性和差异性不利于总结和归纳规律，因此，本章选择水泥砂浆作为试验材料，利用 Barton 所提出的 10 条标准剖面线中的 1 号, 4 号, 6 号, 10 号剖面线(图 2.1)加工成钢模，浇筑试件。

另外，为了进行对比，对表面平整的结构面(平板，$JRC=0$，图 2.1)和完整立方体水泥砂浆试块也采用了相同的方法进行了浇筑。

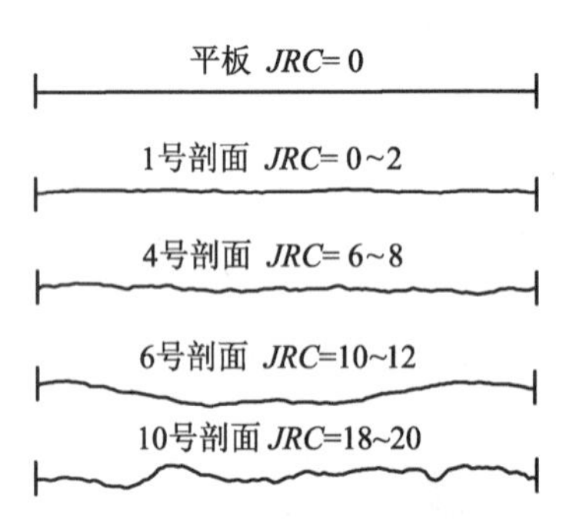

图 2.1　试验中采用的剖面线

2.2.1 水泥砂浆基本力学性质

天然岩石结构面具有非均一性、各向异性，并且很难找到表面形态完全相同的结构面，另外，由于原型试验取样困难，因而难以实现可重复的结构面直剪试验。采用模拟材料开展结构面的直剪试验，不但能克服上述缺点，而且能够模拟结构面所处的地质环境、荷载作用方式及破坏特征等，因此成为岩石结构面力学性质研究的重要手段[127]。Patton（1966）[25]、Einstein 等（1983）[128]、郭志（1996）[129]、任伟中等（1983）[130]采用石膏模拟材料，李海波等（2006）[47]、沈明荣等（2010）[7]、周辉等（2015）[49]、Wang 等（2017）[111]采用水泥砂浆试件，Bandis 等（1981）[131]采用重晶石、铝土、砂土与水等组成的模型材料，分别对结构面抗剪强度及剪切变形等方面进行了研究。杜时贵等（2010）[127]专门对上述材料进行了研究，并研制了以高强水泥、硅粉、高效减水剂、标准砂、水等原料混合而成的模拟材料。

由于本书主要研究结构面表面形态对其时间效应的影响及时间效应作用机理，因此使用模拟材料更能得到具有规律性的成果。本试验所需要的天然岩石的模拟材料，既要求其能够具有岩石的基本性质，又要求其力学性质具有比较明显的时间效应，而水泥砂浆作为一种人工类岩材料，其结构与岩石相似，并且性质稳定，可重复性强，制作配比较为简单，因而使用最为广泛。

试验样品中水泥砂浆选用 325 号水泥，标准砂和水，配合比为 2∶4∶1，搅拌均匀后将其置于圆柱形模具中，充分振捣，成型拆模，在标准养护室中养护 28 天。为了了解其物理力学性质，对其进行了基本物理力学性质试验，试验方法见《工程岩体试验方法标准》（GB/T 50266—2013）。试验结果列于表 2.1，强度包络线如图 2.2 所示，单轴抗压强度试验的破坏方式为脆性破坏。

表 2.1　水泥砂浆基本力学参数

密度 /(g·cm^{-3})	孔隙比	单轴抗压强度 /MPa	黏聚力 /MPa	摩擦角 /(°)	弹性模量 /GPa	泊松比
2.05	0.2	21.73	4.05	49.23	7.9	0.23

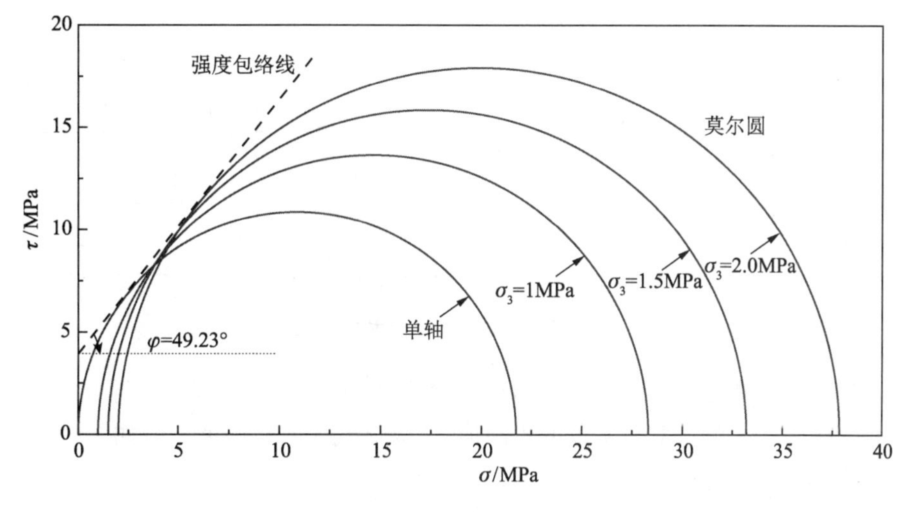

图 2.2　三轴试验结果

为了确认模拟材料本身是否具有明显的时间效应，对其进行了不同加载速率条件下的三轴剪切试验，如图 2.3 所示，加载速率从 0.4%/min 到 0.004%/min 的变化过程中，三轴压缩强度由 36.80 MPa 降至 25.96 MPa，并且剪切曲线也有了显著的变化。当加载速率较高时，峰值强度较为明显，应力降较大，相应的变形较小，而当加载速率降低时，峰值越来越不明显，应力降也越来越不明显，相应的变形越来越大。上述试验表明该材料具有显著的时间效应。

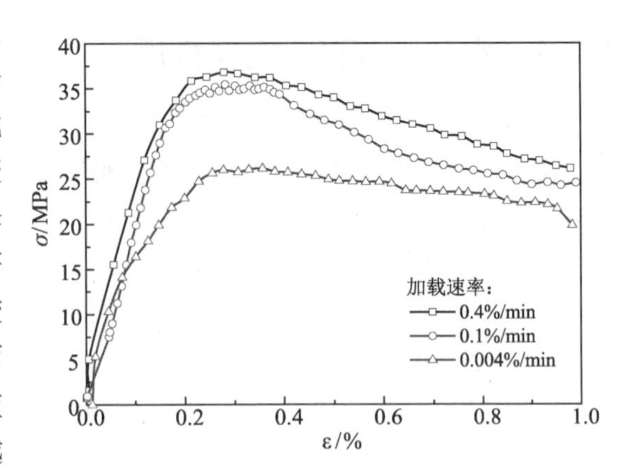

图 2.3　不同加载速率条件下应力-变形曲线(围压为 2 MPa)

2.2.2　结构面试样制备过程

按照上述配合比将试样搅拌均匀后，在振动台上充分振捣后，抹平试样上表面，静置 24 小时，试样成型后拆模，并将其置于标准养护室进行养护，养护温度为 20℃±1℃，养护湿度大于 95%，养护 28 天后进行相关试验，浇筑过程如图 2.4 所示。试块尺寸为 10 cm×10 cm×10 cm，加工试样所需的钢模以及制作好的水泥砂浆试块如图 2.5 所示。

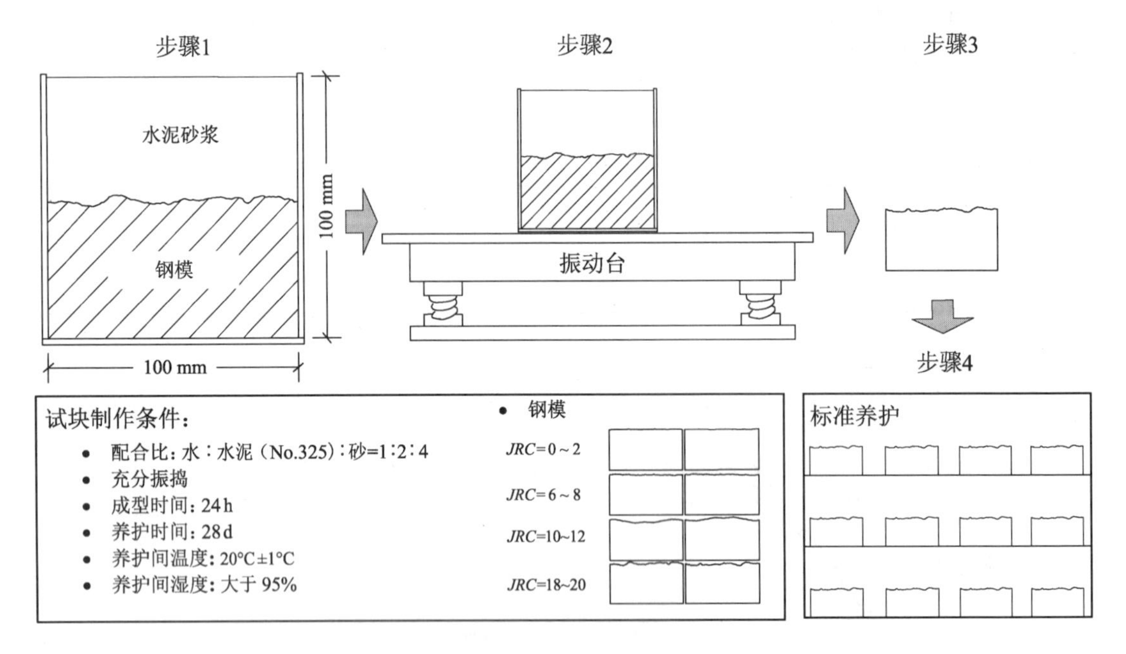

图 2.4　水泥砂浆试样制作过程

由于 Barton 所提出的标准剖面线的粗糙度为范围值，不便于试验结果的分析，因此在本试验中，结构面粗糙度选取范围值的中间值，作为该试样的粗糙度。例如 1 号结构面的粗糙度为 0～2，本试验中取粗糙度为 1。

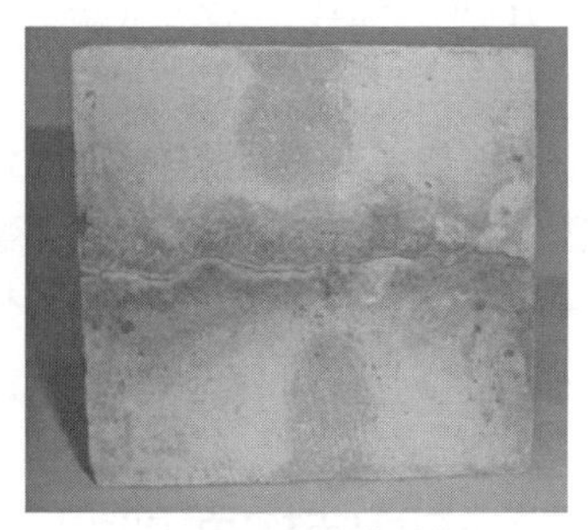

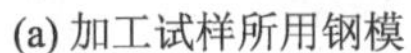

(a) 加工试样所用钢模　　(b) 水泥砂浆试块

图 2.5　制作结构面试件所需部分钢模及水泥砂浆试块

为进行对比试验，将完整试样也作为试样进行了制作，制作过程与上述结构面试样制作过程相同。

2.3　试验方案

2.3.1　试验设备

结构面剪切试验采用长春试验机研究所研制的 CSS-1950 岩石双轴流变试验机，如图 2.6 所示，该试验机采用双向压力伺服控制，垂直轴最大压缩荷载为 500 kN，水平轴最大压缩荷载为 300 kN，可同时测量试样双侧的变形值，变形采用两组 LVDT 位移传感器测量，变形测量精度为 0.001 mm，可实现应力速率控制和变形速率控制两种方式。

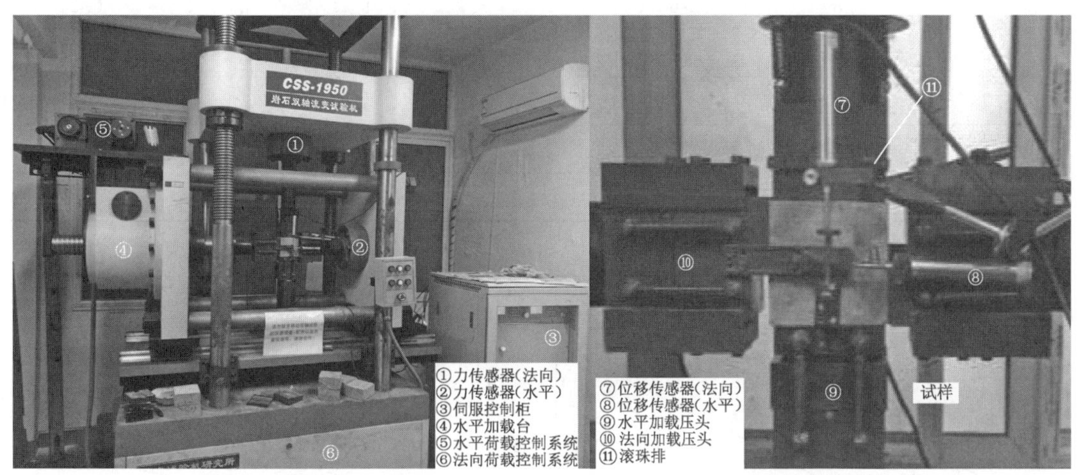

(a) 岩石双轴流变试验机　　(b) 试样及测量系统

图 2.6　试验仪器

2.3.2　试验过程

常法向应力直剪试验是在一定的法向应力作用下，施加平行于结构面的剪切荷载作用，从而得到其应力-变形曲线。本次试验共取得了 4 种不同法向应力、5 个不同 *JRC* 值共 20 组结构面剪切试验结果。

岩体结构面剪切试验选用粗糙度分别为 0，1，7，11，19 的试块(平板及 1 号，4 号，6 号，10 号 Barton 标准剖面线)以及完整立方体试块作为试验样品，法向荷载采用表 2.1 中单轴抗压强度的 10%，15%，20%，30%，40%，试样剪切速率采用 0.5 MPa/min，直至破坏。结构面剪切试验强度可作为划分剪切蠕变及剪切应力松弛试验分级应力的参考值。

2.4 不同粗糙度结构面剪切强度

2.4.1 不同粗糙度结构面剪切强度变化特征

表 2.2 所列为不同粗糙度结构面在不同法向应力下的直剪强度试验结果。如图 2.7 所示，随着法向应力的增大，各个结构面剪切强度与完整岩块的比值也随之变大，即随着法向应力的增大，结构面剪切强度与完整岩块剪切强度的差值减小。这是由于法向应力的增大，结构面抗力中由剪断齿间产生的剪切抵抗分量承担的百分比增大，即剪切面积比[26]增大，结构面更趋向于完整试块。如图 2.8 所示，随着粗糙度的增大，试块抗剪强度也随之逐渐增大，基本上呈线性增加的趋势。

表 2.2 不同粗糙度结构面的剪切强度

法向应力	剪切强度 τ/MPa					
	JRC=0	*JRC*=1	*JRC*=7	*JRC*=11	*JRC*=19	完整
2.17	1.36	1.76	2.2	2.71	3.58	6.21
3.26	2.55	2.83	2.7	3.31	4.22	7.21
4.35	3.84	3.89	4.54	5.15	6.25	8.37
6.52	4.41	4.73	5.31	7.19	7.9	10.21
8.69	5.8	6.42	7.16	8.11	10.54	12.28

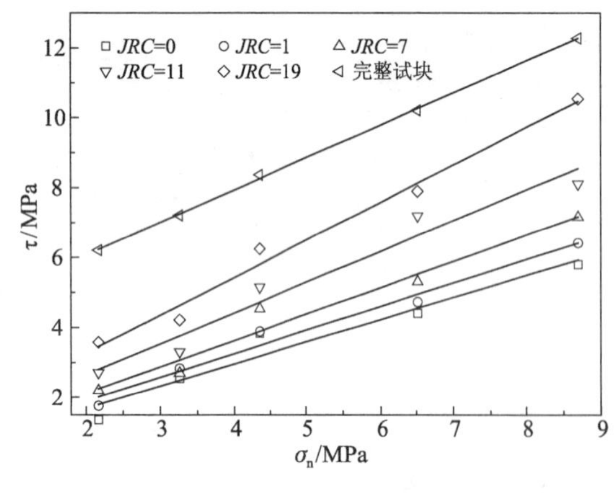

图 2.7 不同 *JRC* 结构面法向应力与剪应力的关系

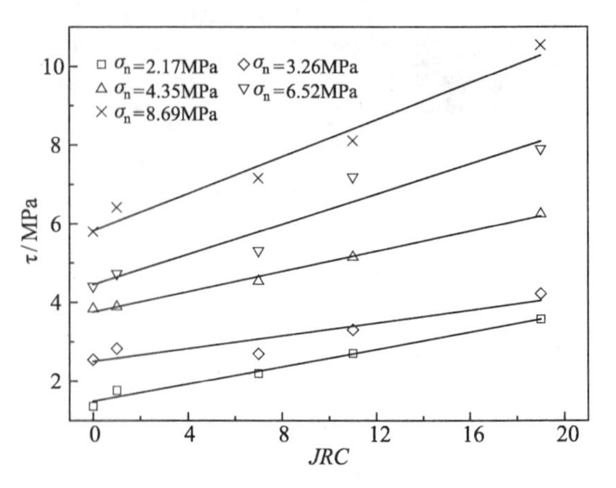

图 2.8 *JRC* 与剪切强度的关系

完整试块的抗剪强度较10号结构面剪切强度有较大的提高，法向应力及粗糙度越大的结构面剪切强度越趋近于完整试样。各个法向应力下10号结构面剪切强度分别为完整试块的57.65%～85.83%。

根据库仑定律，可得到不同 JRC 条件下的剪切强度参数，即黏聚力 c 和摩擦角 φ，如图2.9所示，黏聚力和摩擦角与 JRC 基本呈线性增长的趋势。

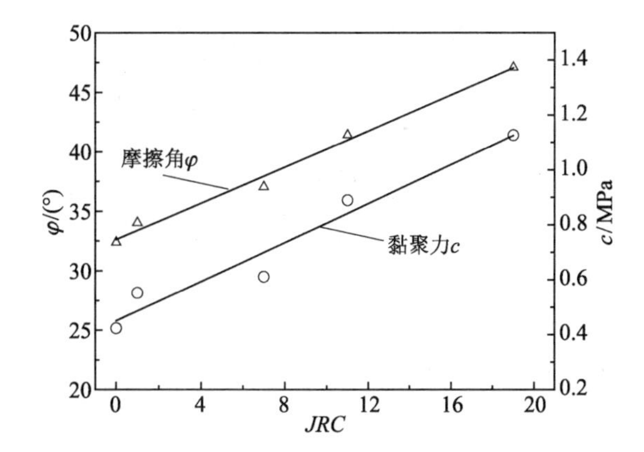

图2.9 JRC 与剪切强度参数 c 和 φ 的关系

2.4.2 考虑粗糙度的剪切强度经验公式

图2.8中 JRC 与剪切强度的线性关系可用式(2.1)描述：

$$\tau = m \cdot JRC + n \tag{2.1}$$

式中，参数 m，n 的值及其物理意义可由以下分析得到。

Barton 和 Choubey(1977)[34]提到的结构面抗剪强度经验公式如下：

$$\tau = \sigma_n \cdot \tan\left[JRC \cdot \lg\left(\frac{JCS}{\sigma_n}\right) + \varphi_b\right] \tag{2.2}$$

式中，φ_b 相当于平整节理面的摩擦角；σ_n 为法向应力；JCS 为节理面壁的抗压强度。

根据式(2.1)和式(2.2)可得到以下分析结果：

(1) 当 $JRC=0$ 时，仅为结构面材料间的摩擦强度，此时的强度等同于平整节理面的强度，即 n 可定义为

$$n = \sigma_n \tan\varphi_b \tag{2.3}$$

(2) 当法向应力为0时，根据式(2.2)可知，此时无论粗糙度如何变化，结构面的抗剪切强度为0，式(2.1)中 m 表示抗剪强度随 JRC 的变化梯度，称为 JRC 的发挥系数。根据剪切强度随 JRC 的变化趋势可知，参数 m 与法向应力呈线性关系(图2.10)，即

$$m = k\sigma_n + d \tag{2.4}$$

根据式(2.2)可知，当 $\sigma_n=0$ 时，结构面的剪切强度不随 JRC 的变化而变化，并且其强度值 $\tau=0$，即式(2.4)中参数 $d=0$，即式(2.4)可写作：

$$m = k\sigma_n \tag{2.5}$$

图2.10中法向应力为0时，m 是不为0的，这是试验中结构面差异及试验误差造成的。

对于相同的岩石材料，同一法向应力下参数 m 为定值。参数 m 随法向应力的增大而增大，这是由于法向应力的增大，结构面直剪强度组分的变化造成的，即法向应力越人，剪齿效应越明显，粗糙度发挥的作用也就越大，m 值也就越大。

对于不同种类岩石材料的结构面，由于其材料强度以及结构面摩擦强度的差别，在剪切过程中各强度组分是不同的[26]，因此 JRC 发挥的程度也不尽相同，例如当岩石材料比较坚硬时，由于切齿比较困难，强度组分中摩擦强度所占比例大于剪齿强度，此时在同样的法向应力下，JRC 的发挥系数 m 是不同的。因此，式(2.5)中的参数 k 是与材料相关的系数，参数 k 可由图 2.8 及图 2.10 获得。

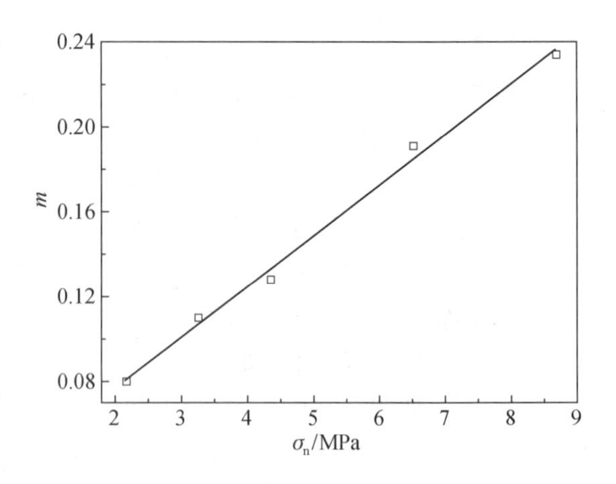

图 2.10　参数 m 与法向应力 σ_n 的关系

根据上述分析，剪切强度与 JRC 的关系可写作式(2.6)：

$$\tau = k \cdot \sigma_n \cdot JRC + \sigma_n \tan \varphi_b \tag{2.6}$$

式(2.6)中，剪切强度可以分为两部分，一部分与 JRC 相关，包括剪齿以及突起物表面的摩擦，即粗糙度贡献的强度——JRC 抗力 S_{JRC}：

$$S_{JRC} = k \cdot \sigma_n \cdot JRC \tag{2.7}$$

另一部分等同于摩擦抗力 S_f，即

$$S_f = \sigma_n \tan \varphi_b \tag{2.8}$$

因此式(2.6)可写作：

$$\tau = S_{JRC} + S_f \tag{2.9}$$

即结构面的剪切强度由结构面内部两部分抗力提供：①与 JRC 有关的强度组分(JRC 抗力)；②与摩擦相关(摩擦抗力)的强度组分。在直剪试验中，参数 m 或 k 的值可通过图2.8 及图 2.9 获得，基本内摩擦角 φ_b 可由 $JRC=0$(即平板试验)时的剪切试验获得。因此对于本试验中的水泥砂浆试件，其强度与 JRC 的关系可写作：

$$\tau = 0.023\,89 \cdot \sigma_n \cdot JRC + \sigma_n \tan 32.4° \tag{2.10}$$

不同法向应力及 JRC 结构面的剪切强度可由式(2.10)计算得到，如图 2.11 所示。计算结果基本符合试验结果的变化规律，并且计算值与试验结果接近。通过该表达式的计算，可基本反映不同 JRC 结构面的剪切强度变化规律。

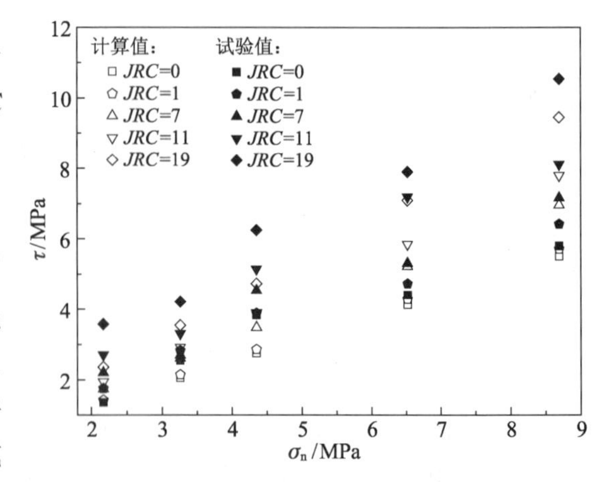

图 2.11　计算值与试验值对比

2.5 结构面剪切变形曲线特征

2.5.1 不同粗糙度结构面剪切变形曲线特征

如图2.12所示，由于应力集中效应，当剪切应力超过“突出物”所能承受的最大应力时，会导致结构面表面出现破坏和磨损现象，当破坏和磨损累积到一定程度时会使曲线出现一次较大的应力降。在切向应力到达峰值点之后，结构面开始屈服破坏，产生较大的相对位移，进入宏观滑移阶段。

由于结构面本身的复杂性，其表面形态及材料本身的特点决定了其变形特征，Ladanyi(1969)[26]将结构面的剪切变形分为两部分，即切齿变形和摩擦变形。同一粗糙度结构面，法向应力越大，其峰值强度也越大，峰值表现得越明显，峰值过后的应力降也就越大，并且整体变形变小，剪切刚度增加。如图2.12所示，当法向应力较小时，主要表现为爬坡效应，而剪齿效应较弱，因此其强度组分主要表现为摩擦强度，同样粗糙度情况下峰值不明显；随着法向应力增大，爬坡效应减弱，切齿效应增强，峰值也越来越明显。

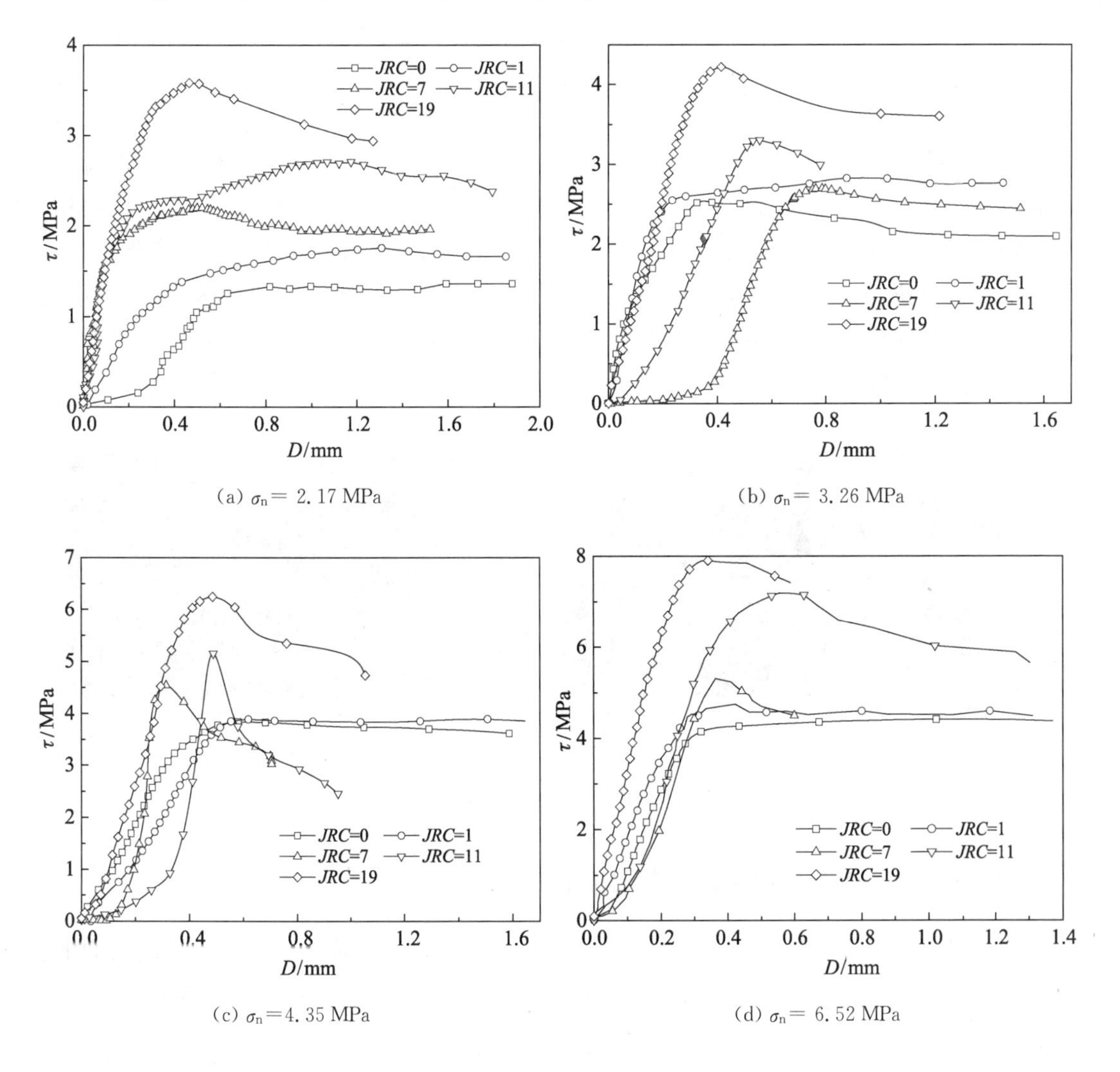

(a) σ_n= 2.17 MPa

(b) σ_n= 3.26 MPa

(c) σ_n=4.35 MPa

(d) σ_n= 6.52 MPa

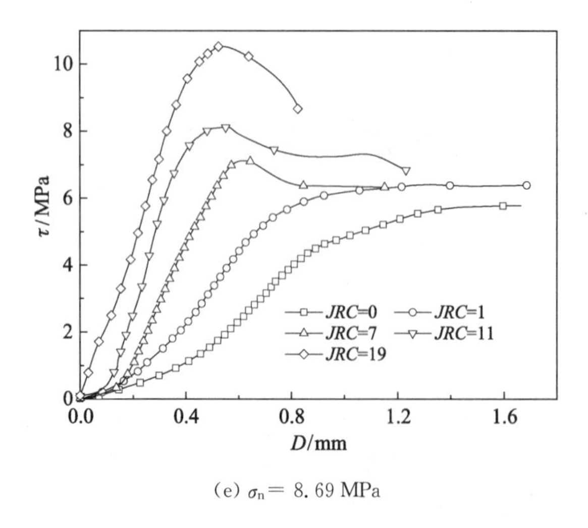

(e) $\sigma_n = 8.69$ MPa

图 2.12　剪切应力-剪切变形曲线

对于相同法向应力下的剪切变形曲线(图 2.12)，当 *JRC* 较小时，剪切曲线总体较为平缓，原因是结构面粗糙度越小，结构面越平整，剪切过程主要表现为结构面表面的摩擦，相应的剪切刚度也较小，峰值应力处的剪切变形较大。当 *JRC* 较大时，结构面“突起物”明显，剪切过程主要是结构面表面“突起物”发生剪断破坏，如图 2.13(a)所示，当 *JRC*＝19 时，剪切破坏后“突起物”被剪断留在结构面的“凹槽”内。由于剪切强度组分主要表现为“切齿”，破坏前的剪切变形主要为“突起物”的变形，相对于以摩擦为主的变形，可以允许的结构面相对位移较小，剪切变形曲线较为陡峭，即剪切刚度变大，并且屈服后剪切曲线斜率变化较快，剪切刚度衰减很快，但是由于“突起物”强度往往大于摩擦强度，因此，由于“切齿”成分的增加，剪切强度也迅速增加。当 *JRC* 较小时，如图 2.13(b)所示，*JRC*＝1，剪切破坏后的表面形态主要为磨损，并没有明显的剪断情况出现。

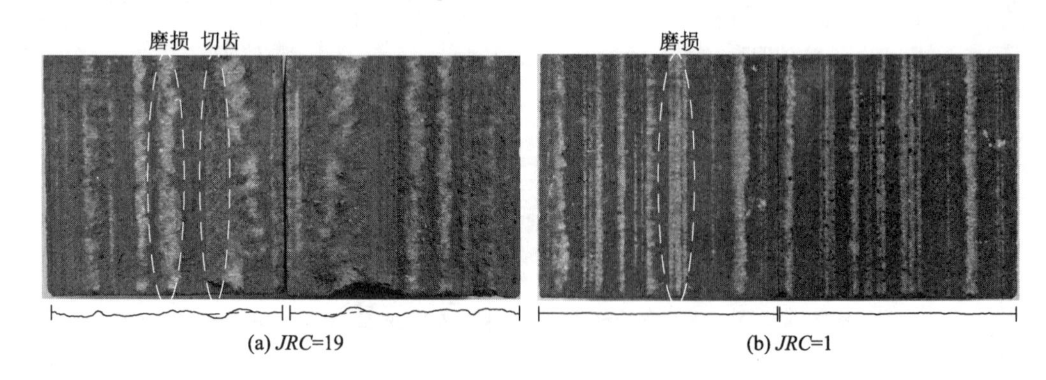

(a) *JRC*=19　　(b) *JRC*=1

图 2.13　不同粗糙度结构面破坏形态

2.5.2　结构面剪切过程中的剪切刚度变化

为了对剪切过程中结构面的剪切刚度变化规律进行研究，通过式(2.11)对结构面的剪切刚度进行了计算，并绘制了剪切刚度随剪切变形的变化过程图，如图 2.14 所示。

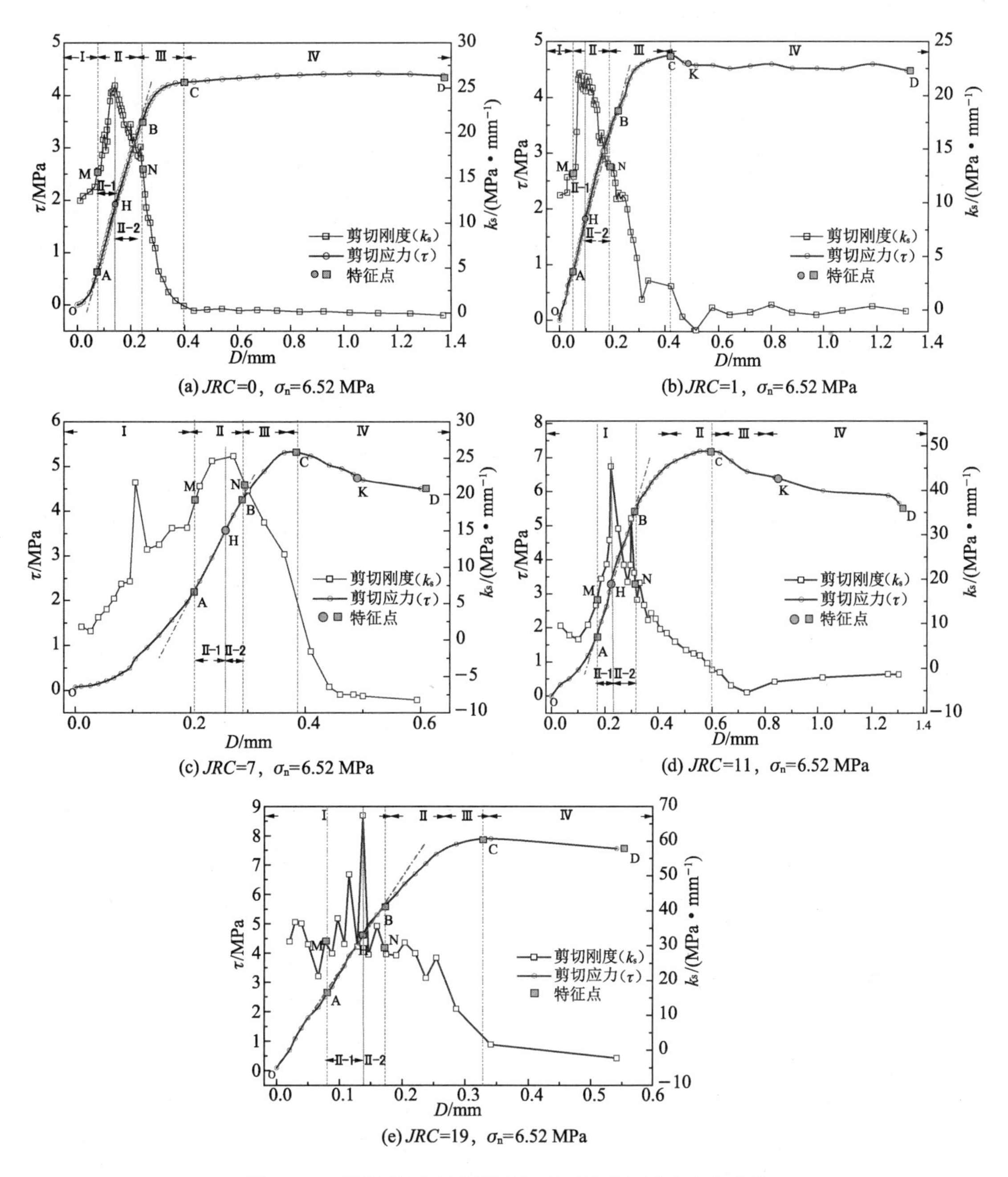

(a) JRC=0，σ_n=6.52 MPa

(b) JRC=1，σ_n=6.52 MPa

(c) JRC=7，σ_n=6.52 MPa

(d) JRC=11，σ_n=6.52 MPa

(e) JRC=19，σ_n=6.52 MPa

图 2.14　不同粗糙度结构面剪切变形及剪切刚度变化曲线

$$k_s = \frac{\Delta\tau}{\Delta D} \tag{2.11}$$

从图 2.14 中可以看出，剪切刚度虽然具有一定的波动，但是基本规律相似，剪切刚度开始时随着剪切变形的增加而增加，但是增加速度比较慢，该阶段对应剪切曲线中的压密段（OA 段）。随后，剪切刚度随着剪切变形的增加急剧增加，该阶段对应剪切曲线中的前半段（AH 段），当剪切应力超过 H 点所对应的应力 τ_H以后，剪切刚度开始下降，这时剪切刚度出现了一个峰值，即试样硬化达到极限后开始软化。如图 2.14(a)所示，剪切刚度在应力超过 τ_H(H 点应力)以后开始下降，并且由刚开始的缓慢下降到快速下降，此时对应剪切曲线的 HB 段。从图 2.14 中可以看出，AB 段呈现了近似线性的形态，该阶段也就是通常所说的线弹性阶段。当下降到一定程度时，剪切变形曲线出现了比较明显的屈服特征，而这时结构面剪切刚度的下降速度也最快，如图中 N 点以后的剪切刚度曲线，此时对应剪切曲线中的 BC 段，该阶段为屈服阶段。当剪切变形到达 C 点对应的变形值时，剪切应力值最大，剪切刚度降至 0。当应力超过 C 点以后，剪切变形曲线开始下降，剪切刚度为负值，该阶段对应图中的 CK 段，*JRC* 越大，这个阶段表现得越明显，随着剪切变形的增加，剪切刚度也由负值逐渐趋于 0。

以上分析说明，结构面剪切变形曲线表现出了明显的非线性特征，特别是传统意义上所描述的“弹性变形阶段”，其实并非严格的线性关系，其剪切刚度在剪切变形中是时刻变化的。

2.5.3 结构面剪切过程的非线性描述

通过对试样结构面剪切过程进行素描，得到了岩石剪切过程的素描图，如图 2.15、图 2.16所示，并按照剪切刚度的变化特征将剪切曲线分为以下几个阶段。

(1) 结构面及裂隙闭合压密阶段(OA 段)：根据上述变形曲线特征可知，在弹性阶段之前有一段平缓的曲线，如图 2.14 和图 2.15 中的 OA 段，该过程主要为结构面接触性的闭合以及结构面中存在的微裂隙或孔隙的逐渐闭合，试件在剪切作用下被压密，形成早期的非线性变形，应力-应变曲线呈上凹形，曲线斜率随应力增加而逐渐增大。该阶段结构面表面难以观察到“摩擦”或者“切齿”现象，但是可以测量到较为明显的变形。

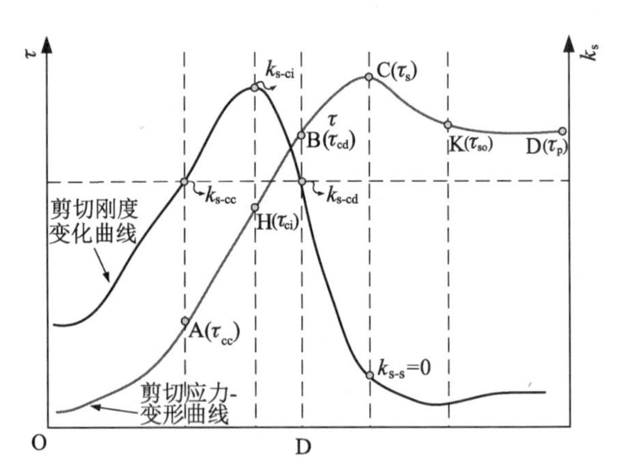

图 2.15 结构面剪切过程曲线(τ 为剪切应力，k_s 为剪切刚度，D 为剪切变形)

(2) 弹性变形及微破裂稳定发展阶段(AB 段)：从剪切应力-变形曲线上可以看到，该阶段变形与应力呈线性关系，此阶段的变形在曲线上表现为弹性变形。但是从剪切刚度变化曲线上可以看出，该阶段并非完全的线性关系(若是线性关系，切线模量应是相等的)，而是表现出了先增加后减小的趋势，但变化相对较小，可近似看作线性，按照剪切刚度的峰值可以将该阶段划分为以下两个阶段：

① 弹性变形阶段(AH)：由于剪切应力未达到开裂应力，新的裂隙还未产生，而结构面内部的裂隙以及结构面之间的接触闭合已经完成，对于以切齿为主(*JRC* 较大)的试样，此时结构面已经开始“切齿”，弹性变形主要为结构面“突出物”遭到水平挤压引起的，但此时由于应力水平较低又产生不了新的裂隙，主要为结构面内部结构的弹性变形，而弹性变形导致了结构面的硬化现象，即剪切刚度增加。而当 *JRC* 较小时，结构面主要克服其静摩擦力，变形则是由于表面摩擦力及水平荷载引起的上下剪切块的变形。A 点应力为弹性变形阶段的初

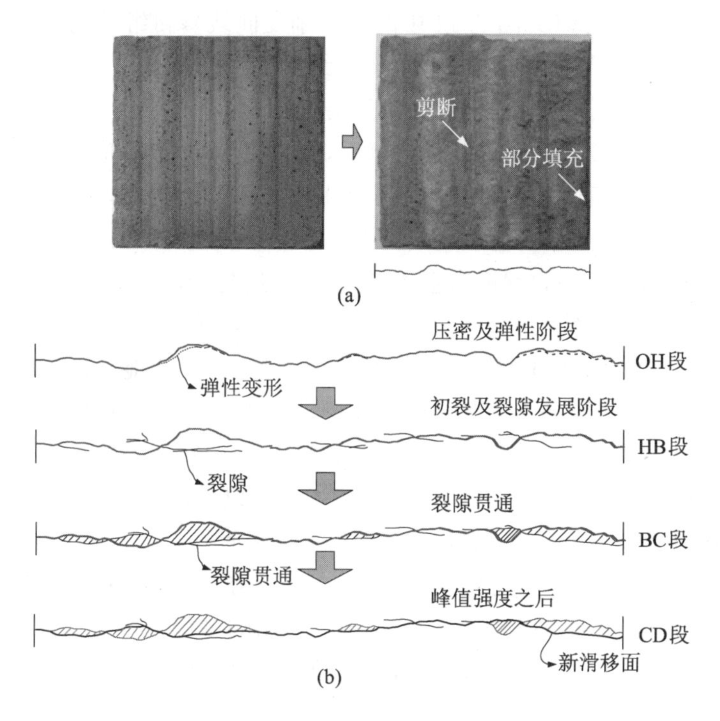

图 2.16　Barton 10 号标准剖面线剪切过程素描图

始应力，记为 τ_{cc}。

② 微破裂稳定发展阶段或塑性变形稳定发展阶段(HB 段)：当应力达到一定程度时，结构面内部开始出现新的裂隙或是原来的裂隙开始发展，在这个阶段，结构面中的"突起物"内部出现新的裂隙，并且沿剪切方向开始扩展，但是该阶段仍然处于稳定发展阶段，裂隙发展的速度并不快，宏观上表现为结构面剪切刚度的降低，此时剪切刚度降低的速度逐渐增加。

H 点的应力(τ_H)是裂隙开始发生或扩展的应力，该点的应力可以定义为结构面的起裂应力，记为 τ_{ci}。

(3) 非稳定破裂发展阶段 (BC 段)。在此阶段，结构面"突起物"中裂隙开始迅速扩展、累积，塑性变形迅速增大，剪切变形曲线已经不再是近似的直线线形，而是上凸的形态，并且这种非线性形态随剪切的进行迅速加剧，这一阶段称为屈服阶段。此阶段的微破裂发展所造成的应力集中效应，致使某些薄弱部位首先破坏，并引起应力的重新分布，持续增加的剪切应力又会引起次薄弱部位发生破坏，依此进行下去，直至结构面承受的剪切应力水平达到峰值强度，C 点应力称为峰值强度，即 τ_s，以峰值点为界可将试件分为破坏前阶段和破坏后阶段。

从图 2.15 中可以发现，该阶段的剪切刚度不断下降，直到其降至 0，并且从整个剪切过程可以看出，该阶段起始点 B 的剪切刚度与第一阶段终点 A 的剪切刚度基本相同，如图 2.14 中特征点 M、N 所标注的剪切刚度位置。这表明，在剪切应力作用下，当剪切刚度经历上升再下降至与压密阶段的剪切刚度相同时，此时屈服阶段开始。B 点的应力为屈服应力 τ_{cd}。

(4) 峰后段(CD 段)：当应力为峰值强度时，裂隙面逐渐贯通，结构面"突起物"被完全剪断，结构面的剪切刚度降至 0（如图 2.14 中的剪切刚度曲线），再继续剪切，结构面沿新的贯通面滑移，原来的“突起物”被剪断带走，如原来结构面“下盘”的“突起物”剪断后成为“上盘”，并填充“上盘”的凹陷。该阶段可分为以下两个阶段：

① 剪切软化阶段（CK 段）：在峰值强度以后，随着变形的增加，应力下降，结构面表现为软化，剪切曲线表现出了负刚度的特征。由于控制方式为应力控制，该阶段试验机齿轮转动迅速，变形迅速增加，这是由于峰值以后结构面内部能量快速释放造成的。这个阶段剪切刚度朝负方向迅速减小，达到一定程度后会逐渐增大，最后趋于水平。

该阶段只存在于 JRC 较大的情况，$JRC=0$ 时不存在 CK 段，原因是，$JRC=0$ 时该阶段的主要变形方式为摩擦，能量主要以“摩擦”的形式释放，储存能量的能力较弱，因而在峰值以后不存在结构面内部能量的突然释放，因而不具有明显的软化阶段。

② 流滑阶段（KD 段）：随着变形的发展，结构面开始沿着新的结构面滑移，结构面剪切变形曲线趋于水平，并且剪切刚度趋于 0，在该应力下可以维持结构面不断地滑移，该应力称为结构面的残余强度，这个阶段可以认为是理想的塑性阶段。

通过对完整试样剪切过程进行素描，得到了岩石直剪过程的素描图，如图 2.17 所示，这个过程也反映了微裂隙逐渐贯通，最终形成贯通剪切面的过程，这个过程也是天然结构面的一种形成过程。当贯通的结构面形成以后，再次剪切就是结构面的剪切试验。

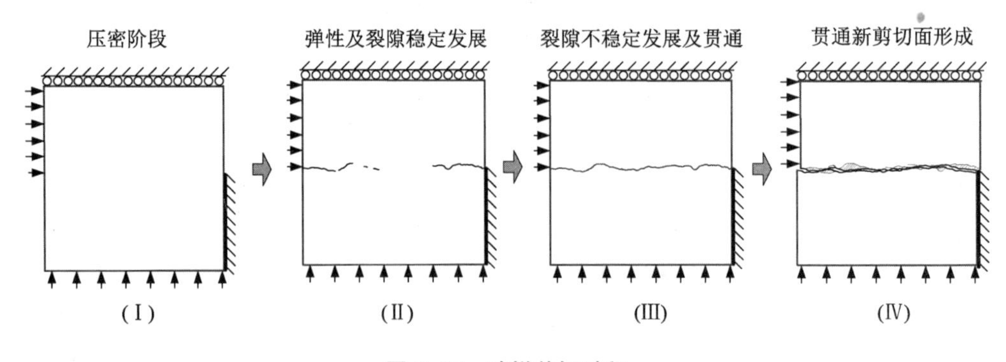

图 2.17　试样剪切过程

图 2.18 所示为完整试块剪切变形曲线，完整试块也存在与结构面相似的过程，其基本变化规律与结构面的变化基本相同，只是在 OA 阶段，完整试块仅仅是试块内部的孔隙或者裂隙的闭合，不存在结构面之间的闭合过程，因而该阶段相比于结构面持续时间较短。因此，无论是结构面还是完整试块的剪切过程，都会经历压密、弹性及微破裂稳定发展、裂隙不稳定发展及峰后等阶段，进而形成新的剪切面，并且继续剪切会沿着新的剪切面滑移，这个过程的最终结果是形成新的结构面并逐渐趋于平整。同时，结构面间存在由于摩擦留

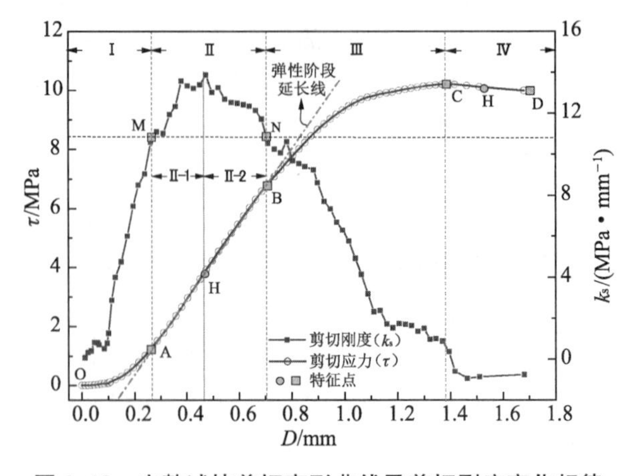

图 2.18　完整试块剪切变形曲线及剪切刚度变化规律

下的碎屑，减小了结构面的摩擦效果，二者共同作用，使结构面之间的咬合程度降低，等同于结构面的 JRC 降低，即随着剪切变形的积累，剪切过程中结构面粗糙度具有不断衰减的特征。

2.6　本章小结

通过对不同粗糙度结构面开展常规的直接剪切试验，研究了粗糙度对结构面强度的影响，并且得到了一个较为简单的剪切强度经验公式。然后对结构面剪切变形特征进行了研究，从剪切刚度变化的角度研究了结构面剪切过程中的非线性特征，并对其机理进行了探讨，主要得到了以下结论：

（1）结构面强度随着粗糙度的增大而增大，并且具有较好的线性关系，其强度变化规律符合式(2.1)，该式反映了剪切强度由两部分组成，即与 JRC 相关的 JRC 抗力和与摩擦相关的摩擦抗力。

（2）粗糙度越大，剪切变形曲线的峰值越明显，并且随着 JRC 的增大，其剪切机理发生变化，具体表现为由磨损式到切齿式的转变。

（3）结构面的剪切过程经历了结构面及裂隙闭合压密阶段、弹性变形及微破裂稳定发展阶段、非稳定破裂发展阶段和峰后段等四个阶段，这四个阶段是比较典型的非线性过程，其剪切的最终结果是结构面的粗糙度降低，结构面趋于平整，该非线性特征可为应力松弛、蠕变等现象提供理论基础。

第3章
剪切速率对不同粗糙度结构面力学特性的影响研究

3.1 引言

加载速率是影响岩石力学行为的一个重要因素,也是岩石时间效应的重要组成部分,目前对完整岩石已经形成了比较普遍的观点,即加载速率越大,岩石所表现出来的强度越大。加载速率对节理面的强度和变形特征具有很大的影响,在某些特定的工程中,如地下隧洞开挖、地下储气库的充放气等相关问题的研究方面具有重要的意义。然而,对于节理面强度及剪切变形特征与速率的关系的研究较少,因此需要更深入的研究。

本章通过对不同粗糙度水泥砂浆结构面开展不同速率下的剪切试验,研究了剪切速率对剪切强度及剪切变形特征的影响,并引入了新的研究结构面速率依存性的试验方法——变速率剪切试验方法,应用该方法对水泥砂浆及天然绿片岩试块开展变速率剪切试验,进一步研究和评价结构面速率依存性的特征。

3.2 试验方案

3.2.1 试验样品及试验设备

1. 水泥砂浆试块

与第2章相同,本章依然选择水泥砂浆作为试验材料,制作过程、配比以及试件尺寸与第2章2.2节中介绍的制作方法相似。由于速率试验对试样差异性极其敏感,因此需要在试样成型过程中严格控制制作和成型条件。试样成型后对其尺寸及密度进行了测量,最后将密度差异性较大的试样剔除。试样密度的统计参数如表3.1所示。

表3.1　　试样密度统计参数

平均密度/(g·cm^{-3})	均方差	变异系数
2.03	0.024 3	0.011 9

试验中所采用的Barton曲线如图3.1所示,*JRC*的记录规则与第2章2.2节中所述相同。例如1号结构面的粗糙度为0～2,本试验中取粗糙度为1。

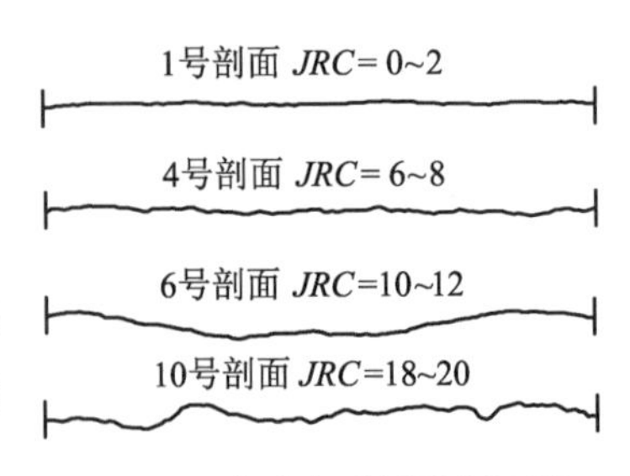

图3.1　试验中采用的剖面线

为了进行试验对比,将完整试块也作为试样进行了制作,制作过程与上述结构面试样制作过程相同。

2. 天然结构面试样

本次试验所用天然岩石结构面试样采自四川锦屏二级水电站地下洞室围岩中具有灰白色大理岩条带的绿片岩，该试样中存在着比较明显的节理面，如图3.2所示。

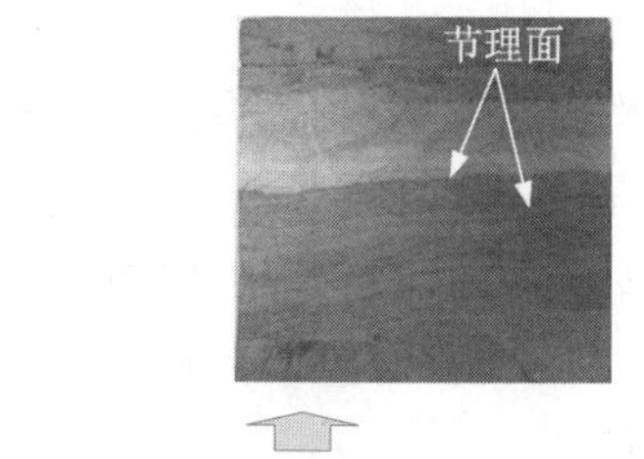

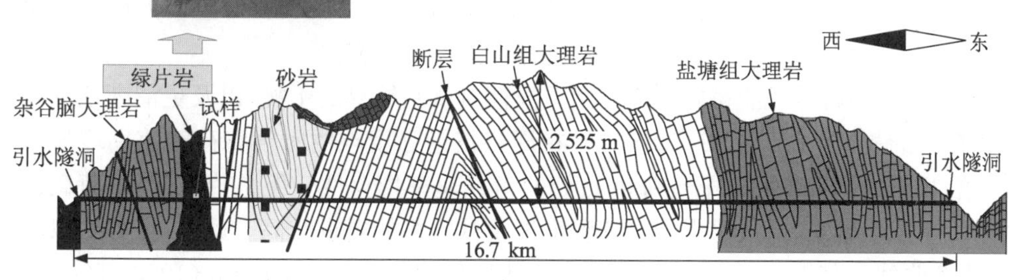

图3.2 绿片岩石试样及取样位置

试样取自四川锦屏二级水电站辅助交通洞西端，取样位置埋深约为1 600 m，自重应力为42 MPa。岩层层理较发育，产状为倾向296°、倾角88°。岩性为绿片岩，片状构造，常有灰白色大理岩条带及透镜体。由于具有天然节理面的岩石试样，取样难度大，取样后在运输过程中易开裂。为保证获取的岩样未受扰动，在岩样脱开母体后，利用特制的夹具将其固定后运回实验室。加工试件时，根据软弱夹层的发育程度分别进行加工，加工时保证绿片岩软弱夹层位于试样的中间部位，以便于进行剪切试验。试件加工的尺寸为10 cm×10 cm×10 cm，为保证加工质量，加工时采用红外线进行对准切割，试样的平整度得到了比较好的保证。

3. 试验设备

不同加载速率下结构面剪切试验及变速率剪切试验仍然采用长春试验机研究所研制的CSS-1950岩石双轴流变试验机。

3.2.2 不同剪切速率下的结构面剪切试验

岩体结构面剪切试验选用粗糙度为1，7，11，19(Barton曲线1号，4号，6号，10号)的水泥砂浆试块作为试验样品，剪切过程中控制剪切变形速率，分别为0.1 mm/s，0.02 mm/s，0.04 mm/s以及0.001 mm/s，直至出现明显的峰值或者剪切位移达到5 mm，试验停止。

由于结构面在粗糙度较大时，结构面中“突起物”比较明显，施加过大的法向荷载容易造成应力集中，易造成“突起物”碎裂，“突起物”的碎裂会引起结构面的实际粗糙度降低，影响试验结果，因此，法向荷载采用单轴抗压强度的10%，20%，30%，即2.17 MPa，4.35 MPa和6.52 MPa，此时法向应力对结构面表面形态的影响较小。

所有试验均采用3个平行试样，强度取3个试样的平均值，试验曲线按强度接近平均值的曲线考虑。为了研究 JRC 衰减后，结构面的速率依存性特征，所有试样在第一次剪切后，卸载复位，按照上述试验方法对其进行第二次剪切试验。

3.2.3 变速率剪切试验

目前，研究结构面强度及变形的剪切速率依存性特征及表面形态对其的影响，一般一组试验需要 4～5 个试样，但是由于试样之间的差异性，通常需要进行 2～3 个平行实验，如上述不同速率下的结构面剪切试验，该研究方法需要的试样较多，特别是天然结构面，其均一性更难保证，可重复性较差，规律性较差，难以得到能够较好反映剪切速率依存性变化规律的试验结果，因而限制了研究者对其变化规律的进一步研究。

为了简化试验，尽可能排除试样之间差异性对试验结果的干扰，以及更清晰地反映岩石速率依存性的规律，Okubo 等(1990)[132]在即将接近强度点的时候将荷载速率增加到原来的 10 倍，根据应力的变化来研究强度点处的荷载速率依存性。但是，在试验中荷载速率变化的时机掌握很困难，对试验者的熟练程度以及试验机的要求较高。此外，该方法只能研究应力-应变曲线上某一点处(强度点)的荷载速率依存性。因此，Fukui(1993，2003)[133,134]等在 Bieniawski(1970)[135]的试验方法的基础上，提出了交替变换加载速率的试验方法，并应用于完整岩石加载速率依存性的研究中，即从试验开始到结束的整个过程中，按一定应变间隔对一个试样交替施加两种荷载速率，从而得到对应于两种荷载速率的应力-应变曲线。该方法已经应用于完整试块的三轴和单轴试验的加载速率依存性研究中，该试验方法的可行性得到了验证，并且取得了丰富的研究成果[136, 137]。本章将交替变换速率试验方法引入结构面加载速率依存性剪切试验的研究中，对结构面按照上述方法开展试验(简称变速率剪切试验)，应用该试验结果评价结构面的剪切速率依存性。

如图 3.3 所示，在试验过程中，剪切速率每隔一定的剪切变形切换一次速度，实心点为低速 C_1 结束到高速 C_2 的切换点，低速切换到高速，会导致应力上升，应力-变形曲线出现上凸的形态，而空心点为高速 C_2 结束到低速 C_1 的切换点，由高速切换到低速，会导致应力下降，应力-变形曲线出现下凹的形态，如此切换下去，得到变速率条件下的应力-变形全过程曲线。将所有由低速到高速的切换点进行拟合可以得到低剪切速率下的应力-变形曲线，而将所有由高速到低速的切换点进行拟合可以得到高剪切速率下的应力-变形曲线，这两条曲线的峰值可作为低剪切速率和高剪切速率下的峰值强度，进而用于结构面强度的剪切速率依存

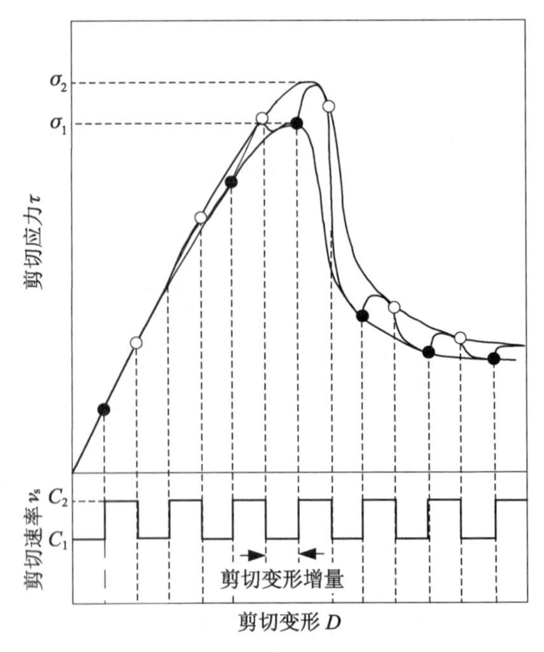

图 3.3 变速率剪切试验过程示意图[136, 138]
(C_1 = 0.001 mm/s, C_2 = 0.01 mm/s)

性的研究中。该方法可避免试样差异性对试验结果造成的影响。

该试验采用粗糙度为 1，7，11，19(Barton 1 号，4 号，6 号，10 号标准剖面线)的结构面试块，完整水泥砂浆试块以及天然绿片岩试块进行试验。与不同加载速率条件下的结构面剪切试验选择法向应力的原则相同，变速率剪切试验法向应力分别采用单轴抗压强度的 10%，20%，30%，分别为 2.17 MPa，4.35 MPa 和 6.52 MPa。含有结构面的绿片岩作为验证试验的试样，也开展了同样的试验，为了对比方便，试验法向应力为 2.17 MPa 和6.52 MPa。低剪切速率(C_1)为 0.001 mm/s，高剪切速率(C_2)为 0.01 mm/s。

所有试样在一次变速率剪切试验后，对其进行复位，重新施加法向应力，按照第一次变速率剪切试验的方法进行第二次变速率剪切试验。

3.3　不同剪切速率下的结构面剪切试验成果

3.3.1　峰值强度

将不同速率下结构面强度值绘制于双对数坐标系中，如图 3.4 所示，结构面峰值强度与剪切速率在双对数坐标系中表现出了很好的线性关系，并且剪切速率增大，峰值强度也随之

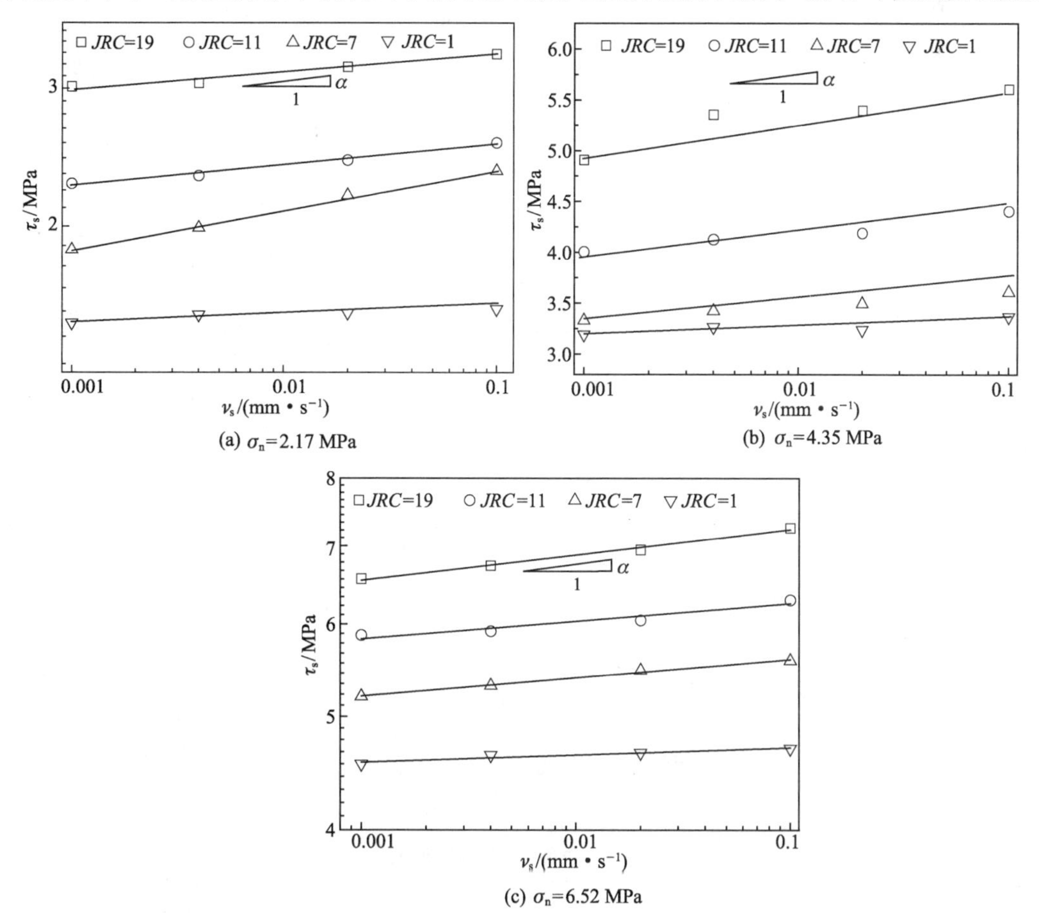

(a) σ_n=2.17 MPa　(b) σ_n=4.35 MPa　(c) σ_n=6.52 MPa

图 3.4　不同法向应力条件下剪切强度随剪切速率的变化曲线

增大，峰值强度与速率的关系可用下式描述：

$$\lg \tau_{s} = \alpha \lg v_{s} + \lg c \tag{3.1}$$

式中，τ_s为峰值强度；α 为拟合参数，即图 3.4(a)中直线的斜率，表征峰值强度随速率的变化快慢程度；v_s为剪切速率，$v_s>0$；c 为拟合参数。

从图 3.4 可知，参数 α 随 *JRC* 的增大而增大，这说明结构面强度与加载速率的相关程度与结构面粗糙度有关，粗糙度越大，强度对加载速率越敏感。

对式(3.1)进行进一步整理可得：

$$\tau_{s} = c v_{s}^{\alpha} \tag{3.2}$$

式中，α 为与速率相关的参数，能够直接反映剪切速率对强度的影响。

根据式(3.2)，对不同 *JRC* 及法向应力作用下剪切强度随剪切速率的变化规律进行拟合得到参数 α 的值如表 3.2 所示。如图 3.5 所示，同一法向应力下参数 α 随 *JRC* 的增大而增大，法向应力对剪切强度速率依存性的影响取决于 *JRC* 的大小，如 *JRC*=1 时，α 值随法向应力的变化比 *JRC*=11 的变化幅度小很多。

表 3.2　参数 α 的计算结果

JRC	σ_n/MPa	α	*JRC*	σ_n/MPa	α
1	2.17	0.008 2	11	2.17	0.026 6
	4.35	0.009 9		4.35	0.015 0
	6.52	0.006 3		6.52	0.019 5
7	2.17	0.011 4	19	2.17	0.020 9
	4.35	0.016 9		4.35	0.023 1
	6.52	0.015 8		6.52	0.021 7

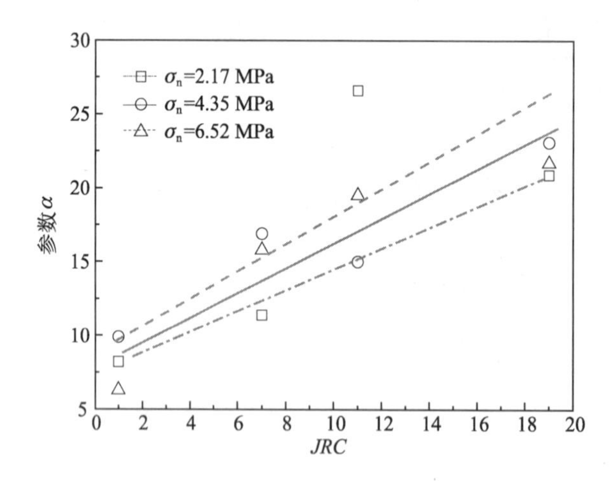

图 3.5　参数 α 与 *JRC* 的关系

3.3.2 重复剪切强度

对试样进行重复剪切试验时，大部分试验曲线不再表现出峰值强度特征，故对于没有明显峰值强度的试验，重复剪切强度($\tau_{s\text{-}r}$)取剪切位移为3.5 mm的强度(该剪切位移条件下应力基本保持不变)，将重复剪切强度与剪切速率的关系曲线绘制于双对数坐标系中，剪切强度仍然表现出了随剪切速率的增大而增大的特征，但剪切速率对其影响程度有限。图3.6所示的曲线中表现出了非常明显的线性关系，并接近于水平，甚至出现了负斜率的现象(剪切强度随速率的增大而减小)。该现象表明，结构面被"剪坏"后，剪切速率对强度的影响降低。由于结构面在剪切后相当于 *JRC* 降低[29]，结合上述结果也可以推测，*JRC* 降低，结构面强度的速率依存性也随之降低。

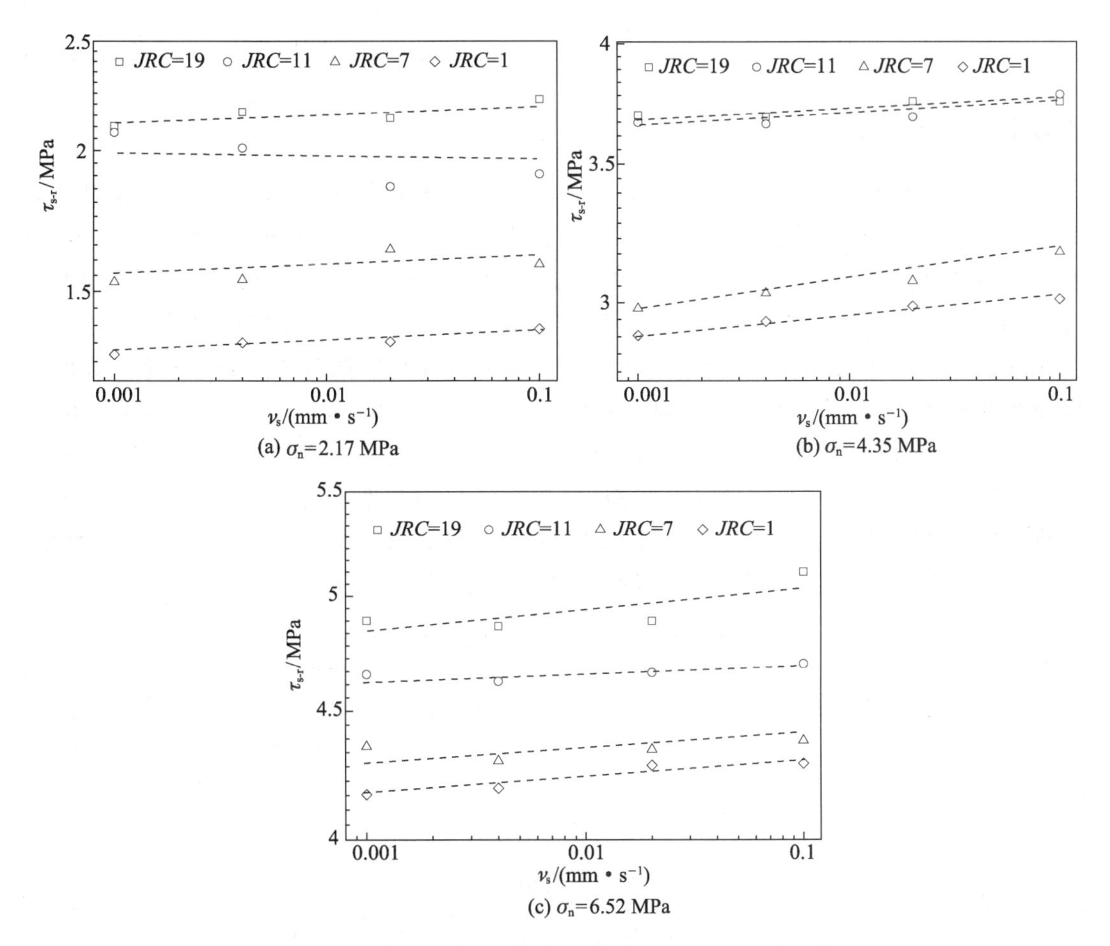

图3.6　重复剪切强度与剪切速率的关系($\tau_{s\text{-}r}$为重复剪切强度)

根据式(3.2)，对其中的参数进行计算，结果如表3.3所示，与峰值强度的试验结果相同，法向应力和 *JRC* 也是影响结构面重复剪切强度和剪切速率依存性的重要因素，法向应力及 *JRC* 越大，结构面间咬合得越紧密，第二次剪切时，剪切速率依存性也就越大。然而，相对于峰值强度，其受加载速率的影响程度要小得多。对比表3.2和表3.3中数据可知，相对于峰值强度，重复剪切试验参数 α 的量值要小得多，这说明剪切速率对残余强度的影响并不大，当法向应力减小或 JRC 较小时，α 的值逐渐减小，并趋近于 0。

表 3.3　　重复剪切试验参数 α 计算结果

JRC	σ_n /MPa	α	JRC	σ_n /MPa	α
1	2.17	0.010 3	11	2.17	−0.021 0
	4.25	0.006 5		4.25	0.006 7
	6.52	0.006 5		6.52	0.002 5
7	2.17	0.011 0	19	2.17	0.009 8
	4.25	−0.001 4		4.25	0.004 0
	6.52	0.001 8		6.52	0.009 2

3.3.3　强度指标

表 3.4 为不同 JRC 及剪切速率条件下根据库仑定律由第一次剪切强度所计算得到的黏聚力以及摩擦角的统计值，从计算结果中可以看出，摩擦角随剪切速率的增大而增大，增幅的大小受到 JRC 的影响，但增幅并不大。如当 JRC=19 时，速率从 0.001 mm/s 增大到 0.1 mm/s 的过程中，摩擦角最大增幅比例为 5.8%；当 JRC=1 时，摩擦角的最大增幅比例为 1.9%。因此，从摩擦角的变化数据可以看出，剪切速率对摩擦角的影响并不大。黏聚力随速率的增大表现出了较大的增幅。例如，当 JRC=19 时，速率由 0.001 mm/s 增至 0.1 mm/s时，黏聚力增大了 0.21 MPa，而当 JRC=1 时，黏聚力几乎没有变化，同时，根据剪切强度数据，JRC 越小，强度受剪切速率的影响就越小，这说明剪切速率对强度的影响主要体现在黏聚力的变化上，而摩擦角作为体现颗粒间摩擦效果的参数，其变化并不大。因此，黏聚力是结构面剪切强度具有加载速率依存性的主要原因。

表 3.4　　不同 JRC 及剪切速率条件下结构面的强度参数

v_s / (mm·s^{-1})	JRC=19		JRC=11		JRC=7		JRC=1	
	φ /(°)	c /MPa	φ /(°)	c /MPa	φ /(°)	c /MPa	φ /(°)	c /MPa
0.001	39.16	1.29	39.65	0.45	37.49	0.13	35.05	0.03
0.004	40.26	1.36	39.59	0.53	37.38	0.25	35.43	0.05
0.02	40.76	1.43	39.75	0.61	37.09	0.44	35.55	0.04
0.1	41.44	1.50	40.66	0.68	36.60	0.62	35.75	0.08

3.3.4　抗剪强度各组分随速率的变化特征

第 2 章式(2.1)和式(2.6)的抗剪强度公式将抗剪强度分为两部分，即 $mJRC(k\sigma_n JRC)$ 和 $n(\sigma_n \tan\varphi_b)$。根据剪切强度与 JRC 的关系，可求出 m 和 n 的值，在不同剪切速率和不同 JRC 的条件下，抗剪强度各组分分布如表 3.5 所示，强度组分 n $(\sigma_n \tan\varphi_b)$并不随 JRC 的变化而变化，其大小与速率相关，但该组分受速率的影响有限。随着 JRC 的增大，$mJRC$（$k\sigma_n JRC$）组分越来越大，其在强度中所占的比重也越来越大。从参数上看，m 与剪切速率具有比较明显的相关性，剪切速率越大，m 值越大，说明速率越大，JRC 的发挥程度越大。对于同一剪切速率和同一种试样，该参数的值不变，说明 JRC 的发挥系数不受具体 JRC 值的影响。

表 3.5　　抗剪强度各组分分布情况

JRC	v_s /(mm·s^{-1})	法向应力/MPa								
		6.52			4.35			2.17		
		mJRC	m	n	mJRC	m	n	mJRC	m	n
1	0.001	0.11	0.11	4.47	0.10	0.10	2.90	0.09	0.09	1.35
	0.004	0.12	0.12	4.53	0.12	0.12	2.89	0.08	0.08	1.43
	0.020	0.13	0.13	4.57	0.12	0.12	2.90	0.09	0.09	1.49
	0.100	0.14	0.14	4.60	0.13	0.13	3.01	0.09	0.09	1.55
7	0.001	0.79	0.11	4.47	0.70	0.10	2.90	0.60	0.09	1.35
	0.004	0.82	0.12	4.53	0.85	0.12	2.89	0.59	0.08	1.43
	0.020	0.89	0.13	4.57	0.87	0.12	2.90	0.63	0.09	1.49
	0.100	1.00	0.14	4.60	0.88	0.13	3.01	0.66	0.09	1.55
11	0.001	1.25	0.11	4.47	1.11	0.10	2.90	0.94	0.09	1.35
	0.004	1.30	0.12	4.53	1.33	0.12	2.89	0.92	0.08	1.43
	0.020	1.40	0.13	4.57	1.37	0.12	2.90	0.99	0.09	1.49
	0.100	1.57	0.14	4.60	1.38	0.13	3.01	1.04	0.09	1.55
19	0.001	2.15	0.11	4.47	1.91	0.10	2.90	1.62	0.09	1.35
	0.004	2.24	0.12	4.53	2.31	0.12	2.89	1.60	0.08	1.43
	0.020	2.42	0.13	4.57	2.37	0.12	2.90	1.71	0.09	1.49
	0.100	2.72	0.14	4.60	2.38	0.13	3.01	1.80	0.09	1.55

求得不同剪切速率下式(2.6)中的参数，可得到表 3.6 所示结果。

表 3.6　　剪切强度与 *JRC* 关系参数

参数	法向应力＝6.52 MPa		法向应力＝4.35 MPa		法向应力＝2.17 MPa	
	k /10^{-2}	tan φ_b /10^{-1}	k /10^{-2}	tan φ_b /10^{-1}	k /10^{-2}	tan φ_b /10^{-1}
0.001	1.739	6.854	2.310	6.677	3.940	6.225
0.004	1.807	6.948	2.789	6.645	3.871	6.573
0.02	1.952	7.013	2.862	6.660	4.143	6.852
0.1	2.195	7.052	2.883	6.914	4.364	7.142

对表 3.6 中的数据进行拟合，如图 3.7(a)所示，参数 k 与速率 v 存在以下关系：

$$k = a v_s^b \tag{3.3}$$

式中，a 为材料参数，b 为与速率相关的参数。

式(3.3)与式(3.2)的形式基本相同，这说明参数 k 随剪切速率的变化规律与剪切强度随剪切速率的变化规律相同，JRC 强度组分的剪切速率依存性是影响结构面整体强度速率依存性的重要因素，这个结论与黏聚力是影响结构面剪切速率依存性的主要因素这一结论具有相同的意义。

将式(3.3)换算为以下形式：

$$\lg k = \lg a + b \lg v_s \tag{3.4}$$

式中，参数 b 表示参数 $\lg k$ 与 $\lg v_s$ 关系式的斜率，$\lg k$ 随 $\lg v_s$ 变化的变化率(即斜率 b)，其大小反映了剪切速率 v_s 对参数 k 的影响程度。根据图 3.7(a)中拟合后参数 b 的大小可以看出，参数 b 随着法向应力的增大而增大，这表明法向应力越大，速率对参数 k 的影响越大。

$\tan\varphi_b$ 等同于平板结构面的摩擦角，根据试验结果以及拟合数据可以看出，$\tan\varphi_b$ 与剪切速率的关系跟参数 k 与剪切速率的关系相似，也符合式(3.5)：

$$\tan\varphi_b = e v_s^{\beta} \tag{3.5}$$

式中，参数 e 为与材料相关的参数；β 为与速率相关的参数。参数 β 与参数 b 的性质相同，均是反映该强度组分速率相关性的参数。从图 3.7(b)中的拟合结果可以看出，参数 β 随法向应力的增大而减小，这跟参数 b 与剪切速率的关系相反，但是参数 β 的量值较小，基本上为参数 b 的 1/10，这表明剪切速率对 $\tan\varphi_b$ 的影响有限。

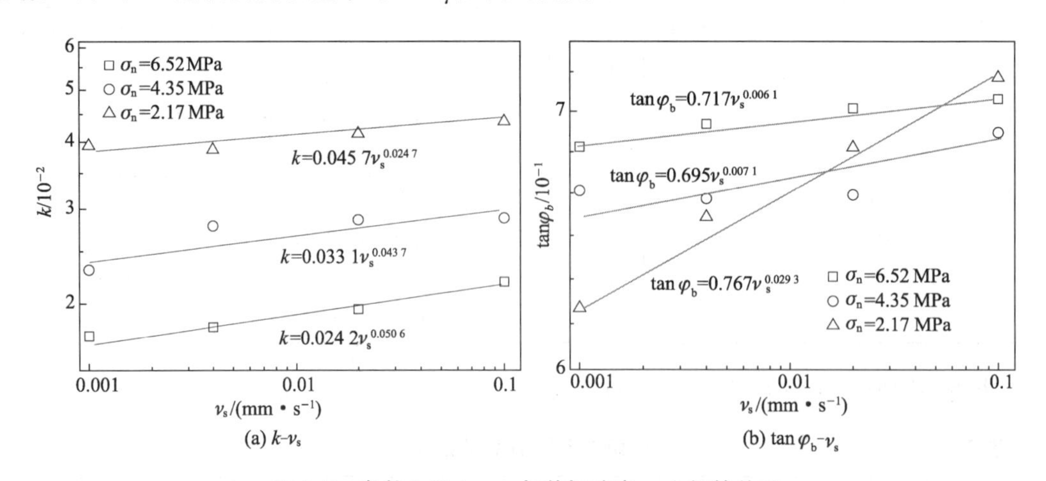

图 3.7　参数 k 及 $\tan\varphi_b$ 与剪切速率 v 之间的关系

3.3.5　剪切变形特征

1. 剪切应力-剪切变形曲线特征

在剪切过程中，剪切速率对曲线形态产生了较大的影响，以法向应力为 4.35 MPa 的剪切试验为例，如图 3.8 所示，随着 JRC 的增大，剪切速率对曲线形态的影响也越来越明显。当 $JRC = 19$ 时，剪切速率越大(如剪切速率为 0.1 mm/s 时)，曲线峰值强度越高，峰值越明显，剪切峰值过后，其应力降也越大，破坏时表现得越剧烈，结构面表现出了脆性性质，并且应力达到峰值时的剪切位移，也表现出随剪切速率的增大而减小的趋势，而当剪切速率为

0.001 mm/s时，剪切强度最小，其峰值在曲线中表现得并不明显，峰后曲线的应力降也相对减小。当 $JRC=1$ 时，上述特征虽然有所表现，但是剪切强度对其影响程度并不大，当剪切速率较大时，曲线出现了峰值，但并不明显，速率较小时，峰后的曲线接近于水平，没有明显的峰值和应力降出现，峰值强度以后的应力-变形曲线趋向于同一轨迹线。因此，从上述应力-变形曲线中可知，JRC 越大，应力-变形曲线在不同剪切速率条件下的形态差别越显著，而当 JRC 较小时，不同剪切速率条件下的应力-变形曲线形态相似，并与峰后的曲线趋于一条曲线，剪切速率对其影响程度较弱，这说明随着 JRC 的增大，结构面的剪切速率依存性增大。

随着剪切速率的减小，剪切曲线的非线性表现得越来越显著，如图 3.8(a)中曲线①并没有显著的近似直线段，而是在全过程中都表现出了明显的非线性，这是因为当 JRC 较小时，结构面以摩擦为主，表现出的弹性特征较弱，并且剪切速率较小时，试样有足够的时间产生塑性变形。虽然曲线的非线性特征增加，但是从曲线的形状上来看，还是能够判断近似线性段以及剪切刚度下降导致的剪切曲线曲率突然变化时的特征点，即屈服点，如图 3.8(d)所示。

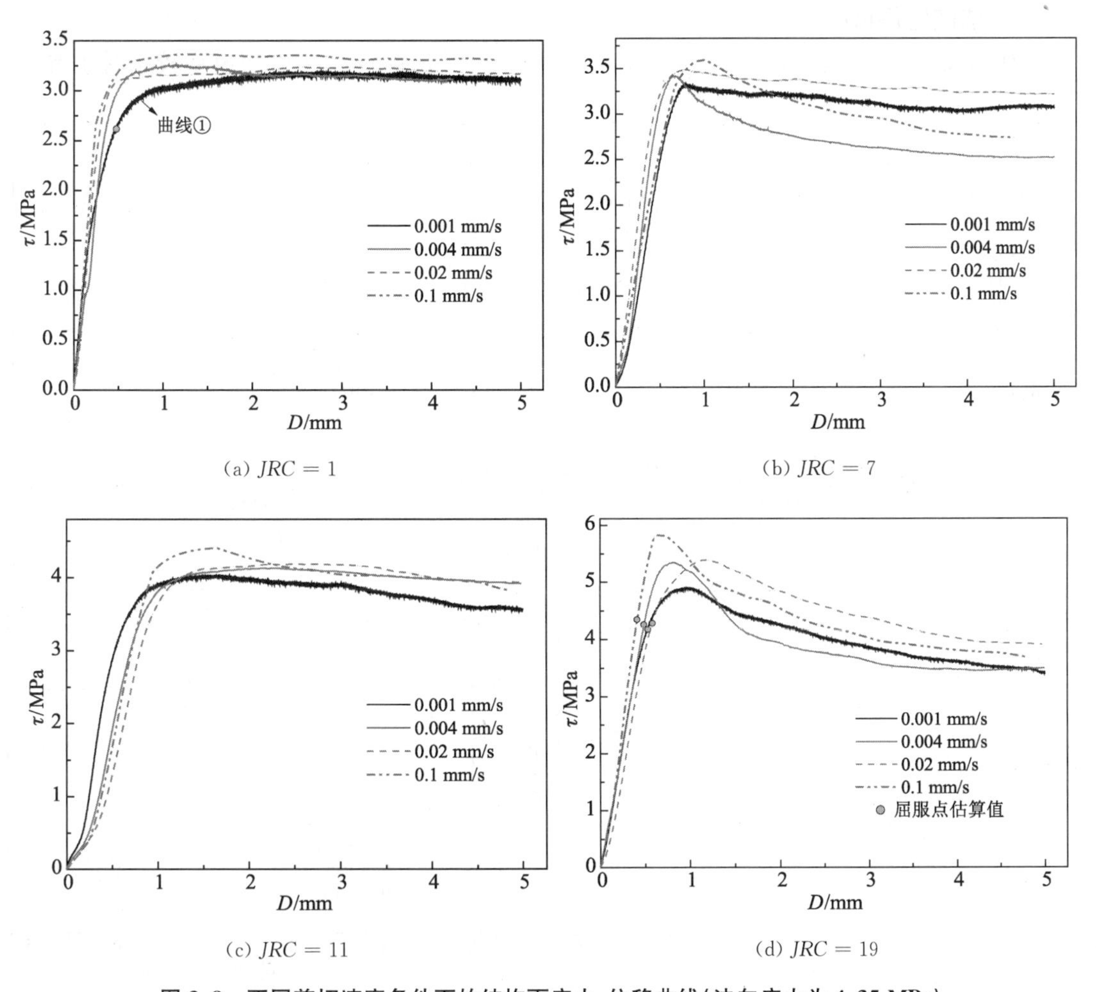

(a) $JRC=1$　(b) $JRC=7$

(c) $JRC=11$　(d) $JRC=19$

图 3.8　不同剪切速率条件下的结构面应力-位移曲线(法向应力为 4.35 MPa)

如图 3.8(d)所示，随着剪切速率的减小，屈服应力逐渐减小，但屈服点应力与峰值应力越来越接近，由于粗糙度较大，在曲线上可以比较清楚地看到线性段，并且估算出屈服点的位置。如表 3.7 所示，随着剪切速率的减小，屈服点越来越接近于峰值强度。造成上述现象的原因是剪切速率较小时，试样有足够的时间产生塑性变形，那么结构面中储存的弹性能相对较小，需要长时间的积累才可以让裂隙发生不稳定的扩展，并且裂隙开始不稳定扩展以后，由于之前在加载速率较大的情况下已经发生了较多的破裂，结构面再产生破裂或者破裂继续发展的"空间"减小，因此，结构面发生不稳定裂隙扩展的应力（屈服应力）与峰值应力相对来说相差较小，峰值变得不明显。

表 3.7　屈服点应力与峰值应力之间的关系

剪切速率 v/(mm · s^{-1})	0.1	0.02	0.004	0.001
屈服点 τ_{cd}/MPa	4.40	4.30	4.25	4.2
峰值强度 τ_s/MPa	5.60	5.40	5.35	4.91
(τ_{cd}/τ_s)/%	78.60	79.63	79.45	85.53

2. 法向位移特征

如图 3.9 所示，当 JRC=1 时，由于粗糙度较小，其法向位移在剪切速率较小时主要表

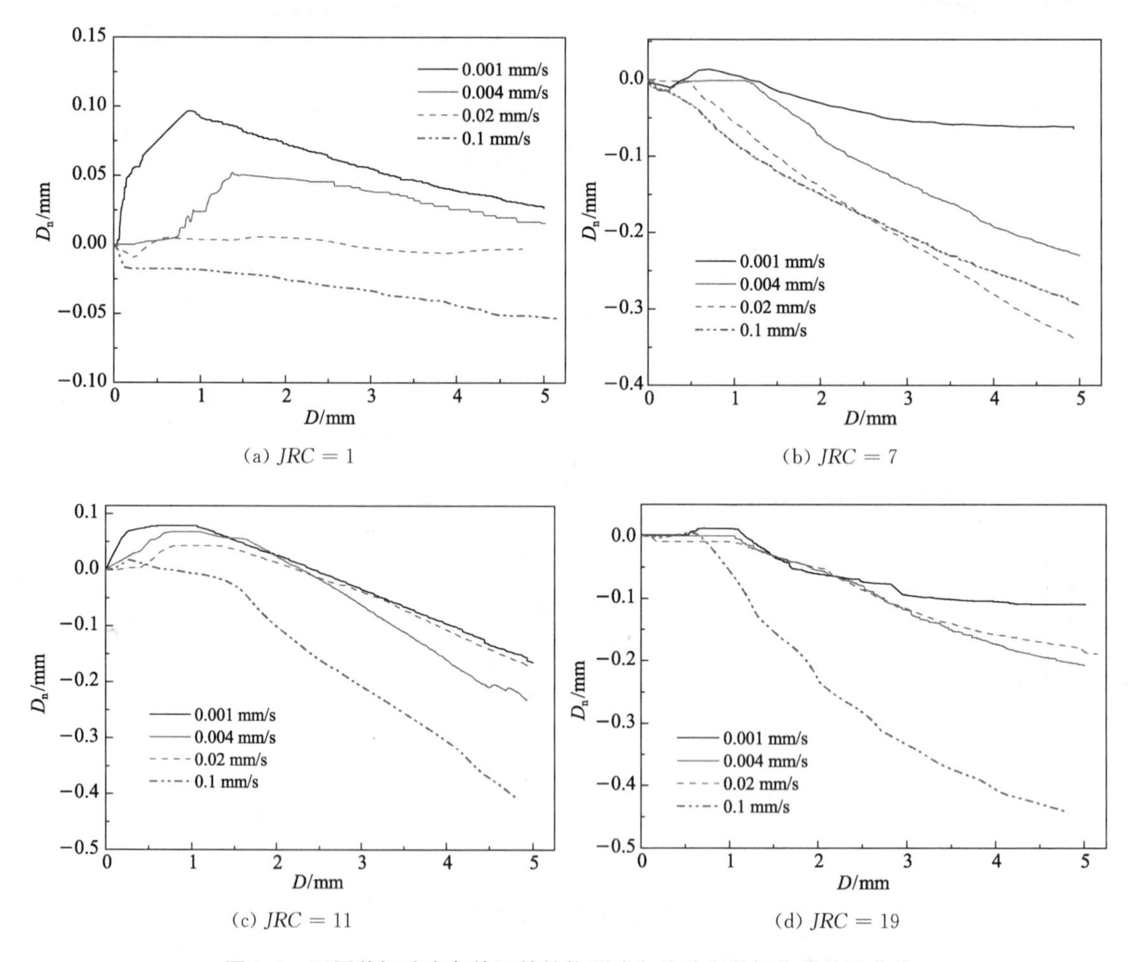

图 3.9　不同剪切速率条件下的结构面法向位移和剪切位移关系曲线

(法向应力为 4.35 MPa；正值为压缩，负值为扩容)

现为压缩现象,当剪切速率为 0.004 mm/s 时,法向位移出现扩容现象。而当 $JRC=19$ 时,剪切开始时便出现了比较明显的扩容现象,这是由于 10 号结构面突起较多,爬坡以及剪齿效应都会产生扩容现象,这种现象随着剪切速率的增大而增大。图 3.9 中曲线的整体趋势表现为 JRC 越大,法向扩容量越大;剪切速率越大,法向扩容量越大。

3.4 变速率剪切试验结果

3.4.1 *JRC* 及法向应力对变速率曲线形态的影响

1. 变速率剪切试验曲线特征[138]

图 3.10 为不同 JRC 以及完整试块在变速率加载条件下的试验结果,从图中可以看出,剪切速率的切换对剪切曲线具有较大的影响,从低速到高速的切换会引起应力迅速增大,在加速瞬间,剪切曲线上所显示的结构面剪切刚度增大,待剪切曲线逐渐稳定于 C_2 速率下的轨迹线后,结构面刚度也随之稳定,其值略大于低速状态下的模量。从高速到低速的切换过程中,应力突然跌落,在图 3.10 中显示为剪切曲线的垂直下跌,但下跌到一定程度后,图中

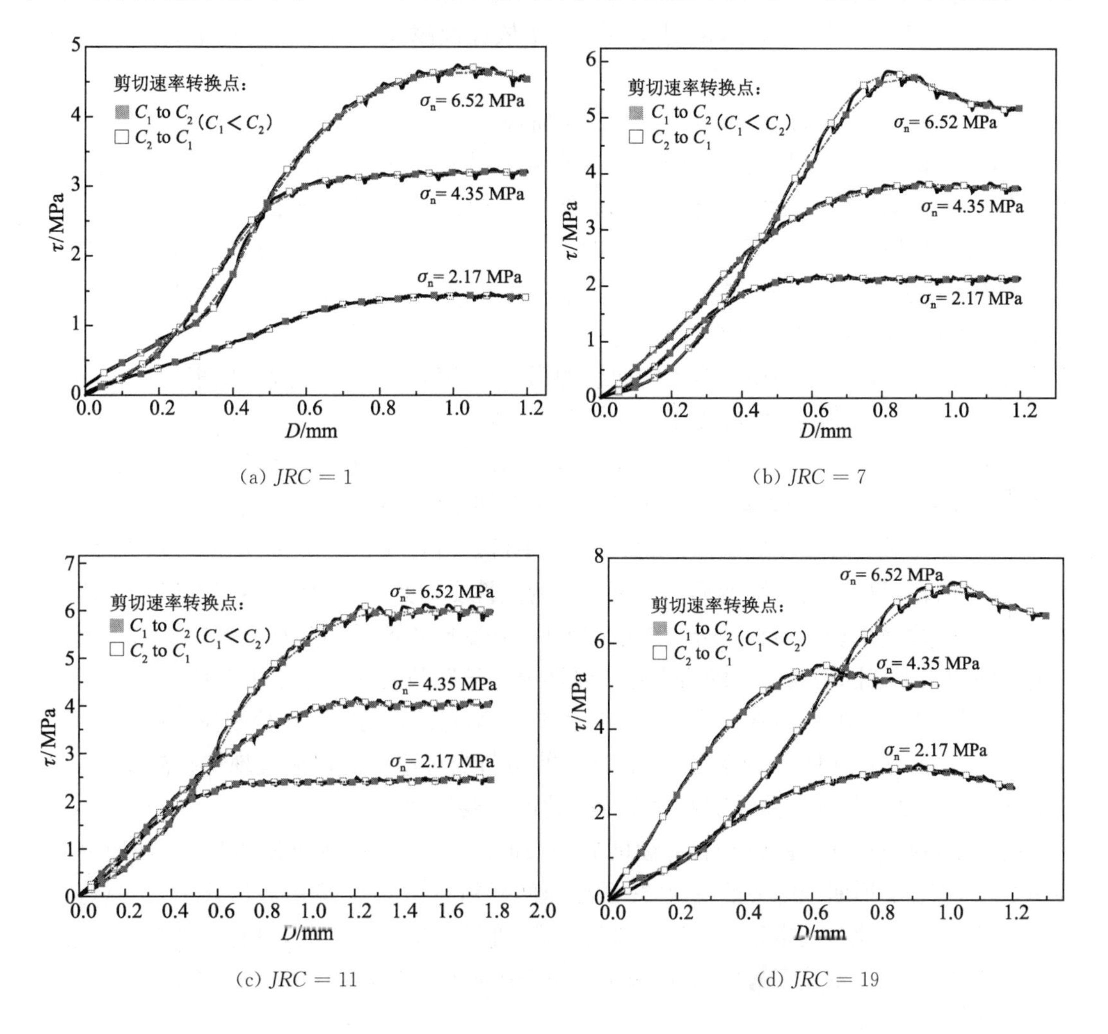

(a) $JRC=1$　　(b) $JRC=7$

(c) $JRC=11$　　(d) $JRC=19$

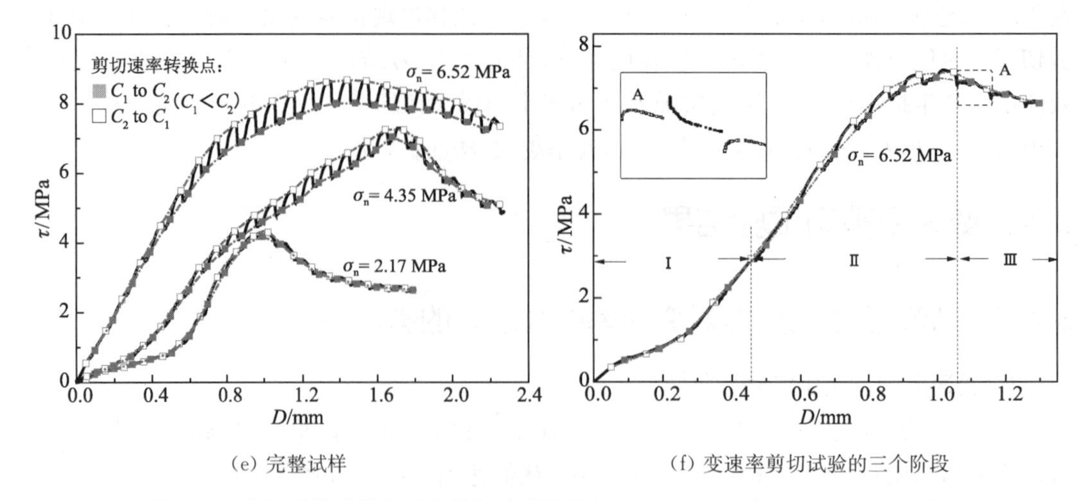

(e) 完整试样

(f) 变速率剪切试验的三个阶段

图 3.10　水泥砂浆试块变速率剪切试验结果(C_1 = 0.001 mm/s, C_2 = 0.01 mm/s)

显示的结构面剪切刚度稳定,略小于高速时的剪切刚度。峰值以后,该现象逐渐消失,而是转变为应力突变,无论是从高速到低速的切换,还是从低速到高速的切换,均立即回归于同一条轨迹线。凹凸形状越明显,说明其剪切速率依存性越大[137],结构面在不同速率下能够保持不同的曲线形态。

根据上述特征,试验曲线可分为以下三个阶段。

阶段Ⅰ:该阶段速率切换对曲线形态的影响不明显,可以得到较为光滑的剪切曲线,如图 3.10(f)所示,该阶段大部分处于剪切曲线中结构面及裂隙闭合压密段(图 2.15 中 OA 段)及弹性变形阶段(图 2.15 中 AH 段),对应于剪切曲线中的刚度上升阶段,此时主要的变形方式为可恢复的弹性变形,裂隙基本未发育,曲线上的凹凸形状不明显,此时能够得到较为光滑的剪切曲线说明在弹性阶段变速率对曲线形态影响并不大。

阶段Ⅱ:该阶段速率切换后对剪切曲线的形态影响较大,剪切曲线上出现了比较明显的凹凸形状。当速率切换后,曲线发生突变,经过一段时间,应力-变形曲线逐渐稳定于该速率作用下的剪切应力-剪切变形轨迹线。随着剪切的进行,剪切应力逐渐增大,应力-变形曲线上凹凸相间的形态特征越来越明显,此时对应于剪切刚度-剪切变形曲线中剪切刚度开始下降的阶段,即微破裂稳定发展阶段(图 2.15 中 HB 段)以及非稳定破裂发展阶段(图 2.15 中 BC 段),该阶段可恢复的弹性变形和不可恢复的塑性变形共存,并且塑性变形所占的比重越来越大,该阶段速率切换能够十分显著地改变应力-变形轨迹,且应力-变形轨迹由于速率切换造成的凹凸形态随剪切应力的增大越来越明显。该阶段的起点基本上对应于剪切时的起裂应力,图 3.10(f)中,曲线在应力为 2.9 MPa 时开始有显著的应力切换现象,约为峰值强度的 40%。上述现象说明,一旦裂隙开始发展,剪切曲线对速率的切换表现得比较敏感,裂隙发展或者塑性变形是剪切曲线随速率发生变化的主要原因。

阶段Ⅲ:该阶段在峰后或峰后持续破坏一段时间后出现,进入该阶段后,剪切速率的切换引起了应力-变形曲线的突然变化,之后迅速回复到同一应力-变形轨迹线上,不具有凹凸相间的形态特征,此时基本处于峰后的流滑状态,弹性变形基本消失,只有塑性变形,这说明当只有塑性变形时,变速率剪切曲线的形态不同于弹塑性变形共存的情形,弹塑性变形共存是变速率曲线出现凹凸形态的主要原因。完整试块的变速率剪切试验证明了上述观点，如图3.10(e)所示，该阶段在本试验完整试块的试验结果中未发现，原因在于岩石在剪切后形成的剪切面继续剪切相当于对结构面的剪切，并且仍然存在弹性变形。

2. 法向应力对变速率剪切试验曲线特征的影响

法向应力是影响结构面变速率剪切试验曲线特征的主要因素之一。随着法向应力的增大，速率切换对应力-变形曲线的影响越来越明显，并且阶段Ⅱ的持续时间也明显增加，这说明法向应力越大，结构面力学特性的速率依存性越大。如 *JRC*=19 时，如图3.10(d)所示，当法向应力为6.52 MPa时，剪切曲线形态随速率切换的反应十分明显，而在法向应力为2.17MPa时，其剪切曲线上的凹凸状态与6.52 MPa时相比并不明显。

3. 粗糙度对变速率剪切试验曲线特征的影响

粗糙度也是影响变速率剪切试验曲线形态的重要因素之一。随着 *JRC* 的增大，速率切换效应也越来越明显，具体表现为阶段Ⅱ越来越明显，曲线的凹凸形态也比较显著，特别是完整试块[图3.10(e)]在该试验条件下表现得更为显著，这说明试块越完整，该现象越明显，而以摩擦为主的结构面变速率剪切试验[*JRC*=1，图3.10(a)]，阶段Ⅱ的曲线凹凸形态表现得并不明显，而阶段Ⅲ则出现得较早，在峰值附近便开始出现。这说明 *JRC* 越大，剪齿效应增加，进而结构面的储能能力增加，结构面力学特性的速率依存性越大。

3.4.2 重复剪切对变速率曲线形态的影响

对已经发生剪切破坏的岩石试样，卸载后，重复变速率剪切试验，可以得到以下试验结果，如图3.11所示。以法向应力为6.52 MPa时水泥砂浆结构面试验结果为例，阶段Ⅰ在整个剪切应力-变形曲线中占据了比较大一部分，该阶段的应力-变形曲线比较圆滑，与普通的应力-变形曲线相似，速率的改变并没有对该段曲线的形态有所影响，但阶段Ⅱ的发生应力较第一次剪切有明显的提高，并且持续时间降低，随着 *JRC* 的减小，阶段Ⅱ持续的时间越来越短，曲线越过峰值以后，迅速进入阶段Ⅲ，当 *JRC*=1 时[图3.11(d)]，阶段Ⅱ基本消失。阶段Ⅱ的消失意味着弹塑性共存的阶段消失，此时起裂应力、屈服应力及峰值应力应为一点。

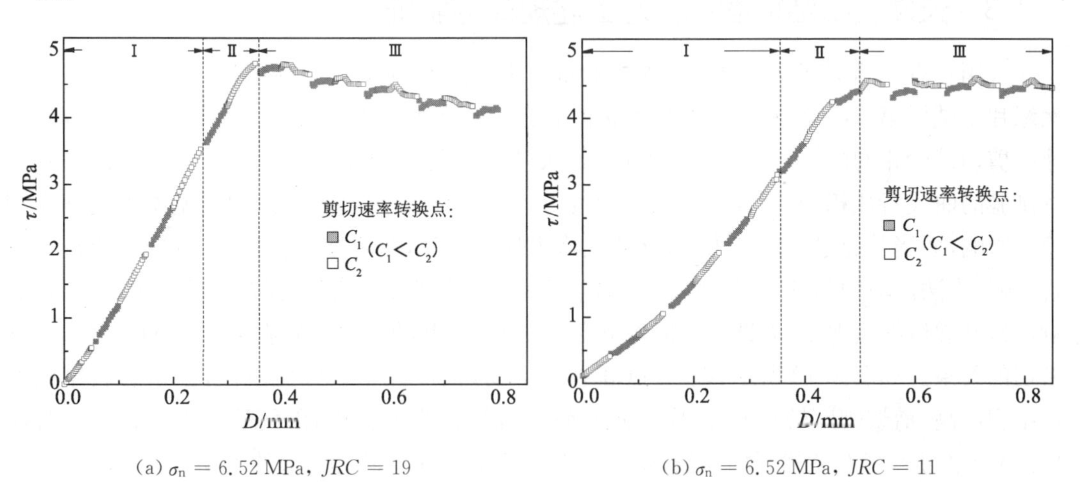

(a) $\sigma_n=6.52$ MPa, *JRC* = 19　　(b) $\sigma_n=6.52$ MPa, *JRC* = 11

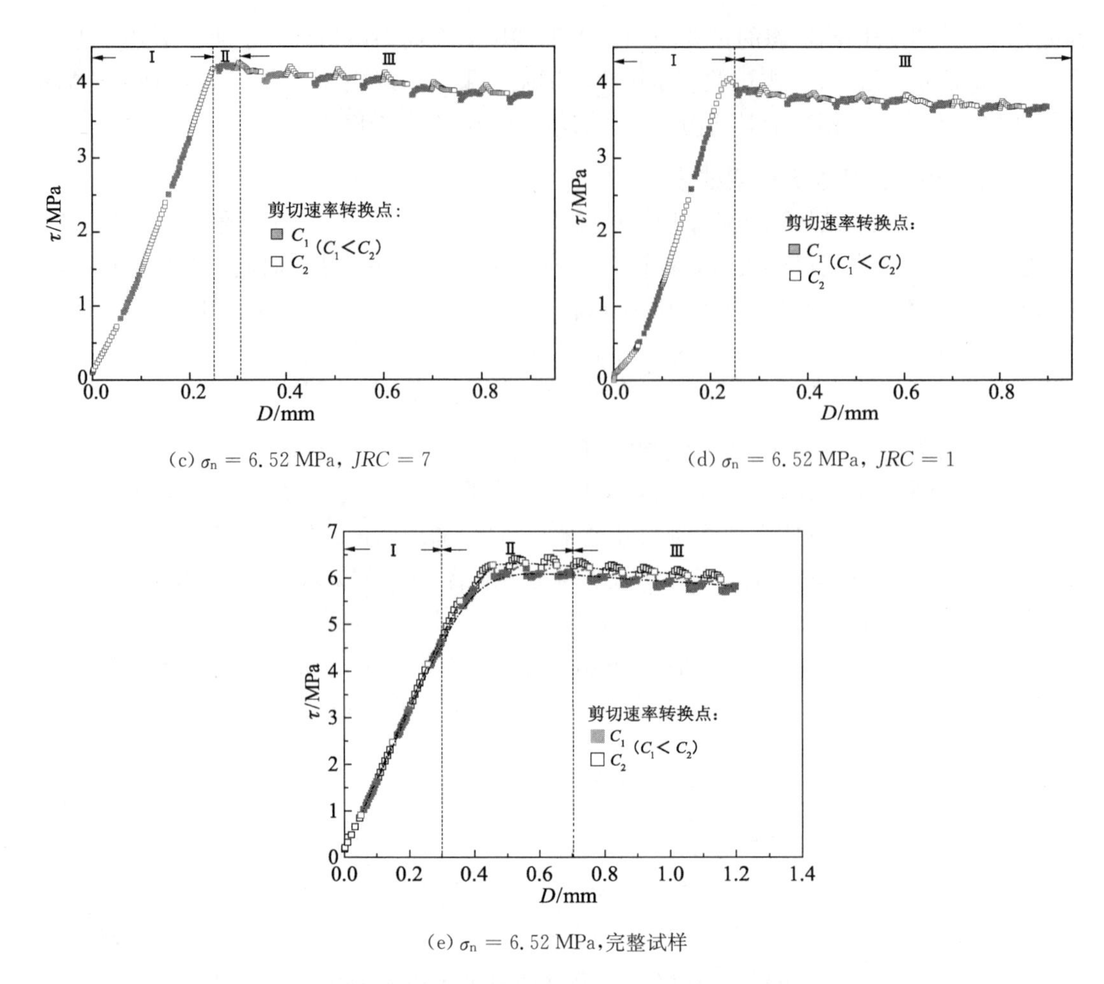

(c) $\sigma_n=6.52$ MPa, $JRC=7$

(d) $\sigma_n=6.52$ MPa, $JRC=1$

(e) $\sigma_n=6.52$ MPa,完整试样

图 3.11　水泥砂浆试样峰后变速率试验结果($C_1=0.001$ mm/s, $C_2=0.01$ mm/s)

当初始试样为完整水泥砂浆试块时,重复剪切相当于结构面的第一次变速率剪切试验,阶段Ⅱ十分明显,峰前和峰后的曲线均表现出了明显的凹凸现象。

3.4.3　天然岩石结构面试样对上述规律的验证

采用具有天然节理面的绿片岩作为验证试验的试样对上述曲线的规律进行验证,在天然绿片岩试样第一次变速率剪切试验和重复变速率剪切试验中,表现出了与上述结构面变速率剪切试验相同的性质,如图 3.12 所示,天然绿片岩的变速率试验与水泥砂浆试块变速率试验的曲线特征相同,同样存在三个阶段,在应力较低时,应力-变形曲线基本不受速率切换的影响,而当其超过一定应力时,该曲线将出现阶段Ⅱ,变形增加到一定程度时,出现阶段Ⅲ,例如当法向应力为 6.52 MPa 时,试样在 M 点沿节理面突然开裂(有明显的裂纹,并伴有响声),开裂后继续剪切,立即进入阶段Ⅱ,这说明阶段Ⅱ的出现与岩石裂隙发展和贯通有着密切的关系。如图 3.12 所示,在 M 点断裂发生前,试样处于线弹性阶段,由于岩石结构面胶结程度高,剪切刚度较高,该阶段的破裂较少且塑性变形较小,因而阶段Ⅰ的特征十分明显。M 点以后,岩石突然开始断裂,塑性变形突然增多并且成为变形的主要部分,此时应力-

变形曲线迅速进入阶段Ⅱ。当法向应力为 2.17 MPa 时，峰前没有明显的开裂现象，随着变形的增加，试验由阶段Ⅰ逐渐进入阶段Ⅱ，该过程相对于法向应力为 6.52 MPa 时，经历的时间相对较长，并且凹凸的现象越来越明显，在接近峰值时，应力突然下降，并表现出了脆性断裂的性质，裂隙面基本贯通，试验随即进入阶段Ⅲ，这再次说明裂隙起裂以及结构面剪切过程中的变形形式是影响变速率剪切试验曲线形态的主要因素。

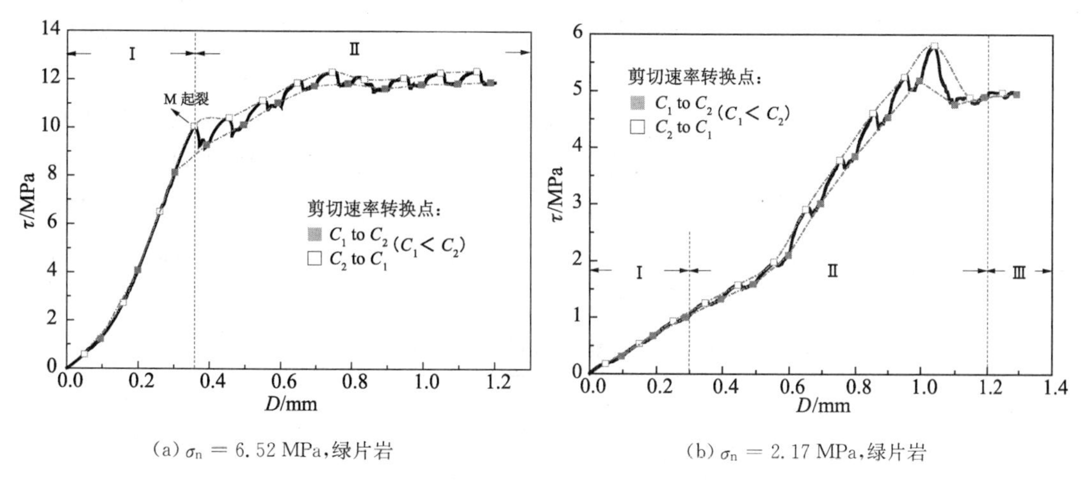

(a) σ_n = 6.52 MPa，绿片岩　　(b) σ_n = 2.17 MPa，绿片岩

图 3.12　天然绿片岩试块变速率剪切试验结果

对绿片岩经历上述剪切试验裂纹贯通后的试样，进行第二次变速率剪切试验，如图 3.13 所示，试验结果仍然具有上述特征，但开裂后相对于节理面开裂前，速率切换对曲线形态的影响较弱，这与水泥砂浆试块二次变速率剪切试验的试验结果相同。这说明岩石在形成节理面的过程中，结构面的剪切速率依存性是降低的。

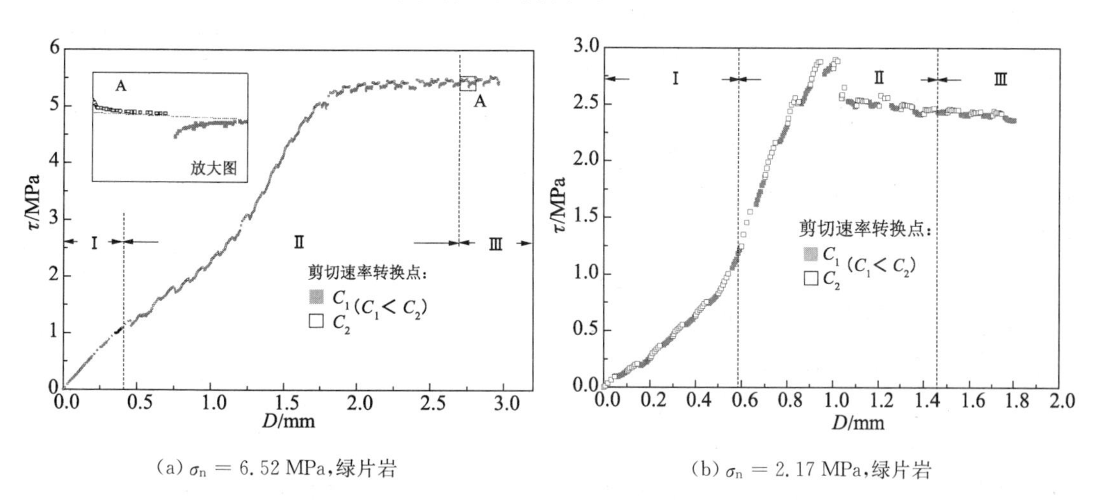

(a) σ_n = 6.52 MPa，绿片岩　　(b) σ_n = 2.17 MPa，绿片岩

图 3.13　天然绿片岩试样第二次变速率试验结果

3.4.4　*JRC* 以及法向应力对结构面剪切速率依存性的影响评价

根据式(3.2)表述的剪切速率与剪切强度的关系可知，将速率为 C_1，C_2时剪切强度与剪

切速率的关系式相除可得剪切速率及剪切强度存在以下关系，如式(3.6)所示：

$$\frac{\tau_1}{\tau_2}=\left(\frac{C_1}{C_2}\right)^{\alpha} \tag{3.6}$$

式中，α 越小，证明强度的速率依存性越低。

对从高速到低速的转换点以及从低速到高速的转换点分别进行拟合，如图 3.10 中虚线所示，求得不同加载速率条件下的峰值强度，根据式(3.6)可以求得参数 α 的值，如表 3.8 及图 3.14 所示，α 随 *JRC* 以及法向应力的增大而增大，这说明当 *JRC* 以及法向应力增大时，结构面强度的加载速率依存性也随之增大，特别是当 *JRC*=19，法向应力为 6.52 MPa 时，α 的值最大，反映了在该状态下剪切强度的速率依存性最强，此时该值最接近于完整岩石，这说明当 *JRC* 与法向应力增大时，由于结构面突起增多以及结构面的闭合程度增加，剪齿效果增加，剪切速率对结构面强度的影响增大，因此结构面的粗糙度(*JRC*)及粗糙度发挥程度是影响结构面速率依存性特征的主要因素。

表 3.8　参数 α 的计算结果(水泥砂浆试样第一次剪切)

参数	σ_n=2.17 MPa	σ_n=4.35 MPa	σ_n=6.52 MPa
JRC = 1	1.90×10^{-3}	2.15×10^{-3}	7.15×10^{-3}
JRC = 7	3.04×10^{-3}	4.65×10^{-3}	7.30×10^{-3}
JRC = 11	2.98×10^{-3}	5.27×10^{-3}	9.66×10^{-3}
JRC = 19	5.78×10^{-3}	10.15×10^{-3}	14.25×10^{-3}
完整试样	15.28×10^{-3}	15.96×10^{-3}	34.28×10^{-3}

对水泥砂浆进行第二次变速率剪切试验的试验结果按照上述方法进行处理，求得参数 α，如表 3.9 所示。第二次剪切参数 α 的值较第一次变速率试验的 α 值降低，这表明第二次试验结构面的剪切速率依存性整体降低，由于法向应力和 *JRC* 较小时，强度的速率依存性本身较小，这种变化在法向应力较大或者 *JRC* 较大时比较突出，即法向应力和初始 *JRC* 越大，α 值降低的幅度越大。这说明法向应力和 *JRC* 较大时引起的剪切变形特征的变化，如摩擦和剪齿强度组分的变化，是影响二次变速率剪切试验中结构面速率依存性衰减程度的主要原因。所有的结构面试样，在二次剪切以后，α 值趋于相等，这说明由于结构面的剪切过程其实是 *JRC* 不断衰减的过程，结构面在剪切过程中趋于平整，那么剪切速率依存性也趋于相同。

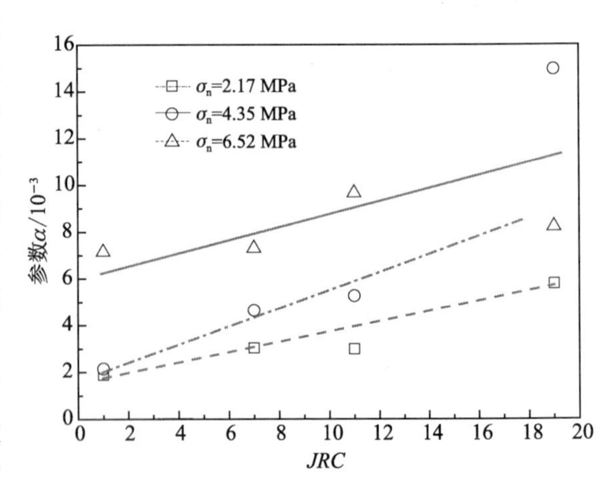

图 3.14　参数 α 与 *JRC* 的关系

表 3.9　参数 α 的计算结果(水泥砂浆试样第二次剪切)

参数	σ_n=2.17 MPa	σ_n=4.35 MPa	σ_n=6.52 MPa
JRC = 1	1.49×10^{-3}	2.44×10^{-3}	5.51×10^{-3}
JRC = 7	3.54×10^{-3}	4.44×10^{-3}	3.77×10^{-3}
JRC = 11	3.47×10^{-3}	3.25×10^{-3}	5.83×10^{-3}
JRC = 19	3.86×10^{-3}	5.51×10^{-3}	4.55×10^{-3}
完整试样	8.77×10^{-3}	15.06×10^{-3}	15.66×10^{-3}

通过绿片岩的变速率剪切试验，验证了上述结论，如表 3.10 所示。第一次剪切后，结构面的速率依存性降低，由于法向应力为 6.52 MPa 时，发生突然断裂，结构面性质突然改变，试样相当于贯通的结构面，此时 α 值相对于法向应力为 2.17 MPa 时的 α 值较小，但是在经历第一次剪切后，第二次剪切的 α 值仍然有所降低，这说明持续的剪切使得岩石结构面的强度对剪切速率的依存性降低。

表 3.10　参数 α 的计算结果(绿片岩)

参数	σ_n=2.17 MPa	σ_n=6.52 MPa
第一次剪切	0.049 97	0.023 38
第二次剪切	0.015 24	0.020 20

3.4.5　关于“起裂应力”的讨论

根据第 2 章的研究成果，可利用求解剪切刚度最大值所对应的应力值的方法来确定起裂应力，表 3.11 所列为不同剪切速率条件下起裂应力的求解结果(图 3.8)，相同 JRC、不同剪切速率条件下的起裂应力值变化不大，但是由于剪切速率本身对剪切变形曲线的影响程度较小，因而不易判断起裂应力与剪切速率的关系。

表 3.11　利用剪切刚度变化法求解的起裂应力(σ_n=4.35 MPa)

参数	v_s=0.1 mm/s	v_s=0.02 mm/s	v_s=0.004 mm/s	v_s=0.001 mm/s
JRC = 1	1.432	1.424	1.74	1.43
JRC = 4	1.512	1.508	1.605	1.502
JRC = 6	2.215	2.206	2.124	2.132
JRC = 10	3.110	2.373	2.92	2.859

通过变速率试验及分析可知，在变速率试验的第Ⅰ阶段，速率变化对曲线形态的影响不大，此时的结构面变形主要为弹性变形，而一旦新的裂隙或者塑性变形产生，试样中弹性变形和塑性变形同时存在时，速率才开始对其影响，曲线出现了凹凸现象，绿片岩结构面的变

速率试验也证明了这一点。因此,阶段Ⅰ和阶段Ⅱ的分界点即为初裂应力,如图3.15所示。然而,在初裂应力之前,剪切速率对曲线的形态几乎是不影响的,无论怎样变换加载速率都不会对曲线产生较为明显的影响。此外,起裂应力之前也会波动,这是由于结构面的不均匀性引起局部破坏造成的。

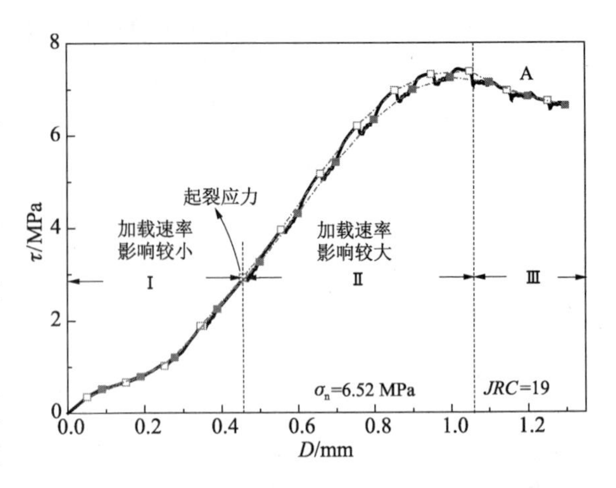

图 3.15　变速率剪切试验中的初裂应力

根据上述分析可知,由于起裂应力之前,结构面的主要变形为弹性变形,并且剪切速率对其影响不大,而起裂应力之前,剪切速率对曲线形态以及剪切应力与变形的关系影响较小,因此,加载速率对起裂应力的影响较小。

3.5　结构面速率依存性的动态演化过程

3.5.1　*JRC* 及法向应力对结构面剪切速率依存性的作用机理

周辉等(2015)[53]对不同剪切速率条件下结构面的声发射进行了研究,如图 3.16 所示,随着剪切速率的增大,破坏时的声发射累积能量、累计撞击数、能量率以及撞击率均依次减小[图 3.16(b)],在同样法向应力条件下,剪切速率较慢时,累计撞击数较多,这表明速率越小,结构面单位时间内或单位荷载内发生的破裂数越多,同时,结构面齿形越多,上述现象表现得越明显。许江等[139]对完整砂岩采用位移控制方式进行直剪试验得出“剪切速率越小,累计撞击数越多”的结论,与上述试验的结论具有较好的一致性。

上述文献表明,结构面从开始加载直至破坏的过程是内部裂隙发展和损伤不断累积的过程,剪切速率较小时,结构面“突起物”内部有充足的时间孕育扩展,在裂纹扩展过程中遇到障碍物时,还会在障碍物处朝不同方向萌生出更多的翼裂纹,造成结构面内部产生较多裂纹,发出的撞击数和能量值越多,在剪切过程中较多裂隙的发生和扩展导致剪切刚度减小,相应的剪切变形增大,并且由于裂隙的产生,剪切过程中所表现出的黏聚力降低,其峰值强度值也随之降低,从能量的角度来看,这时结构面有足够的时间以裂隙发生、扩展的方式释放能量,而储存在结构面中的能量减少,由于储存的能量较少,破坏时脆性性质并不明显,剪切曲线的应力降较小。当剪切速率很大时,试件内部裂纹不能得到充分的扩展,发出的撞击数和能量值较少,储存在结构面中的能量较多,试样破坏时表现得较为剧烈,剪切曲线应力降较大,并且能够快速地形成贯通的裂隙,并表现出了脆性破坏的特征。

因此,结构面力学特性具有速率依存性的主要原因是结构面内部裂隙的扩展及裂隙扩展的时间效应。结合不同 *JRC* 和不同法向应力下的结构面剪切速率依存性试验可知,*JRC* 或法向应力越大,剪切过程中剪齿效应越明显,结构面的剪切速率依存性越明显,剪切过程中剪断结构面之间的“突起物”越多。重复剪切试验结果也同样证明了上述结论。结构面剪切过程中的“突起物”越多,结构面中储存的能量也就越多,结构面中裂隙可发展的“空间”也就越大,结构面力学特性的速率依存性也就越强。

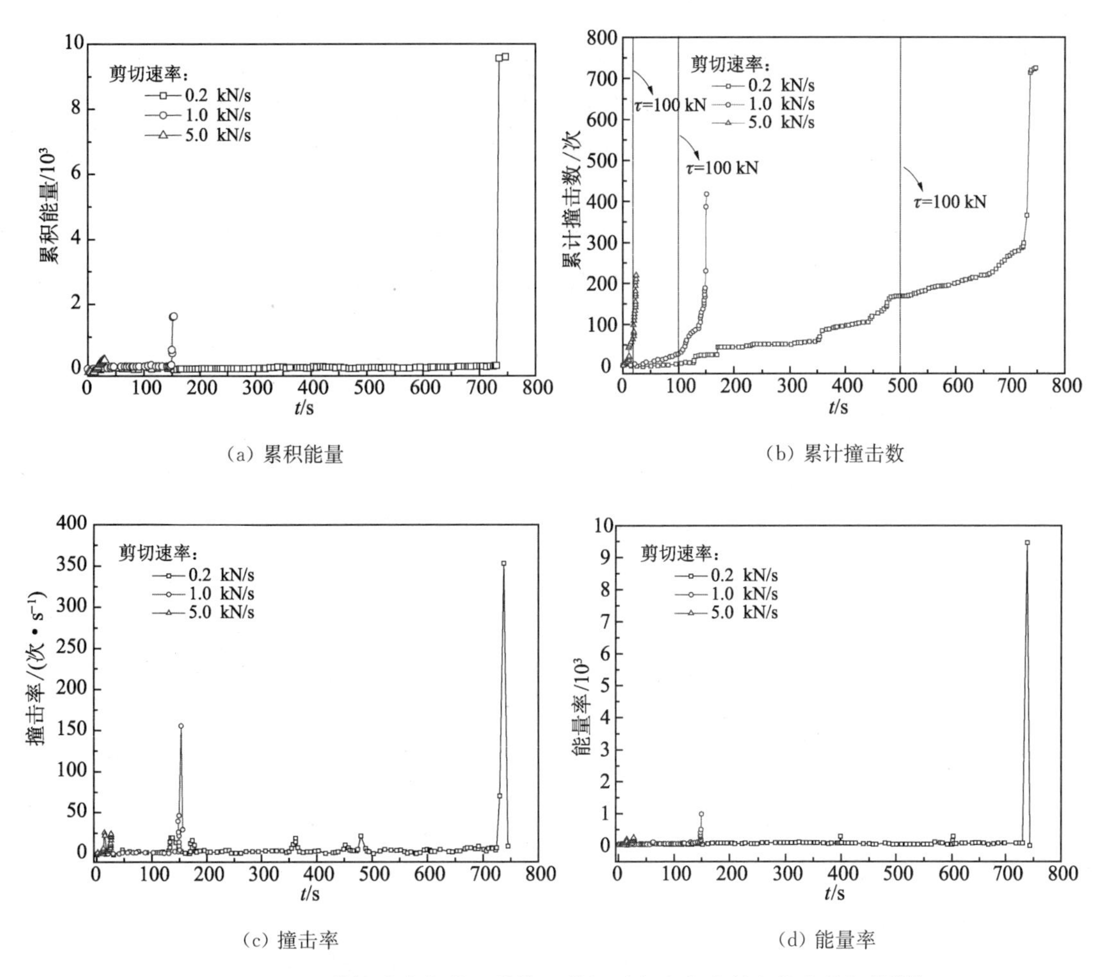

(a) 累积能量　(b) 累计撞击数

(c) 撞击率　(d) 能量率

图3.16　不同剪切速率条件下结构面剪切过程中声发射参数变化规律[53]

3.5.2　剪切过程中结构面剪切速率依存性的动态演化过程

当结构面剪切应力小于起裂应力时[图3.10(f)中阶段Ⅰ],结构面的变形方式主要为弹性变形以及接触面和裂隙的闭合压密,结构面的刚度逐渐增大,其曲线保持原有形态的能力较强。当速率发生变化时,结构面中储存的弹性能能够迅速并及时得到反应,使其变形速率与加载装置的速率相同,从而保持曲线光滑,此时主要为弹性变形或者弹性能的储存。这说明仅弹性能存在时,结构面能够迅速对外界加载条件的变化作出反应,剪切速率的变化对剪切力学特性的影响并不大,此阶段结构面力学特性的速率依存性有限。

当裂纹开始发展时[图3.10(f)中阶段Ⅱ],结构面内部损伤较大,外部输入的能量以一部分弹性能的形式储存,另一部分由于“突起物”内部裂纹扩展而被消耗。由于裂纹的扩展导致结构面工程性质劣化,剪切刚度降低,储能能力减弱,因此保持其曲线形态的能力变弱。

如图 3.17 所示，此时若改变其速率，内部储存的弹性能不足以支持结构面跟随承压板的速率变化，这使结构面的变形对外部加载条件的变化表现出了一定的“滞后性”，当剪切速率突然减小时，承压板在很短的时间内将速率降至低速率（v_1），而结构面不能迅速地降低至运动速率（v_2），而是继续按照高速率的状态，此时 $v_1<v_2$，并且承压板与试样之间的速率差造成了承压板与试样之间的接触压力减小，剪切应力减小，此时试样需要一定的时间，通过裂隙发展或者持续变形的能量消耗将速率降低至低速，从而再次与加载杆保持同步，并进入低速剪切轨迹。而当剪切速率由低速到高速切换时，这时承压板的移动速率突然增大，而结构面不能立即与承压板同步，此时 $v_1>v_2$，结构面需要一定的时间才能将速率提升至高速率，承压板与试样之间的接触压力升高。因此，低速剪切曲线开始翘起，并且逐渐进入高速剪切的轨迹线。该阶段结构面处于弹塑性共存的阶段，并且塑性变形主要以“突起物”中的裂隙扩展为主。

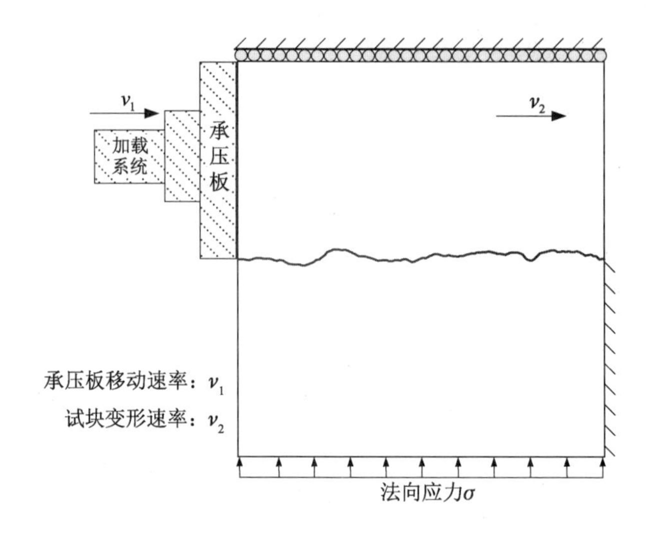

图 3.17　变速率试验机理

当结构面贯通以后[图 3.10(f)中阶段Ⅲ]，继续剪切，整个结构面沿新的剪切面进行滑移，结构面处于“流滑”状态，对“突起物”的剪切减少，能够储能的“突起物”也随之减小，主要变形方式为摩擦变形。当速率再次变化时，应力-变形曲线只会出现暂时的震荡，而不会保持其在该速率下的应力-变形轨迹，原因在于“流滑”阶段，结构面对“突起物”的剪切减少，试样中不能储存足够的能量保持剪切曲线的形态。该阶段的变形主要为摩擦引起的塑性变形，此时结构面的速率依存性降低，试样基本不具有保持不同剪切速率下剪切曲线形态不同的能力，剪切速率对其影响非常小。

从上述分析可知，影响结构面剪切过程中结构面速率依存性的主要因素为结构面中裂隙扩展或者由裂隙扩展造成的塑性变形，这部分变形主要存在于结构面“突起物”中，而剪切过程中粗糙度或粗糙度发挥的作用是不断减小的。因此，结构面的粗糙度或粗糙度发挥作用的动态变化过程是引起剪切过程中结构面剪切曲线速率依存性动态变化的主要因素，并且粗糙度越大，由于粗糙度的可变“空间”越大，结构面速率依存性的变化幅度也越大。

因此，结构面在剪切过程中剪切速率依存性的动态发展过程如下：

(1)"起裂应力"之前[图3.10(f)中阶段Ⅰ或图2.15中OH段],结构面中主要存在弹性变形,结构面速率依存性较小,剪切速率对其基本没有影响。

(2)起裂应力至峰值应力阶段[图3.10(f)中阶段Ⅱ或图2.15中OH段],结构面中"突起物"结构性较好或者"突起物"开裂但未贯通,仍有部分连续的"突起物"承受剪切应力,如图3.18(a)所示,剪切过程中切换速率对剪切曲线影响比较大,由于结构面尚有保持不同速率下不同轨迹的特性,因此速率切换可造成剪切曲线具有明显的凹凸现象,随着剪切应力的增大,该现象越来越明显。

(3)结构面中"突起物"结构破坏,裂隙贯通,结构面沿新的剪切面继续剪切。此时结构面对"突起物"的剪切很少,结构面在变速率后不能保持该剪切速率下的应力-变形曲线形态,而是迅速回归至一条应力-变形曲线,如图3.18(b)中虚线所示,此时结构面力学特性的速率依存性比较小。

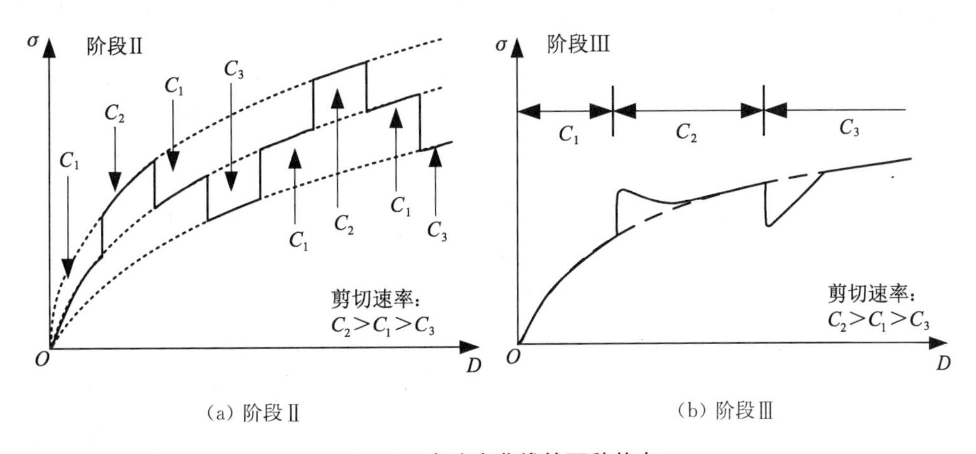

(a) 阶段Ⅱ　　　　(b) 阶段Ⅲ

图3.18　变速率曲线的两种状态

3.5.3　变速率剪切试验中的蠕变和应力松弛现象

图3.19为变速率试验曲线,如图中虚线框A中所示,在高速率转换至低速率的瞬间,由于加载系统控制的承压板位移速率突然减小,相对于正处于高速移动的结构面来说,在此瞬间,承压板变形可以看作基本不变,这样短暂的行为形成了一种比较典型的应力松弛现象,导致应力减小,这个现象在峰前和峰后都会存在。如图中虚线框B中所示,相对于较高剪切速率条件下的剪切,低剪切速率条件下具有足够的时间变形,在加载至某个应力的瞬间,等同于叠加了蠕变的效果,在加载的瞬间,变形沿蠕变方向的发展,导致曲线变形增加,即进入速率较低的剪切曲线阶段。

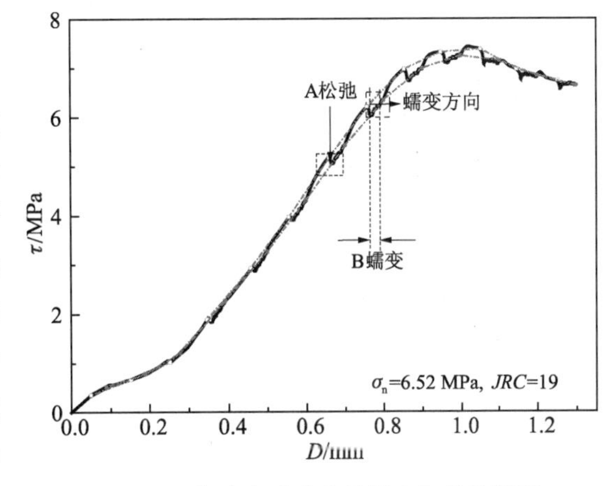

图3.19　变速率试验中的蠕变和松弛现象

3.6 本章小结

本章通过对不同粗糙度以及法向应力下的结构面进行不同加载速率条件下的剪切试验，研究了不同剪切速率下，结构面的剪切变形及强度变化规律，得到了剪切速率与剪切强度的关系，并且研究分析了粗糙度以及法向应力对结构面速率依存性的影响。同时，将变速率剪切试验方法引入结构面速率依存性的研究中，验证了粗糙度及法向应力对结构面力学特性速率依存性影响，探讨了剪切速率切换对应力-变形曲线的影响及结构面剪切过程中速率依存性的动态演化过程。通过上述试验，可以得到以下结论：

（1）剪切速率对剪切试验的应力-变形曲线特征的影响具体表现为剪切速率越大，应力-变形曲线峰值越明显，并呈现出脆性特征；结构面在剪切过程中的法向位移，先压缩再膨胀，剪切速率越大，压缩表现得越不明显，主要表现为膨胀，*JRC* 与法向应力越大，上述现象越明显。

（2）剪切速率越大，结构面剪切强度越大，剪切强度与剪切速率的关系符合式(3.2)。

（3）剪切速率对抗剪强度组分中与 *JRC* 有关的强度组分影响较大，*JRC* 越大，结构面强度的速率依存性越大，并且通过对剪切强度参数的分析，剪切强度的变化主要与黏聚力随剪切速率的变化有关，由于 *JRC* 与黏聚力具有一定的关联性，上述两个结论具有相同的意义。

（4）根据变速率剪切试验可知，变速率剪切曲线可以分为三个阶段，分别对应图 2.15 中 OH 段（结构面及裂隙闭合压密段，弹性变形阶段）、HC 段（微破裂稳定发展阶段及非稳定破裂发展阶段）和 CD 段（峰后阶段）。根据变速率剪切试验的曲线特征，可得到起裂应力，并且起裂应力为阶段Ⅰ和阶段Ⅱ的分界点。*JRC* 及法向应力越大，速率切换对剪切应力-变形曲线的影响越大。通过变速率曲线的特征可确定起裂应力，加载速率对起裂应力的量值影响不大。

（5）裂隙发展是结构面力学特性具有剪切速率依存性的主要原因，而结构面中“突起物”为裂隙的发展提供了“空间”，因而在剪切过程中“突起物”发挥的作用越大，其速率依存性也就越大。*JRC* 越大，结构面力学特性的剪切速率依存性越大，这表明表征“突起物”数量的 *JRC* 是影响结构面剪切速率依存性的主要因素，而 *JRC*＝1 时的剪切速率依存性较小，表明摩擦强度和摩擦变形的速率依存性较小。

（6）结构面力学特性在剪切过程中是动态变化的，起裂以前以及峰值以后剪切速率对剪切曲线的影响较小，*JRC* 或 *JRC* 所发挥的作用在剪切过程中的动态变化造成了结构面在剪切过程中速率依存性的动态变化。

第 4 章
不同粗糙度结构面剪切蠕变特性研究

4.1 引言

蠕变是材料变形特性与时间相关的力学性质，目前对其研究主要集中在完整岩石的蠕变性质上。然而，在实际工程中，大多数岩体的力学特性取决于结构面的力学性质，并且很多失稳或大变形是在工程开挖之后或工程完成之后发生的，具有十分显著的时间效应[111]，因而，结构面的蠕变是影响岩体相关工程稳定与安全的重要因素，有时甚至决定着整个工程的安全与稳定。目前，对于岩体结构面已有较多的理论对其瞬时力学特性进行描述[140]，但是针对结构面蠕变特征的研究还相对较少，特别是对结构面的蠕变特征及其蠕变机理的研究还不够深入。例如，不同应力条件下结构面的蠕变特征、结构面表面形态对蠕变特征的影响以及结构面蠕变与应力路径的关系等。

鉴于此，本章仍然借助 Barton 标准剖面线作为人工模拟结构面的表面形态，采用水泥砂浆浇筑试样，在岩石双轴流变仪上，进行结构面分级加载剪切蠕变试验，分析不同粗糙度结构面的蠕变特征，同时也开展了加卸载后的剪切蠕变试验，探讨了加卸载应力历史对结构面剪切蠕变性质的影响，进一步阐述了粗糙度对结构面剪切蠕变的影响机理。

4.2 试验方案

4.2.1 试验样品及试验设备

结构面剪切蠕变试验仍采用长春试验机研究所研制的 CSS-1950 岩石双轴流变试验机，为了能够得到规律性较好的蠕变试验数据，本章依然选择水泥砂浆作为试验材料，试块制作过程及方法与第 2 章瞬时剪切试验试样的制作方法相同，如图 2.4、图 2.5 所示，蠕变试验选取 1 号，4 号，10 号结构面浇筑（$JRC=1$，7，19），如图 4.1 所示。

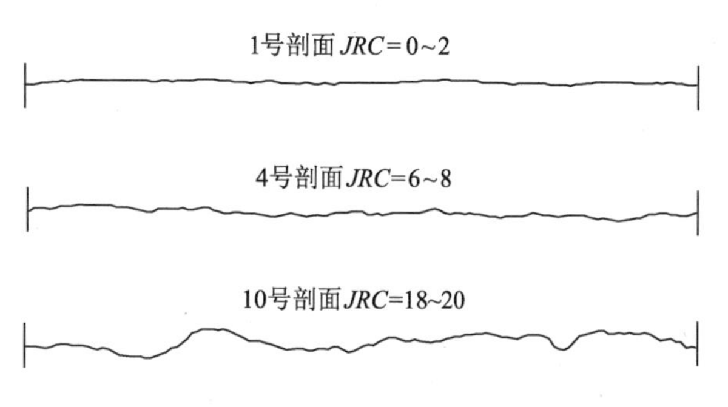

图 4.1　蠕变试验中的采用 Barton 曲线剖面线

另外，为了对比分析，将完整试块也作为本次的试样，制作方法与结构面试样制作方法基本相同，采用 10 cm×10 cm×10 cm 的钢模进行浇筑。

4.2.2 分级加载剪切蠕变试验

结构面分级加载剪切蠕变试验在恒温恒湿条件下进行，法向应力仍然参照第 3 章速率依存性试验的选取原则，分别为 2.17 MPa，4.35 MPa 及 6.52 MPa(即分别为单轴抗压强度的 10%，20%，30%)，水平剪切应力则参考瞬时剪切强度(表 2.2)，按照结构面瞬时剪切强度的 50%，60%，70%，80%，90%及 100%选取水平加载应力，直至某一应力水平下，结构面发生蠕变破坏。由于试样具有一定差异性，若应力加载至 100%，72 h 仍然不破坏，则减小加载的应力梯度($\Delta\sigma$)，直至其破坏，如图 4.2 所示。实际加载分级如表 4.1 所示。

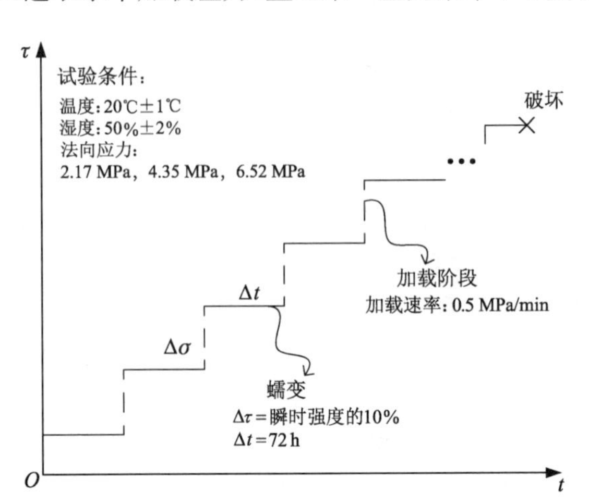

图 4.2 分级加载剪切蠕变试验剪切应力与时间关系示意图

在每个试件的蠕变试验中，法向应力保持恒定，每级水平剪切应力加载 72 h 后，计算得出的蠕变速率平均变化率均小于 1×10^{-5} mm/h，这时视其剪切变形速率趋于稳定、蠕变进入稳态蠕变阶段，施加下一级应力。试验中以 Barton 曲线编号及法向应力作为试样的编号，例如 Barton 曲线 10 号剖面线，法向应力为 4.35 MPa 的分级蠕变试验记作 c-10-4.35。

表 4.1　　分级加载蠕变试验应力

JRC	试验编号	蠕变应力/MPa	破坏应力/MPa
1	c-1-2.17	0.88，1.06，1.23，1.41，1.584	1.70
	c-1-4.35	1.945，2.334，2.723，3.112，3.501，3.7	3.91
	c-1-6.52	2.35，2.82，3.29，3.76，4.23	4.70
7	c-4-2.17	1.1，1.32，1.54，1.76，1.98	2.20
	c-4-4.35	2.27，2.72，3.18，3.63，4.09	4.64
	c-4-6.52	2.90，3.48，4.02，4.64，5.22	5.31
19	c-10-2.17	1.79，2.15，2.51，2.86，3.22	3.58
	c-10-4.35	3.13，3.75，4.38，5.0，5.63	6.28
	c-10-6.52	3.5，4.2，4.9，5.6，6.5，7.0，7.7	7.75
完整试样	c-w-6.52	4.75，5.70，6.65，7.60，8.55，9.50	9.65

4.2.3 加卸载后剪切蠕变试验

为了研究应力历史对蠕变现象的影响，进一步揭示结构面的蠕变机理，对不同粗糙度结构面开展加卸载后的蠕变试验。该试验仍然采用长春试验机研究所研制的CSS-1950岩石双轴流变试验机，试样仍然采用Barton标准剖面线的1号，4号，10号三条曲线。为了更好地对比试验结果，另外采用完整试块作为对比试样。

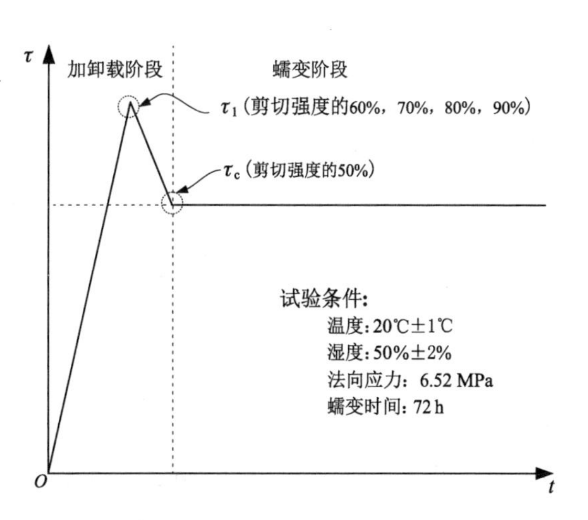

图4.3　加卸载后剪切蠕变试验中剪切应力与时间的关系（τ_1为前期加载应力）

加卸载后蠕变试验在恒温恒湿条件下进行，法向应力为6.52 MPa（单轴抗压强度的30%），水平剪切应力则参考瞬时剪切强度。首先加载至预定应力（为瞬时剪切强度参考值的60%，70%，80%，90%），然后卸载至剪切强度的50%，之后在50%剪切强度参考值的剪切应力下开始蠕变，试验应力路径如图4.3所示。由于加速蠕变试验阶段曲线不可预测，并且试验结果相对复杂，需要花费很长的时间，而本次实验的目的在于研究应力历史对结构面过渡蠕变阶段及稳态蠕变阶段的影响，从而揭示蠕变机理，因而选择了变形特征比较简单的低应力水平进行研究，即上述试验方案中叙述的剪切强度的50%，在该应力下，蠕变仅存在两个阶段，本构模型比较简单，便于定量分析应力历史对蠕变的影响，实际的加载应力列于表4.2。

表4.2　加卸载后的剪切蠕变试验应力

JRC	试验编号	τ_1/MPa	τ_c/MPa
1	u-1-6.52-c	2.82，3.29，3.76，4.23	2.35
7	u-4-6.52-c	3.48，4.06，4.64，5.22	2.90
19	u-10-6.52-c	4.20，4.90，5.60，6.50	3.50
完整试样	u-w-6.52-c	5.70，6.65，7.60，8.55，9.0	4.75

4.3　结构面剪切蠕变特征及其经验本构模型

4.3.1　分级加载剪切蠕变曲线基本特征

以法向应力4.35 MPa的分级加载剪切蠕变试验为例（图4.4），蠕变变形及总变形量随应力的增加而增加；*JRC*=1和*JRC*=7时，结构面蠕变变形随时间的变化特征相似，且位移值较接近；*JRC*=19时（c-10-4.35），其总变形量明显小于*JRC*=1，7时的总变形量；在小应力下，每级的变形增量基本相同，但在高应力下，变形明显增加，如*JRC*=19时，当应力超过4.38 MPa时，剪切变形较前两级的增量有了明显的增加。

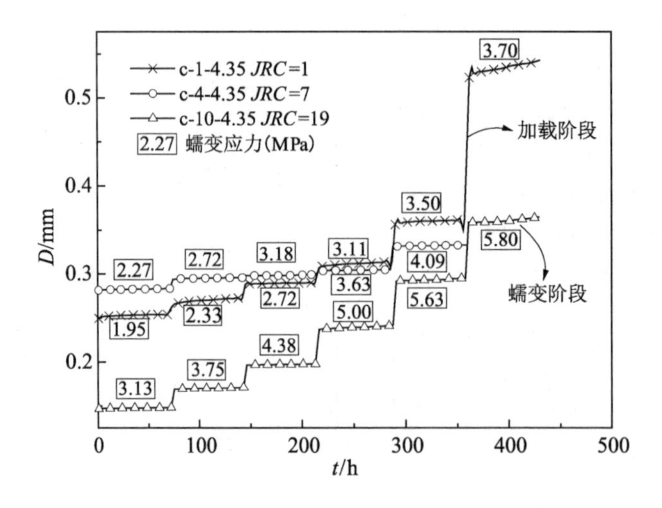

图 4.4　不同粗糙度结构面分级蠕变曲线(蠕变应力值保留两位小数)

4.3.2　剪切蠕变全过程曲线特征

结构面蠕变在破坏应力下包括三个阶段[122]，即过渡蠕变阶段(蠕变第一阶段 C_{I})、稳态蠕变阶段(蠕变第二阶段 C_{II})和加速蠕变阶段(第三阶段 C_{III})，如图 4.5 所示。

一般来说，由于蠕变破坏的时间不可预估，在很多试验中，加速蠕变阶段很难出现，结构面特别是粗糙度较低时蠕变破坏现象较难捕捉。在 9 个试样的蠕变试验中，大多试样在最后一级应力稳定一段时间后发生蠕变破坏，但试验 c-4-2.17 和 c-4-6.52在加载过程中发生破坏，c-10-2.17和 c-1-6.52 在破坏阶段时间较短，试样在应力刚稳定时就立即破坏，与加载过程中发生的破坏相似，不具有明显的三个阶段的特征，因而不是本节分析的重点，本节主要对具有明显三个阶段的蠕变曲线进行分析，如试验 c-1-4.35，c-1-2.17，c-4-4.35，c-10-4.35，c-10-6.52。

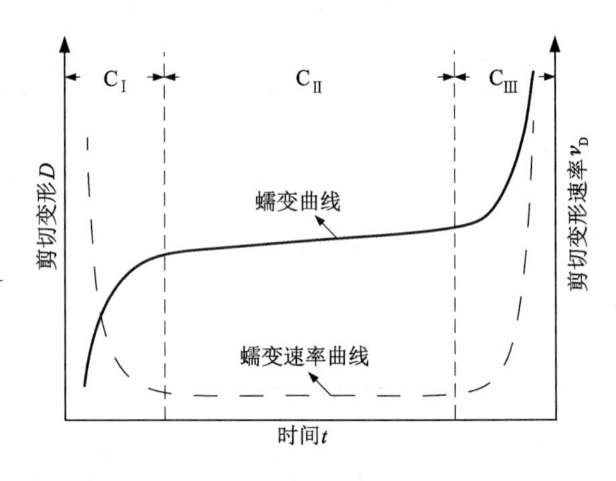

图 4.5　蠕变的三个阶段

图 4.6 绘制了结构面在最后一级加速破坏阶段所记录的蠕变变形数据以及通过蠕变变形计算得到的蠕变速率数据，其中蠕变速率按照式(4.1)得到：

$$v_{\mathrm{D}} = \frac{\Delta D}{\Delta t} \tag{4.1}$$

式中，ΔD 为蠕变变形增量；Δt 为时间增量。

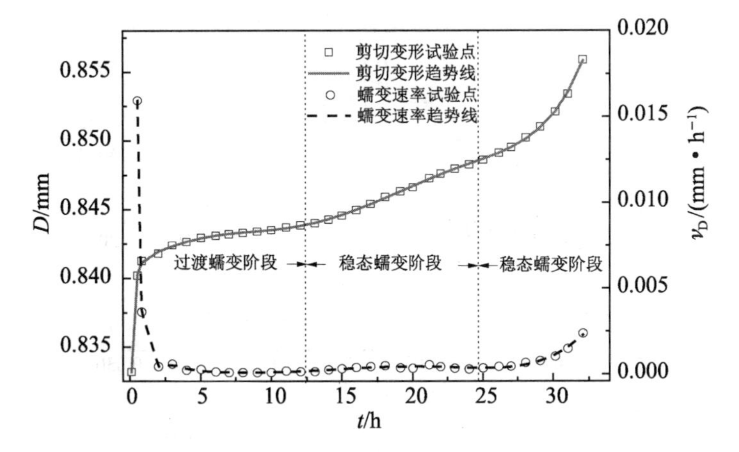

(a) 试验编号：c-1-2.17，蠕变应力：1.70 MPa

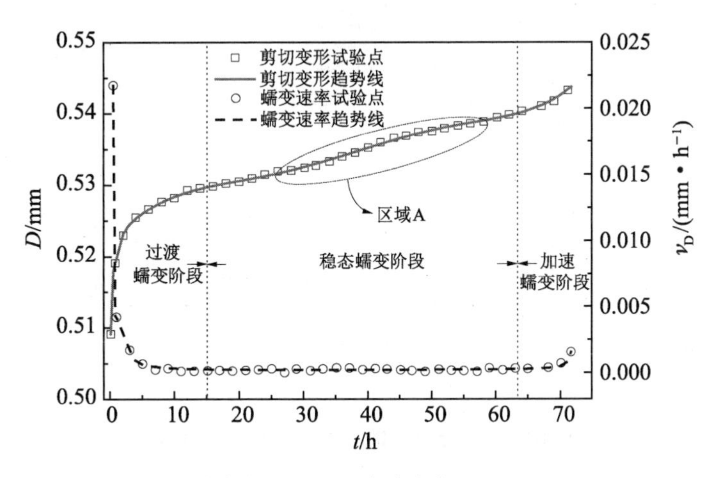

(b) 试验编号：c-1-4.35，蠕变应力：3.91 MPa

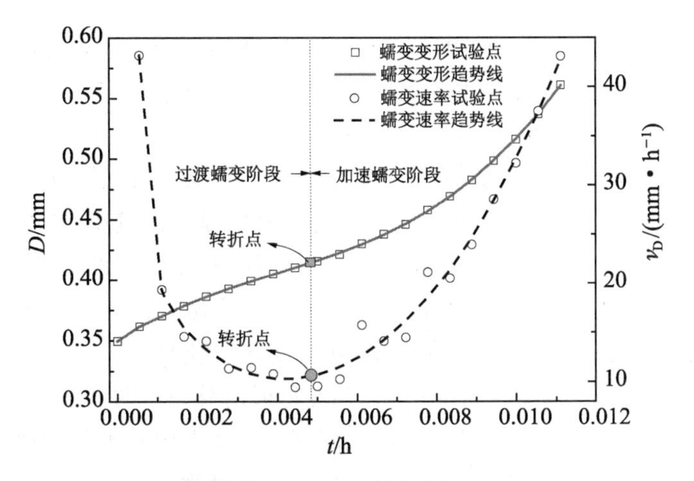

(c) 试验编号：c-4-4.35，蠕变应力：4.64 MPa

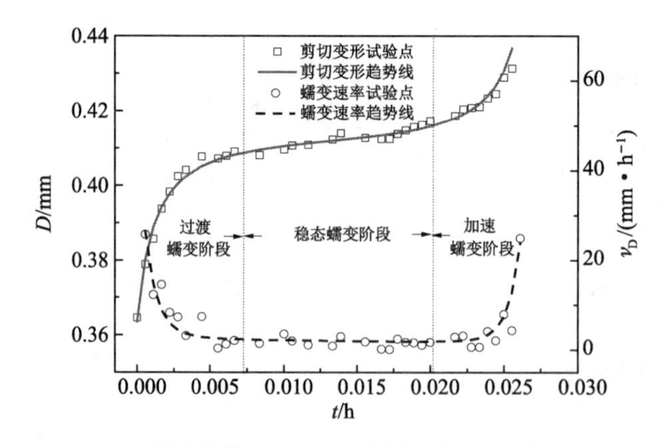

(d) 试验编号:c-10-4.35,蠕变应力:6.28 MPa

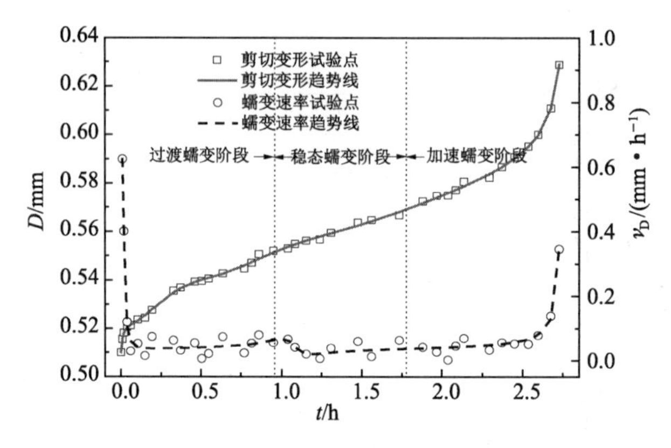

(e) 试验编号:c-10-6.52,蠕变应力:7.75 MPa

图 4.6 蠕变破坏阶段剪切时间-位移曲线

从图 4.6 中可以看出,由于目前蠕变破坏时间并不能准确预测,因而对于不同结构面或不同法向应力作用的情况,蠕变破坏时间表现出了较大的随机性。例如,试验 c-1-4.35 在接近 72 h 时才开始蠕变第三阶段,而试验 c-4-4.35 在达到破坏应力时,整个蠕变阶段仅持续 40 s,上述破坏时间的差异性是由于不同结构面之间的差异性以及蠕变破坏时间与应力水平相互关系的复杂性造成的。

在稳态蠕变阶段,其速率会随时间有所波动,有时甚至会出现局部的上升或者突降,并不是严格的线性关系,但是由于稳态蠕变阶段速率变化幅度比较小,在整个曲线范围内,速率随时间的变化表现出了近似线性的形态。图 4.6(b)区域 A 中的稳态蠕变曲线出现了比较明显的非线性关系,即速率先减小而后增大的现象,这是由于结构面在蠕变变形过程中,阻挡蠕变变形的随机性造成的,如区域 A 中,在蠕变曲线翘起的阶段,可能是蠕变过程中某突起突然剪断,此时阻滑力突然变小,而当剪切变形或滑移一段时间后,又遇到新的突起,致使阻力增大,蠕变速率减小。此时的蠕变曲线翘起从整体上说并不是加速蠕变阶段,但从曲线形态上看却与加速蠕变阶段有相似之处,容易将其误判为加速蠕变阶段的开端。

从整个蠕变速率的发展规律上看,当 JRC 较大或是蠕变应力相对较大时(此时蠕变破坏持续时间较短)，蠕变破坏相对激烈，即上述两种情况下由稳态蠕变阶段快速进入加速蠕变阶段，蠕变速率和蠕变变形迅速增大。如图 4.6 所示，当 $JRC=1$ 时，如试验 c-1-2.17[图 4.6(a)]，由稳态蠕变阶段进入加速蠕变阶段以后，经过一段时间的发展，才能够观测到蠕变速率较为明显的增大，加速蠕变阶段的特征并不明显。同样，试验 c-1-4.35[图 4.6(b)]由稳态蠕变进入加速蠕变阶段后，加速蠕变速率仍然有所波动，体现在蠕变变形曲线上，加速蠕变阶段坡度比较缓，蠕变速率逐渐增大，加速蠕变的性质有所体现，但仍然不是很明显。当 $JRC=19$ 时，上述情况则有所变化，如图 4.6(e)所示，二者均具有特征非常明显的稳态蠕变阶段，并且稳态蠕变阶段的线性关系相对较好，一旦进入加速蠕变阶段，蠕变速率迅速增大，并且破坏过程持续时间较短，破坏较为剧烈。

综上，对于不同粗糙度的结构面，当粗糙度较大时，加速蠕变持续时间短，表现十分剧烈，而当粗糙度较小时，在加速阶段开始时，速率不像粗糙度较大时那样迅速增大，而是缓慢地增大，最终导致试样破坏。因此，结构面蠕变特征与 JRC 密切相关，JRC 增大时，剪切蠕变由摩擦型向切齿型的模式转变，结构面具有更好的储存能量的能力，使得稳态蠕变阶段的线性特征保持得也更好，加速蠕变阶段的破坏更剧烈，蠕变速率也更大。不同法向应力下，也存在相似的特征，即法向应力越大，蠕变破坏曲线越陡，加速蠕变阶段持续的时间越短，破坏越剧烈，这与法向应力增大、结构面间剪齿效应增强有关。

图 4.7 所示为蠕变破坏后 10 号结构面($JRC=19$)表面形态，与剪切试验相同，表面较大的突起被剪断，跟随另一块一起沿剪切面滑移，结构面表面出现了比较明显的磨平现象。因此，剪切蠕变的最终结果仍然是使结构面趋于平整，等同于 JRC 的衰减。

图 4.7　蠕变破坏结构面表面形态(试验编号：c-10-6.52)

4.3.3　过渡蠕变阶段及稳态蠕变阶段特征

虽然在实际工程中，加速蠕变阶段所引起的变形非常可观，并且直接导致工程岩体的不稳定甚至破坏，但是通过上述研究发现，一旦加速蠕变阶段开始，结构面会在较短的时间内破坏，并且一旦蠕变发展到加速蠕变阶段，变形已经相当可观。因此，研究蠕变前两个阶段的变形特征，将蠕变控制在前两个阶段，对于及早发现蠕变和预测蠕变的变形是非常必要的。

1. 低应力作用下结构面蠕变变形-时间曲线特征

分级加载蠕变试验方法由陈宗基在波兹曼叠加原理的基础上提出的，也叫作陈氏加载法，如图 4.8 所示[141, 142]，其基本原理如下：由于岩石对变形的记忆性，在分级加载试验第二级的试验过程中，变形增量包括第二级应力增量 $\Delta\sigma$ 在 Δt—$2\Delta t$ 时间内引起的蠕变变形 ΔD_0，ΔD_1，ΔD_2，…，以及第一级应力 $\Delta\sigma$ 在 Δt—$2\Delta t$ 时间内继续蠕变的变形 ΔD_{2-1-t}（下标“2”表示分级加载第二级，“1”表示第一级应力 $\Delta\sigma$ 作用下在第二级时间内继续蠕变部分，t 表示时间点），因而分级加载试验中第二级作用时间（Δt—$2\Delta t$）内的实际蠕变增量为 ΔD_{2-t}，（下标“2”表示分级加载第二级，t 表示时间点）即

$$\begin{cases}\Delta D_{2-0} = \Delta D_0 + \Delta D_{2-1-0} \\ \Delta D_{2-1} = \Delta D_1 + \Delta D_{2-1-1} \\ \cdots \\ \Delta D_{2-t} = \Delta D_t + \Delta\varepsilon_{2-1-t}\end{cases} \tag{4.2}$$

根据波兹曼叠加原理可知，第二级应力一次性加载时在 t 时间内的蠕变变形为

$$\begin{cases}D_{2\Delta\sigma-t} = \Delta D_{1-t} + \Delta D_t \\ \varepsilon_{\Delta\sigma-t} = \Delta D_{1-t} + \Delta D_{2-t} - \Delta D_{2-1-t}\end{cases} \tag{4.3}$$

即叠加后的变形等于第一级 $\Delta\sigma$ 引起的蠕变变形与第二级 $\Delta\sigma$ 引起的蠕变变形，反映在图 4.8 中即最终叠加后的曲线等于分级加载试验中第二级的实际变形量减去第一级荷载在 Δt—$2\Delta t$ 时间内的蠕变变形。利用上述方法对分级加载蠕变试验的结果进行处理，可得到一次性加载蠕变曲线的处理方法。

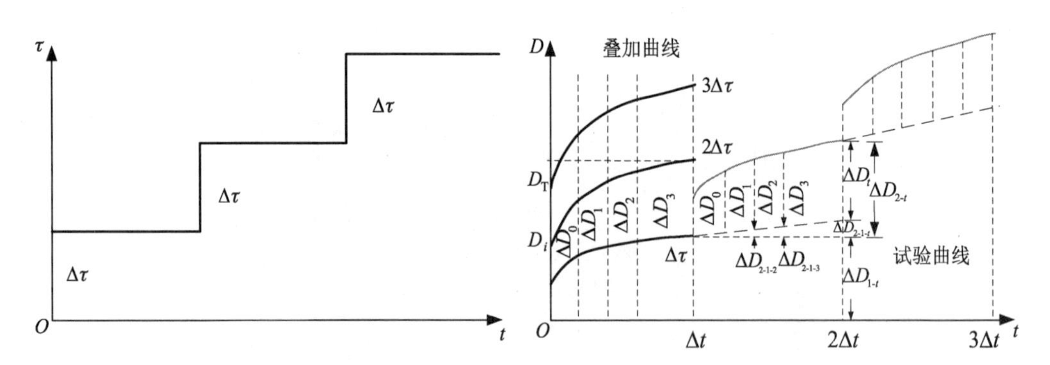

图 4.8 陈氏加载法及蠕变数据整理

图 4.9 所示为利用陈氏加载法还原后的蠕变曲线，各级应力下的蠕变曲线均表现出了较为明显的两个阶段：过渡蠕变阶段和稳态蠕变阶段，即蠕变起始时蠕变速率较大，蠕变变形发展较快，但随着作用时间的增加，蠕变变形的发展逐渐变缓，稳态蠕变阶段的线形虽然趋于线性，但稳态蠕变阶段的曲线仍然存在着非线性或波动的形态，因而传统意义上的稳态蠕变是着眼于蠕变曲线整体而言的概化分析，事实上，稳态蠕变速率仍然是有变化的并且有时会有比较明显的波动，随着能量的释放，稳态蠕变速率应是随着蠕变的发展而逐渐减小的。即稳态蠕变阶段的速率也应是逐渐减小的，只是在坐标系中由于速率变化较小，在有限的试验时间内，曲线近似趋于线性发展，此时可以近似认为蠕变速率是恒定的，在较高应力条件下，稳态速率保持一个较大的值，稳态阶段的蠕变变形曲线具有一定的斜率，而当剪切应力较小时，蠕变曲线在稳态阶段接近于水平，此时的稳态蠕变速率接近于 0。根据曲线的

特征可近似给出过渡蠕变阶段与稳态蠕变阶段的转换点，如图 4.9 所示，过渡蠕变阶段持续时间随法向应力、JRC 以及蠕变应力的增大而增大。

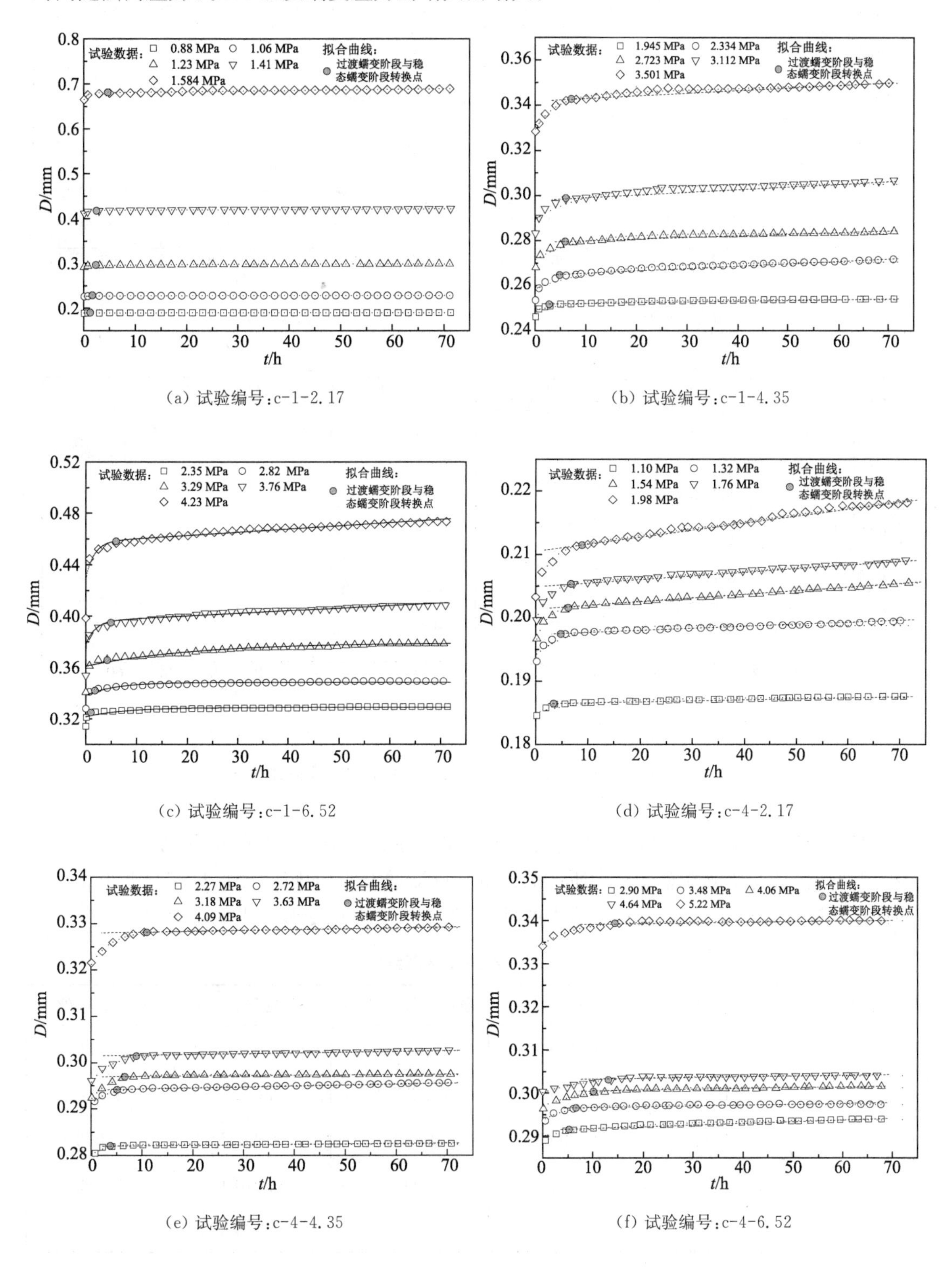

(a) 试验编号：c-1-2.17

(b) 试验编号：c-1-4.35

(c) 试验编号：c-1-6.52

(d) 试验编号：c-4-2.17

(e) 试验编号：c-4-4.35

(f) 试验编号：c-4-6.52

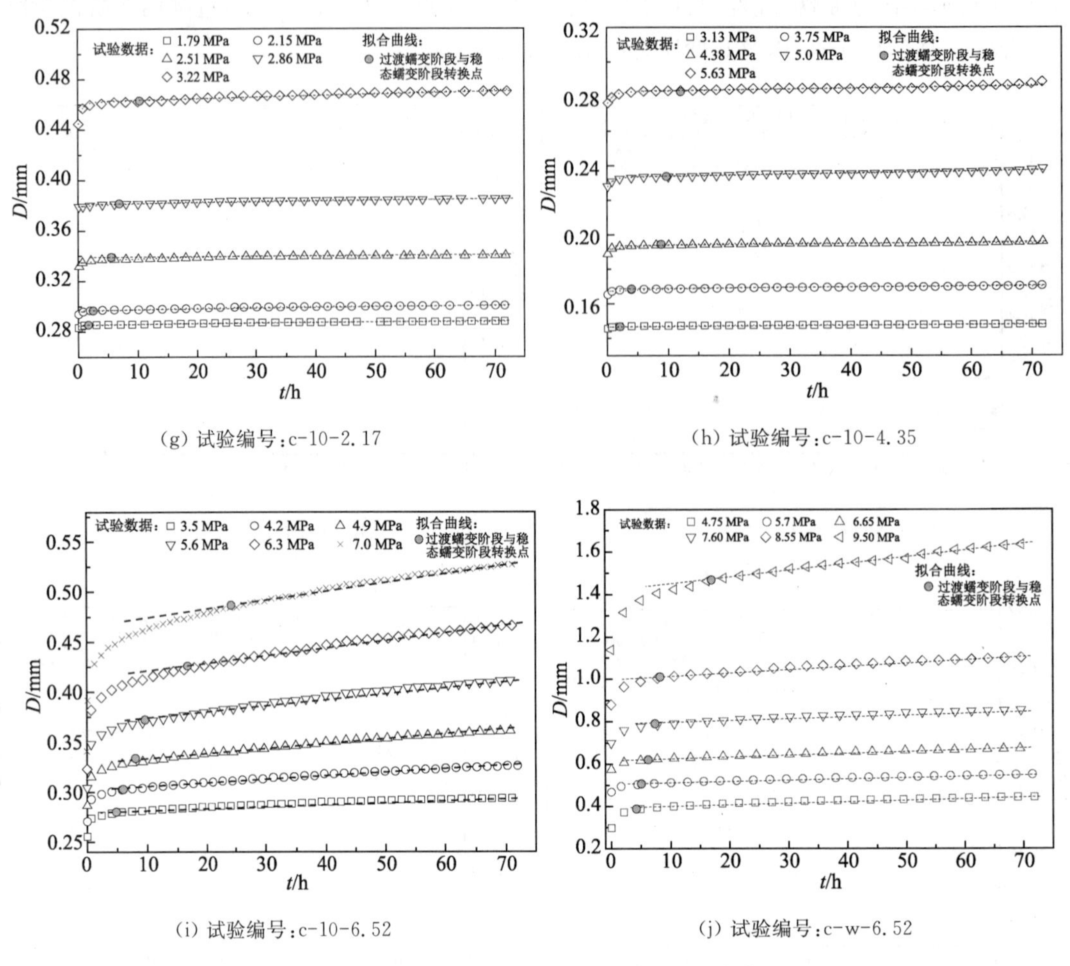

(g) 试验编号：c-10-2.17

(h) 试验编号：c-10-4.35

(i) 试验编号：c-10-6.52

(j) 试验编号：c-w-6.52

图 4.9　不同 *JRC* 及法向应力条件下的蠕变曲线

对叠加后的一次性加载蠕变曲线的变形量进行统计，如表 4.3 所示，随着 *JRC* 及法向应力的增大，蠕变变形在总变形中所占的比重是逐渐增大的，而瞬时变形量在总变形中所占的比重则逐渐减小，并且随着蠕变应力的增大，蠕变变形占总变形的比重逐渐增大。

表 4.3　一次性加载蠕变变形统计

试验编号	蠕变应力	总变形 D_T /mm	瞬时变形 D_i /mm	蠕变变形 D_c /mm	(D_c/D_T)/%
c-1-2.17	0.88	0.190 3	0.188 9	0.001 4	0.736
	1.06	0.228 6	0.225 9	0.002 7	1.168
	1.23	0.299 3	0.291 7	0.007 6	2.523
	1.41	0.422 0	0.411 7	0.010 4	2.462
	1.584	0.689 1	0.664 8	0.024 3	3.526

（续表）

试验编号	蠕变应力	总变形 D_T /mm	瞬时变形 D_i /mm	蠕变变形 D_c /mm	(D_c/D_T)/%
c-1-4.35	1.945	0.254 1	0.246 2	0.007 9	3.090
	2.334	0.272 0	0.253 5	0.018 5	6.806
	2.723	0.284 3	0.268 0	0.016 2	5.709
	3.112	0.307 1	0.283 2	0.023 9	7.773
	3.501	0.350 0	0.328 5	0.021 6	6.163
c-1-6.52	2.35	0.329 5	0.314 0	0.015 5	4.704
	2.82	0.349 3	0.328 0	0.021 3	6.098
	3.29	0.378 5	0.340 7	0.037 8	9.987
	3.76	0.408 5	0.353 7	0.054 8	13.415
	4.23	0.473 5	0.398 2	0.075 3	15.903
c-4-2.17	1.10	0.187 7	0.185 6	0.002 1	1.098
	1.32	0.199 6	0.194 1	0.005 5	2.750
	1.50	0.205 6	0.196 7	0.008 9	4.323
	1.76	0.209 1	0.199 6	0.009 5	4.543
	1.98	0.218 2	0.213 3	0.014 8	6.793
c-4-4.35	2.27	0.282 6	0.280 5	0.002 1	0.733
	2.72	0.295 7	0.291 6	0.004 0	1.363
	3.18	0.297 6	0.292 4	0.005 2	1.744
	3.63	0.302 7	0.296 1	0.006 6	2.184
	4.09	0.329 2	0.321 5	0.007 7	2.336
c-4-6.52	2.90	0.294 0	0.289 1	0.004 9	1.674
	3.48	0.297 2	0.293 6	0.003 6	1.225
	4.02	0.301 5	0.296 4	0.005 2	1.711
	4.64	0.303 9	0.300 3	0.003 6	1.191
	5.22	0.339 8	0.323 1	0.016 7	4.900
c-10-2.17	1.79	0.288 0	0.283 3	0.004 7	1.646
	2.15	0.300 6	0.293 9	0.006 6	2.213
	2.51	0.340 0	0.331 7	0.008 4	2.459
	2.86	0.385 3	0.379 1	0.006 1	1.591
	3.22	0.470 5	0.444 6	0.025 9	5.509

（续表）

试验编号	蠕变应力	总变形 D_T/mm	瞬时变形 D_i/mm	蠕变变形 D_c/mm	(D_c/D_T)/%
c-10-4.35	3.13	0.148 2	0.145 7	0.002 5	1.687
	3.75	0.170 6	0.165 3	0.005 3	3.095
	4.38	0.195 9	0.188 9	0.007 0	3.594
	5.00	0.238 3	0.228 0	0.010 3	4.326
	5.63	0.288 6	0.275 3	0.013 3	4.615
c-10-6.52	3.50	0.293 5	0.255 5	0.038 0	12.94 7
	4.20	0.326 0	0.270 5	0.055 5	17.025
	4.90	0.361 0	0.286 5	0.074 5	20.637
	5.60	0.411 0	0.304 5	0.106 5	25.912
	6.30	0.466 0	0.323 0	0.143 0	30.687
	7.0	0.527 0	0.341 0	0.186 0	35.294
c-w-6.52	4.75	0.444 0	0.297 0	0.147 0	33.108
	5.70	0.550 5	0.468 0	0.082 5	14.986
	6.65	0.673 0	0.574 0	0.099 0	14.710
	7.60	0.854 5	0.699 5	0.155 0	18.139
	8.55	1.103 0	0.879 5	0.223 5	20.263
	9.50	1.638 0	1.130 0	0.508 0	31.013

2. 蠕变速率变化特征

（1）初始蠕变速率变化特征

图 4.10 为法向应力为 6.52 MPa 时，蠕变速率随时间的变化特征，图中蠕变速率为蠕变变形增量与时间增量的比值。

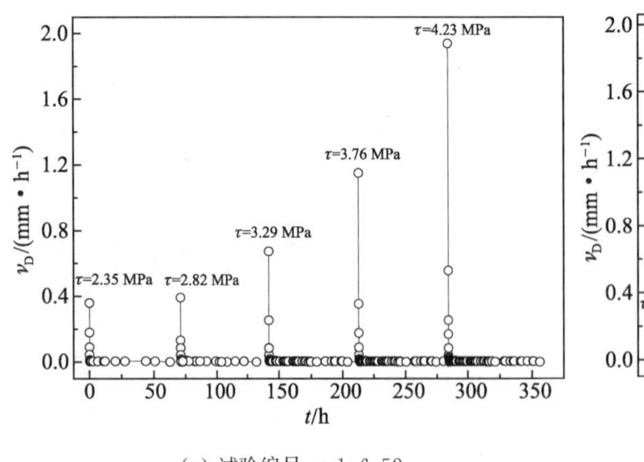

（a）试验编号：c-1-6.52

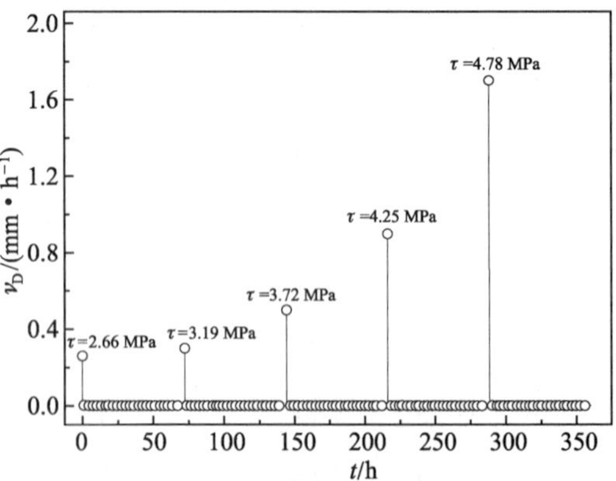

（b）试验编号：c-4-6.52

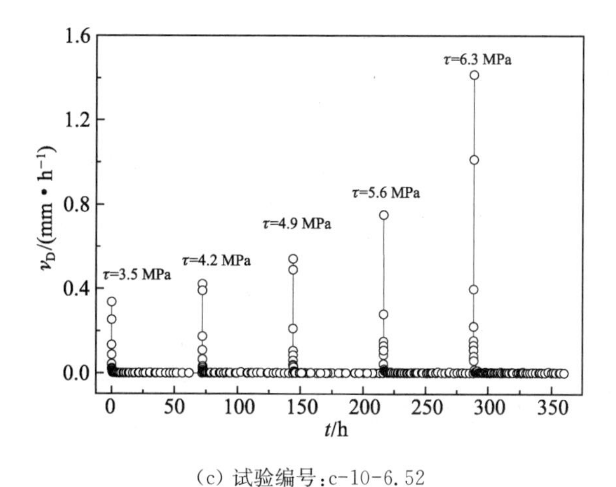

(c) 试验编号:c-10-6.52

图 4.10　蠕变速率变化特征(法向应力为 6.52 MPa)

由于初始蠕变速率往往非常大,如果速率变化跨度过大,在坐标系中不利于曲线形态的表达,因此取 0.5 h 以后的蠕变速率数据,如图 4.10 所示,蠕变速率随应力的增大而增大,并且当应力水平超过某个级别时,蠕变速率会迅速增大,例如试验 c-10-6.52 在前三个应力级别下初始速率基本相等(相差不大),而当剪切应力为 5.6 MPa 时的初始速率是 4.9 MPa 时的 1.68 倍时,试验 c-1-6.52 和 c-4-6.52 也同样存在这样的规律,初始速率在 3.76 MPa 和 4.25 MPa 时均发生了较为明显的突变。

(2) 稳态蠕变速率变化特征

根据全过程曲线特征的分析可知,稳态蠕变阶段的蠕变速率其实是一条近似线性的曲线,根据衰减蠕变持续时间的特征可知,在 48 ～72 h 已经进入了稳态蠕变阶段,因而取 48～72 h 的平均蠕变速率作为近似的稳态蠕变速率,如图 4.11 所示。当然,图 4.11 中低应力下的最终稳态蠕变速率应为 0,但由于仪器的精度及控制过程中的误差,变形或蠕变速率仍然会有波动,计算出来的稳态蠕变速率是一个比较小的值,但不为 0。高应力下蠕变速率一直处于减小的趋势,但是由于速率衰减得很慢,短期内可视为恒定的蠕变速率。这里为了研究稳态蠕变速率与蠕变应力及 *JRC* 之间的关系,仍然采用 48～72 h 的平均速率为近似的稳态蠕变速率。

图 4.11 所示为每级近似稳态蠕变速率与各级应力的关系,以试验 c-1-2.17 为例,当剪切应力小于 1.23 MPa 时(约为瞬时剪切强度的 72%),近似的稳态蠕变速率基本上为 0.6×10^{-5}～1.4×10^{-5} mm/h,然而,当剪切速率超过 1.23 MPa 时,稳态蠕变速率增大得很快,如当剪切应力由 1.23 MPa 增大到 1.41 MPa 时,稳态蠕变速率由 1.4×10^{-5} mm/h 增大至 5.4×10^{-5} mm/h,因而在分级加载过程中,存在一个阈值,当应力超过这个阈值以后,稳态蠕变速率会急剧增大。稳态蠕变速率增大会造成蠕变需要更长的时间稳定,蠕变变形更大,发生蠕变破坏的可能性增大。稳态蠕变速率增大的原因是蠕变过程中裂纹的非稳定扩展或黏塑性应变速率的非线性增大造成的稳态蠕变速率的急剧增大[108],而裂隙的不稳定扩展或黏塑性变形是造成结构面破坏、改变结构面力学性质的原因之一,因此,蠕变速率的变化也可作为判断长期强度范围的判据之一。

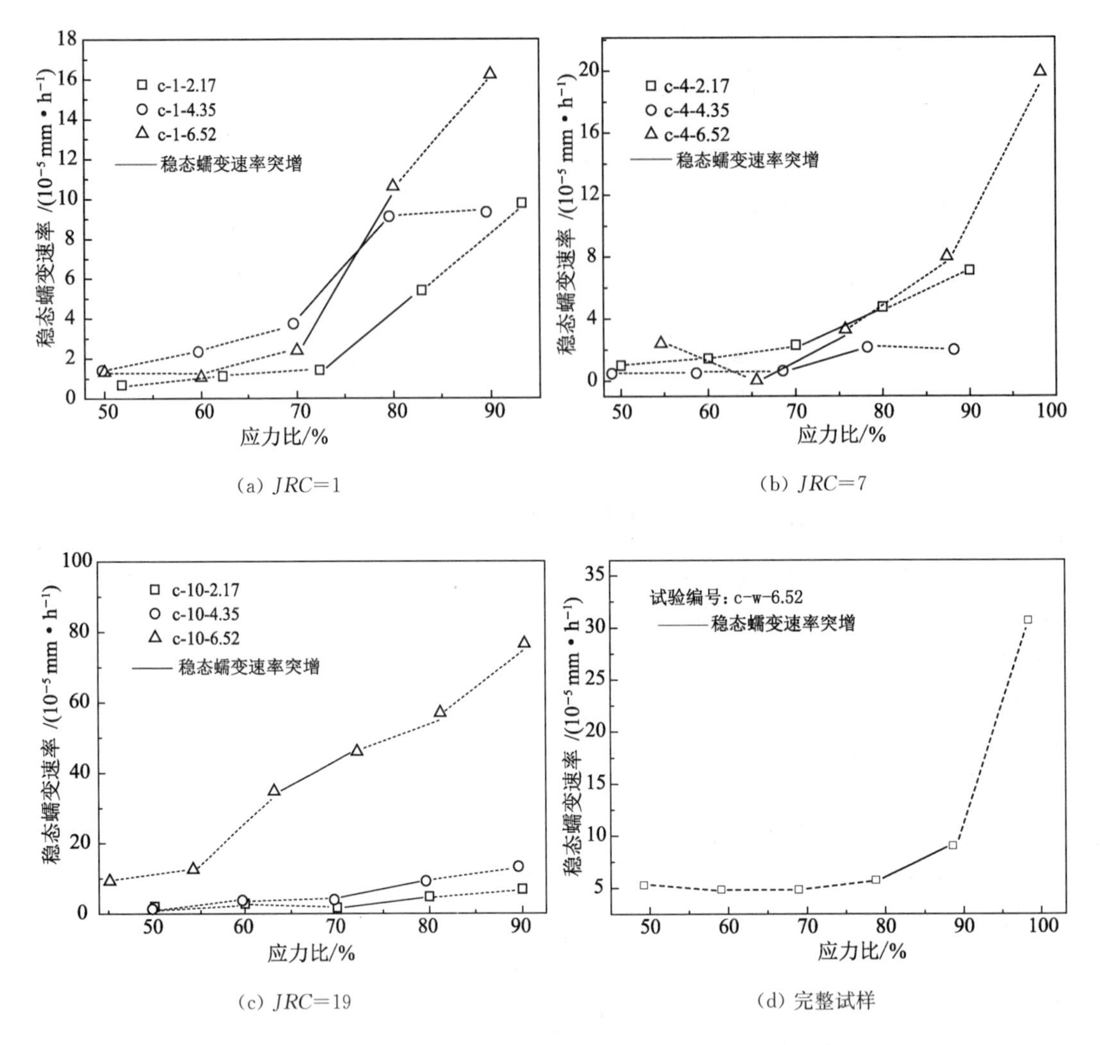

图 4.11　不同 *JRC* 和不同法向应力条件下蠕变速率特征

不同的 *JRC* 和法向应力条件下，稳态蠕变速率随 *JRC* 和法向应力的增大而增大，例如 *JRC*=1，法向应力为 2.17 MPa，蠕变应力水平为 90%时的蠕变速率为 9.78×10^{-5} mm/h；当法向应力为 6.52 MPa，蠕变应力水平为 90%时的稳态蠕变速率为 16.23×10^{-5} mm/h，是 2.17 MPa 时的 1.65 倍。而这种情况随着 *JRC* 的增大越来越明显，如 *JRC*=19 时，法向应力为 2.17 MPa，蠕变应力水平为 90%时的近似稳态蠕变速率为 9.32×10^{-5} mm/h；法向应力为 6.52 MPa，蠕变应力水平为 90%时的近似稳态蠕变速率为 76.6×10^{-5} mm/h，是 2.17 MPa时的 8.22 倍。因此，当 *JRC* 及法向应力增大时，稳态蠕变速率增大。

4.3.4　结构面剪切蠕变经验本构模型

蠕变经验模型是指通过对试样在特定条件下进行一系列的蠕变试验，在获取蠕变试验数据后，根据试验曲线特征进行拟合，从而建立蠕变经验模型。经验模型作为最常用的本构模型，具有与试验数据拟合较好，理论简单，参数具有针对性等优点。通过参数研究不同因素影响下蠕变曲线的形态变化，具有参数简单、准确、反应敏感性高等特点。对于蠕变，主要关注以下两个方面：

（1）蠕变量的大小：这是蠕变的最终结果，是表示“蠕变能力”的重要特征。

（2）蠕变的持续时间或蠕变速率的衰减速度：蠕变速率衰减越快，蠕变持续时间越短，这说明该蠕变从开始到结束的时间较短，其蠕变性能较弱，而当蠕变速率衰减速度较慢时，蠕变持续的时间也相对较长，这说明蠕变一旦开始则需要较长的时间稳定。

本节根据过渡蠕变阶段以及稳态蠕变的速率特征，提出了能够描述蠕变速率变化的经验方程，并进一步推导出能够描述两个蠕变阶段的蠕变经验本构方程，并讨论了蠕变本构方程中的参数与蠕变量和蠕变速率衰减速度的关系，赋予方程中参数物理力学意义，此外还讨论了 *JRC* 对参数的影响。该本构方程为定量研究各因素对蠕变特性的影响以及理论推导提供了工具和理论基础。

1. 经验模型推导

如图 4.12 所示，蠕变速率曲线中，结构面的蠕变速率随着时间的增长，逐渐减小，并且趋于稳定。

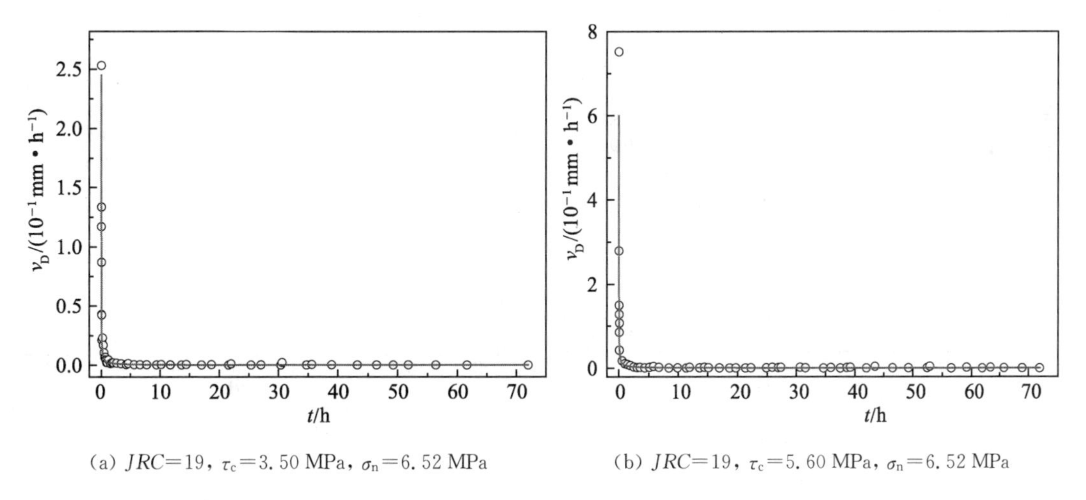

（a）$JRC=19$，$\tau_c=3.50$ MPa，$\sigma_n=6.52$ MPa　　（b）$JRC=19$，$\tau_c=5.60$ MPa，$\sigma_n=6.52$ MPa

图 4.12　蠕变速率随时间的变化规律及拟合曲线

根据曲线特征，结合稳态蠕变速率特征，可采用下式描述蠕变速率随时间的变化：

$$v_D = m_c t^{n_c} + v_c \tag{4.4}$$

式中，v_D为蠕变速率；t 为蠕变时间，$t>0$；v_c为 t 趋向于无限大时最终的稳态蠕变速率，即蠕变前两个阶段蠕变速率的最小值；m_c，n_c为拟合参数，$n_c<0$；$m_c t^{n_c}$为速率衰减函数。

令式(4.4)中的速率变化量 $v_d = m_c t^{n_c}$，则

$$\ln v_d = \ln m_c + n_c \ln t \tag{4.5}$$

从式(4.5)可以看出，速率衰减量的自然对数与时间的对数呈线性关系。n_c的绝对值越大，说明蠕变速率衰减得越快，蠕变进入稳态蠕变的时间越短；n_c的绝对值越小，过渡蠕变段持续的时间越长，蠕变速率衰减得越慢。当 t 趋向于 0 时，蠕变的初始速率趋于无穷大。

以表 4.4 为基准参数对式(4.4)进行参数分析,变化其中一个参数,其他参数不变,m_c,n_c采用试验 c-10-6.52 中蠕变应力为 3.5 MPa 时的参数,由于 v_c较小,为了体现 v_c对曲线的影响,对其进行放大处理,如图 4.13 所示。从图 4.13(a)中可以看出,n_c的效果主要体现在蠕变曲线的后半段上,随着 n_c绝对值的增加,蠕变速率随时间的衰减速度加快。蠕变速率很快衰减到了较低的水平,说明试样达到稳定的时间较短,这表明试样的蠕变能力较小。

参数 m_c对蠕变的影响主要表现在初始速率上,即衰减曲线的前半段上,由图 4.13(b)可知,当 m_c的绝对值较大时,蠕变速率曲线的初始速率较大,但最终会衰减至 v_c,因而 m_c控制整个松弛速率的量级,但是衰减曲线的形状基本不改变。参数 v_c控制曲线的初始蠕变速率及最终的蠕变速率,但其变化不影响曲线的形状。

表 4.4　基准参数表

应力/MPa	v_c/(10^{-4} mm·h^{-1})	n_c	m_c
3.5	9.0	−0.83	0.002 9

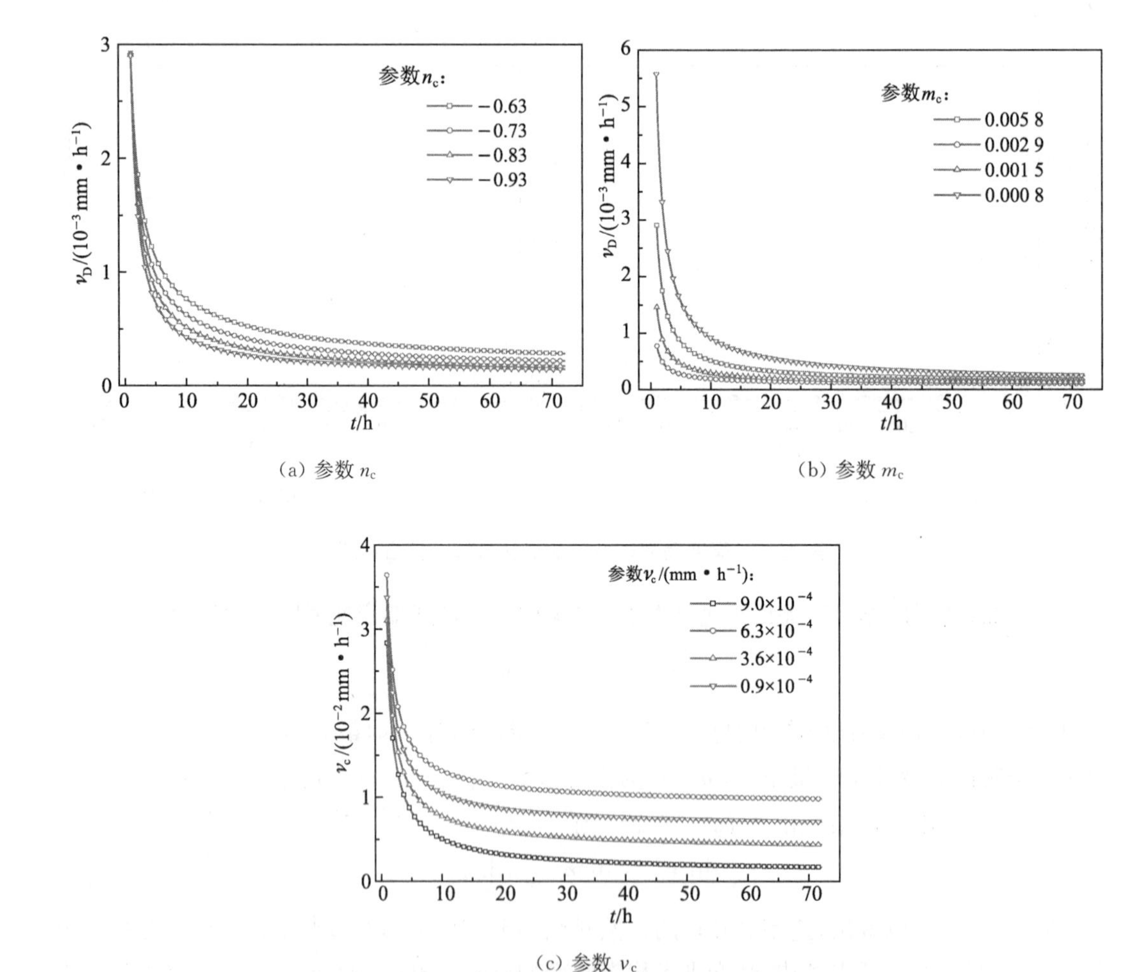

(a) 参数 n_c

(b) 参数 m_c

(c) 参数 v_c

图 4.13　经验模型参数对蠕变速率曲线的影响

而式(4.4)可写成：

$$\frac{\mathrm{d}D}{\mathrm{d}t}=m_{\mathrm{c}}t^{n_{\mathrm{c}}}+v_{\mathrm{c}} \tag{4.6}$$

对式(4.6)进行积分可得：

$$D=\frac{m_{\mathrm{c}}}{(n_{\mathrm{c}}+1)}t^{n_{\mathrm{c}}+1}+v_{\mathrm{c}}t+D_{\mathrm{i}} \tag{4.7}$$

式中，D_{i}为积分常数，定义为蠕变前初始剪切变形，即加载阶段的瞬时剪切变形。

利用式(4.7)对蠕变曲线进行拟合，如图 4.14 所示，该经验公式可以很好地描述蠕变曲线的过渡蠕变段，利用蠕变曲线拟合后的参数，反算蠕变速率与时间的关系也得到了拟合度较好的曲线，从速率与时间关系曲线中可以很明显地看出，随着应力增大，蠕变速率衰减减慢，如图 4.14(b)中区域 A 所示，曲线曲率半径随着应力的增大而增大，即应力较小时，曲线速率很快衰减至近似直线段，而当应力较大时，近似直线段出现得比较晚，并且近似直线段的量值也比较大。

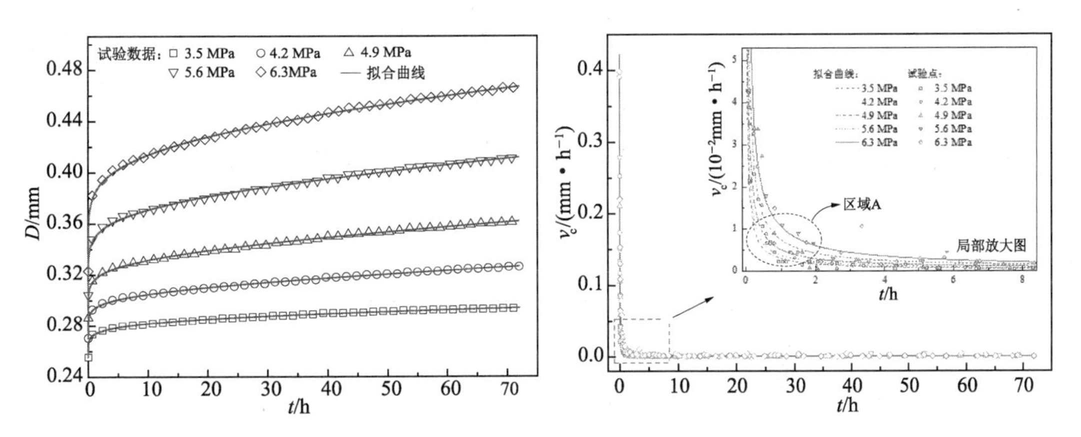

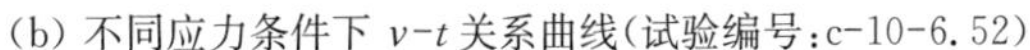

(a) 不同应力条件下 D-t 关系曲线(试验编号：c-10-6.52)　(b) 不同应力条件下 v-t 关系曲线(试验编号：c-10-6.52)

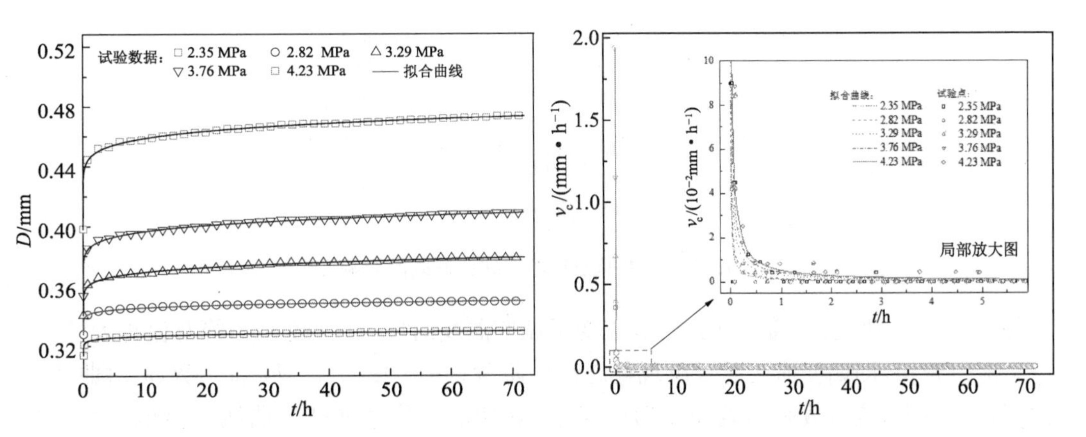

(c) 不同应力条件下 D-t 关系曲线(试验编号：c-1-6.52)　(d) 不同应力条件下 v-t 关系曲线(试验编号：c-1-6.52)

图 4.14　蠕变速率随时间的变化规律及拟合曲线

2. 经验模型参数分析

为了了解模型中各参数变化对蠕变曲线的影响，以试验 c-10-6.52 中剪切应力为 3.5 MPa时的参数作为基准参数，对式(4.7)中的参数进行敏感性分析。如表 4.5 所示，从基准参数出发，分别得出各参数变化对蠕变曲线的影响。参数 n_c，m_c，v_c对蠕变曲线的影响如图 4.15 所示。

表 4.5　　基准参数表

应力/MPa	v_c/(10^{-5}mm · h^{-1})	n_c	m_c
3.5	4.14	−0.83	0.002 9

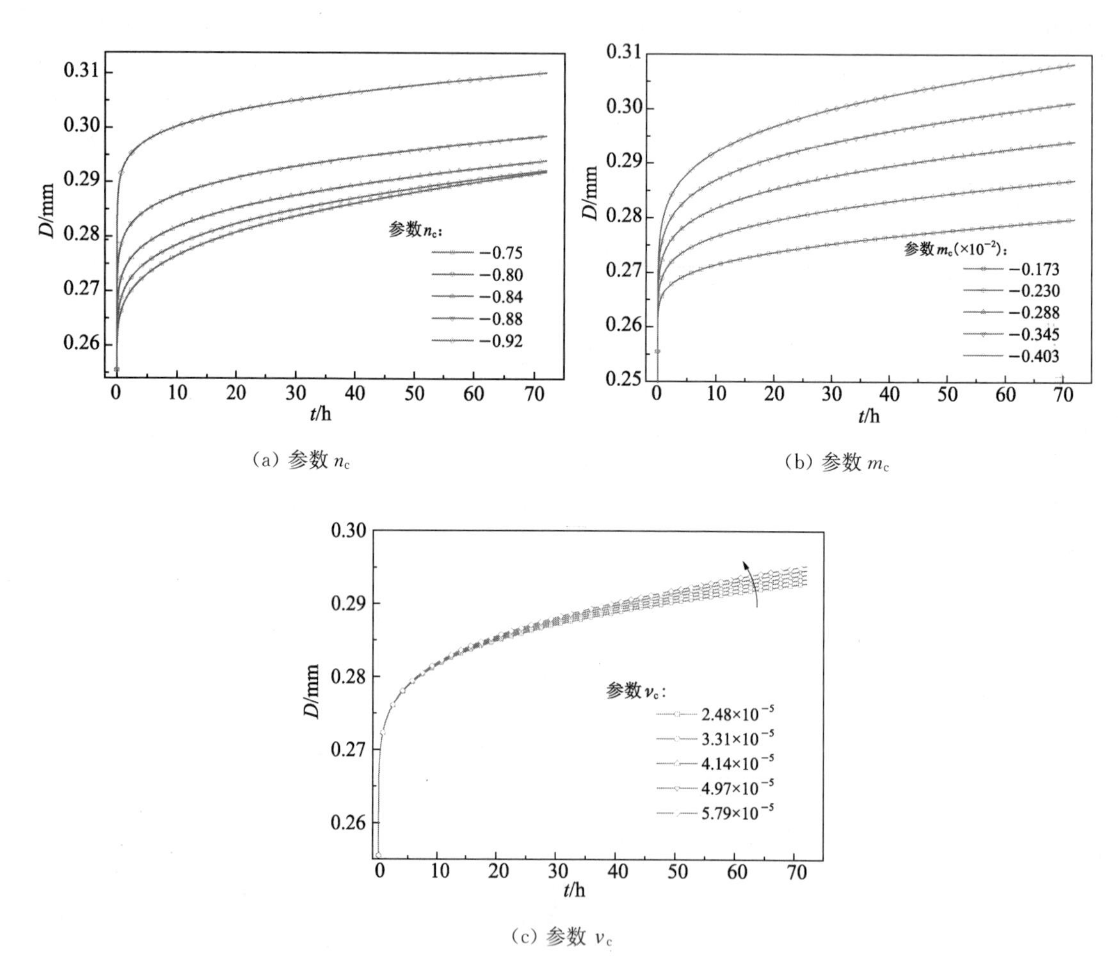

(a) 参数 n_c　　(b) 参数 m_c

(c) 参数 v_c

图 4.15　经验模型参数对蠕变曲线的影响

如图 4.15(a)所示，参数 n_c的变化，改变了蠕变曲线的形态，参数 n_c的绝对值越大，蠕变速率衰减得越快，即蠕变曲线越快出现稳态蠕变阶段；如图 4.15(b)所示，参数 m_c对曲线形态的影响并不大，该参数影响蠕变变形的量值，其功能是将基准蠕变曲线成倍地放大或缩小，同时也影响蠕变速率，即 m_c越大，蠕变速率的量级就越大；如图 4.15(c)所示，参数 v_c主要影响曲线稳态蠕变阶段的斜率，在其他两个参数不变的情况下，参数 v_c越大，稳态蠕变阶段的斜率就越大，相应的稳态蠕变速率也就越大。

4.3.5　参数物理意义及剪切过程中结构面蠕变特性的动态演化

根据式(4.7)对分级加载蠕变试验进行拟合分析，结果列于表4.6。

表4.6　分级加载剪切蠕变试验拟合参数

试验编号	τ_c/MPa	v_c/(mm·h^{-1})	n_c	m_c/10^{-3}	R
c-1-2.17	0.880	3.75×10^{-19}	−0.907	0.18	0.995
	1.060	8.49×10^{-20}	−0.897	0.31	0.986
	1.230	2.73×10^{-6}	−0.908	0.94	0.995
	1.410	0	−0.906	1.13	0.978
	1.584	2.28×10^{-18}	−0.910	2.71	0.977
c-1-4.35	1.945	7.13×10^{-21}	−0.901	0.84	0.952
	2.334	4.23×10^{-17}	−0.908	2.30	0.997
	2.723	5.17×10^{-21}	−0.899	1.93	0.976
	3.112	1.33×10^{-20}	−0.895	2.78	0.990
	3.501	5.29×10^{-25}	−0.906	2.86	0.982
c-1-6.52	2.35	4.33×10^{-24}	−0.887	1.10	0.979
	2.82	1.26×10^{-20}	−0.890	1.50	0.969
	3.29	3.01×10^{-13}	−0.853	2.99	0.992
	3.76	3.89×10^{-20}	−0.873	4.07	0.996
	4.23	5.88×10^{-6}	−0.892	5.08	0.994
c-4-2.17	1.10	4.39×10^{-18}	−0.889	0.42	0.978
	1.32	0	−0.868	0.82	0.972
	1.50	2.67×10^{-5}	−0.862	0.99	0.991
	1.76	2.63×10^{-5}	−0.860	1.16	0.994
	1.98	1.26×10^{-4}	−0.893	1.20	0.997
c-4-4.35	2.27	7.49×10^{-20}	−0.883	0.20	0.868
	2.72	0	−0.860	0.55	0.979
	3.18	2.24×10^{-21}	−0.868	0.82	0.973
	3.63	0	−0.876	1.13	0.983
	4.09	9.85×10^{-18}	−0.873	1.46	0.985

（续表）

试验编号	τ_c/MPa	v_c/(mm·h^{-1})	n_c	m_c/10^{-3}	R
c-4-6.52	2.90	1.95×10^{-18}	−0.873	0.74	0.997
	3.48	4.07×10^{-23}	−0.846	0.78	0.995
	4.02	1.32×10^{-5}	−0.840	0.87	0.995
	4.64	2.64×10^{-5}	−0.868	1.04	0.992
	5.22	3.22×10^{-5}	−0.884	1.14	0.993
c-10-2.17	1.79	1.03×10^{-5}	−0.895	0.47	0.975
	2.15	1.01×10^{-5}	−0.888	0.72	0.988
	2.51	2.23×10^{-18}	−0.888	0.95	0.970
	2.86	2.34×10^{-5}	−0.887	0.73	0.987
	3.22	4.63×10^{-6}	−0.895	2.64	0.974
c-10-4.35	3.13	8.84×10^{-6}	−0.867	0.46	0.987
	3.75	3.40×10^{-6}	−0.852	0.45	0.973
	4.38	8.99×10^{-24}	−0.867	0.56	0.938
	5.00	2.81×10^{-18}	−0.875	1.14	0.941
	5.63	5.31×10^{-19}	−0.899	1.39	0.882
c-10-6.52	3.50	4.14×10^{-5}	−0.839	2.90	0.997
	4.20	1.65×10^{-4}	−0.848	3.50	0.997
	4.90	2.29×10^{-4}	−0.837	4.80	0.998
	5.60	2.85×10^{-4}	−0.828	7.01	0.998
	6.30	2.89×10^{-4}	−0.829	10.10	0.998
	7.00	3.22×10^{-4}	−0.834	13.42	0.998
c-w-6.52	4.75	4.90×10^{-21}	−0.808	12.41	0.999
	5.70	9.40×10^{-20}	−0.831	16.00	0.994
	6.65	3.98×10^{-21}	−0.819	21.87	0.993
	7.60	4.92×10^{-24}	−0.813	32.59	0.993
	8.55	0	−0.805	48.53	0.994
	9.50	1.67×10^{-19}	−0.793	88.80	0.997

从拟合结果可知，n_c相对变化较小，在0.7～0.9之间有规律性地波动。从数据上看，n_c与应力比（蠕变应力/破坏应力）、JRC以及法向应力均具有一定的相关性。

如图4.16所示，随着蠕变应力的增大，n_c的绝对值先减小后增大，这说明随着蠕变应力的增大，蠕变速率的衰减速度先减小后增大，即进入相对稳态的时间先增大后减小。上述结果也表明，结构面在剪切过程中的蠕变特性也是动态变化的，即随着剪切应力的增大，结构面的蠕变性先增大后减小。JRC越大，相应的n_c也就越大（绝对值越小），这表明随着JRC的增大，蠕变速率衰减的速度越慢，其过渡蠕变阶段持续的时间越长。从另一个方面考虑，即结构面所表现出的蠕变性越大。

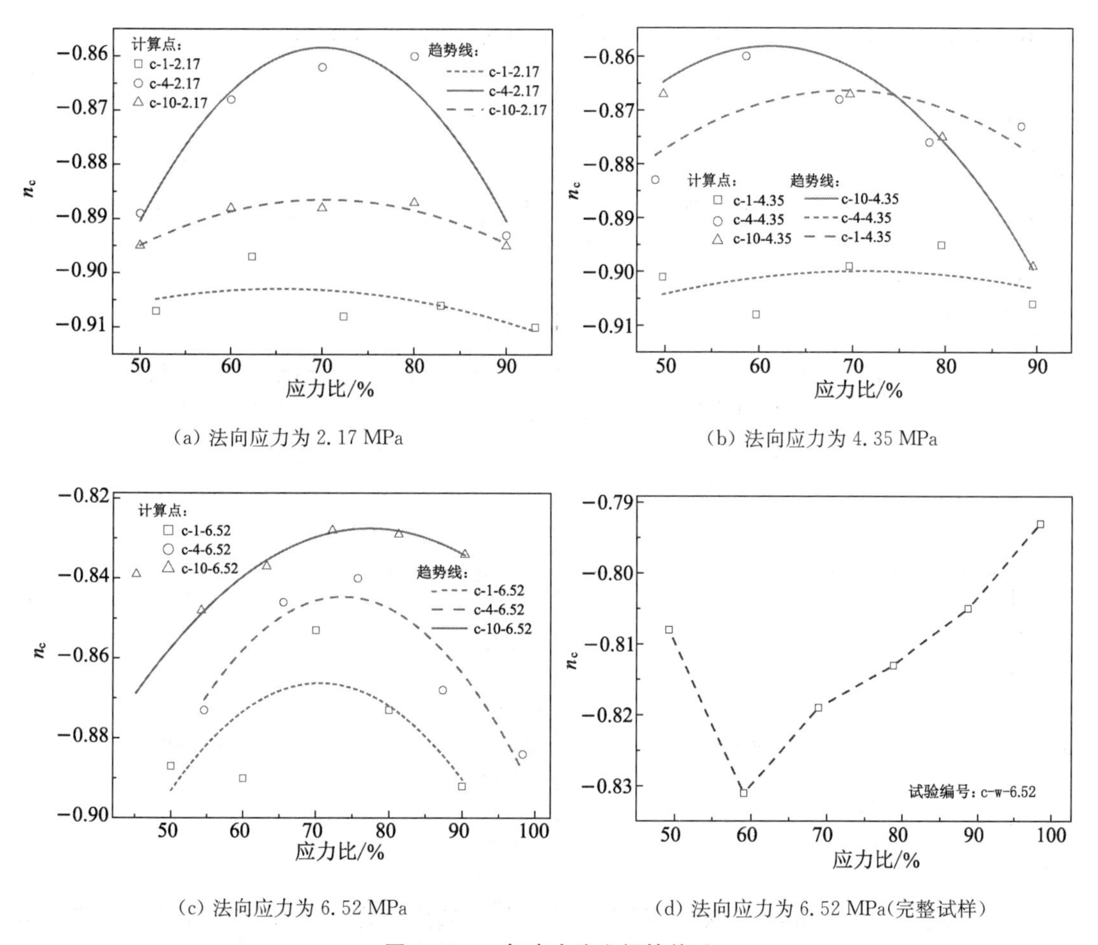

(a) 法向应力为 2.17 MPa

(b) 法向应力为 4.35 MPa

(c) 法向应力为 6.52 MPa

(d) 法向应力为 6.52 MPa(完整试样)

图 4.16　n_c与应力比之间的关系

在分级加载剪切蠕变试验中，m_c随着蠕变应力的增大而增大，如图 4.17 所示，参数 m_c与蠕变量呈线性关系，即 m_c直接反映了蠕变量 D_c的大小。另外，从拟合结果可以看出，m_c不仅与蠕变应力相关，与 JRC 以及法向应力也有密切的联系。随着 JRC 及法向应力的增大，m_c也随之增大，这说明随着 JRC 及法向应力的增大，蠕变量增大，蠕变能力增强。

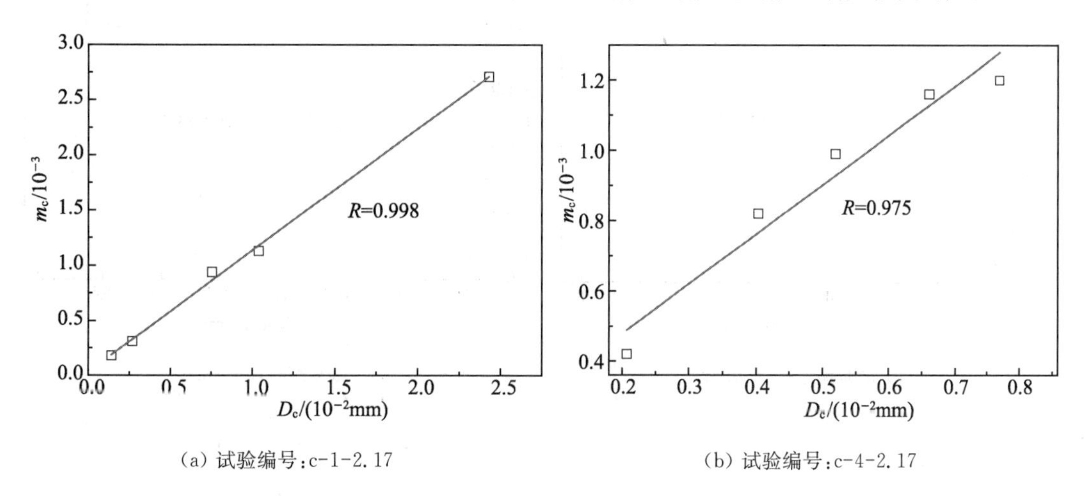

(a) 试验编号:c-1-2.17

(b) 试验编号:c-4-2.17

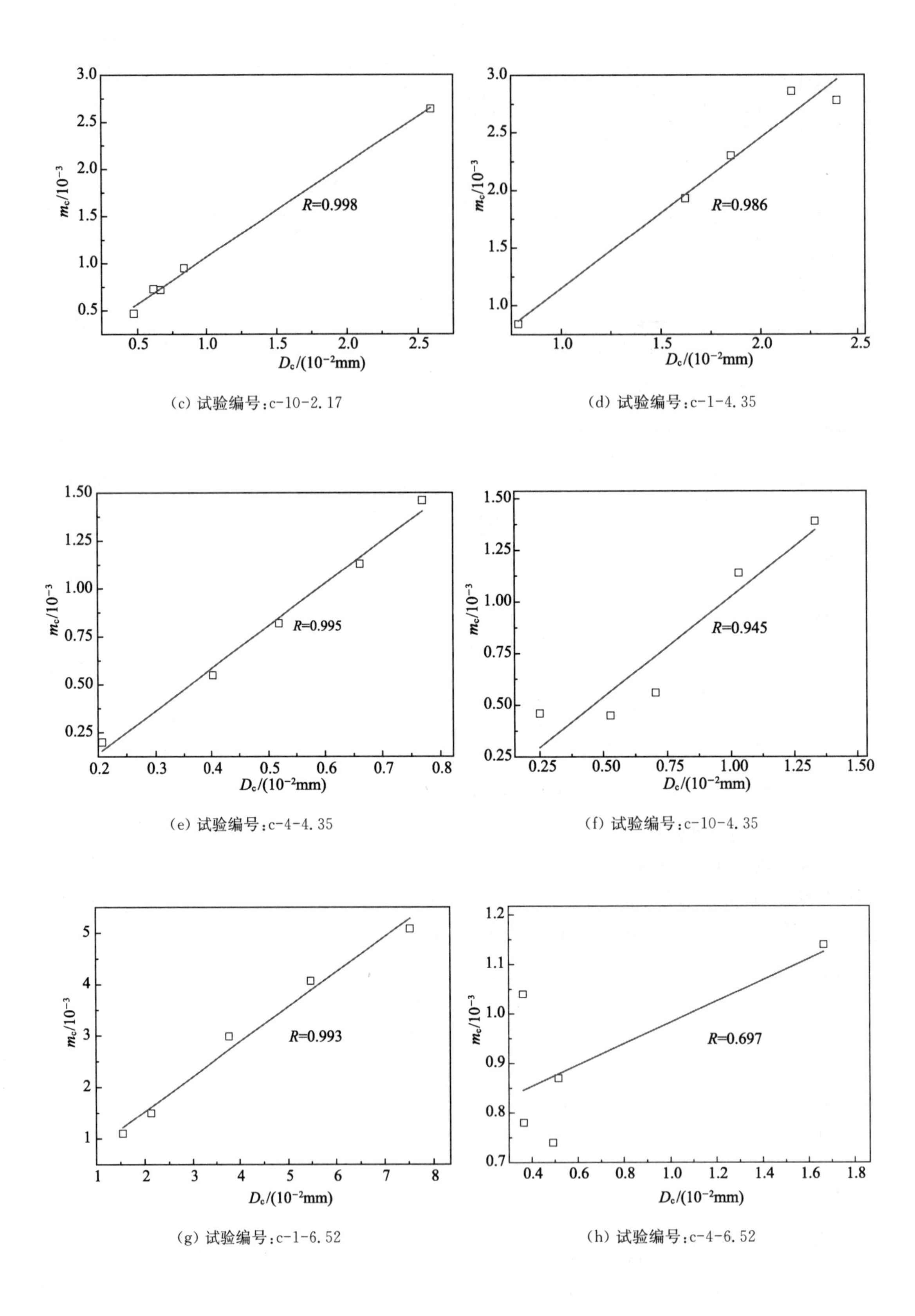

(c) 试验编号：c-10-2.17

(d) 试验编号：c-1-4.35

(e) 试验编号：c-4-4.35

(f) 试验编号：c-10-4.35

(g) 试验编号：c-1-6.52

(h) 试验编号：c-4-6.52

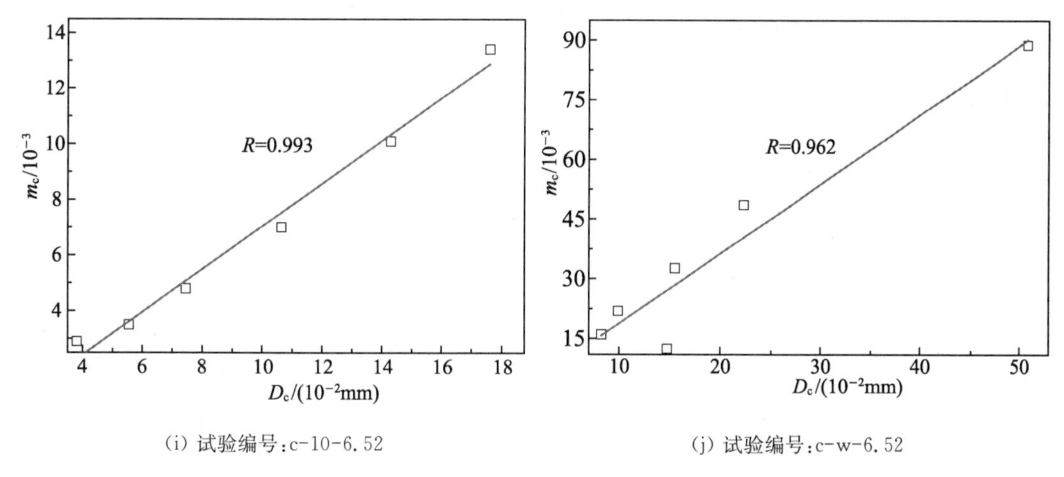

(i) 试验编号:c-10-6.52　　(j) 试验编号:c-w-6.52

图 4.17　m_c与蠕变量(72 h)的关系

4.4 加卸载应力历史对结构面剪切蠕变特性的影响

4.4.1 加卸载后剪切蠕变曲线形态特征

从图 4.18 可以看出,经历加卸载以后,72 h 的蠕变曲线仍然具有较明显的两个阶段,即过渡蠕变阶段和稳态蠕变阶段。但结构面经历加卸载过程以后,其蠕变性会经历比较大的变化,最为显著的变化是蠕变量大幅度减小,如试验 u-10-6.52-c[图 4.18(c)],当应力由 4.2 MPa(约为峰值强度的 60%)卸载至 3.5 MPa 时(约为峰值强度的 50%),蠕变量有一定程度的减小,较没有经历加卸载应力历史的蠕变试验,过渡蠕变阶段持续时间更长,但蠕变曲线形态变化较小;当前期加载应力 τ_1 超过 4.9 MPa (约为峰值强度的 70%)后再卸载至 3.5 MPa进行蠕变,其蠕变量迅速减小,蠕变曲线形态也发生了较大的变化。在没有加卸载应力历史作用下或仅经历较小应力历史作用下,蠕变曲线初始阶段较陡,之后迅速发展至一个相对平稳的状态,而经历较大加卸载应力历史以后,蠕变曲线"拐弯"处的曲率半径越来越大,即随着前期加载应力值的增大,曲线达到相对稳定状态的时间变长。

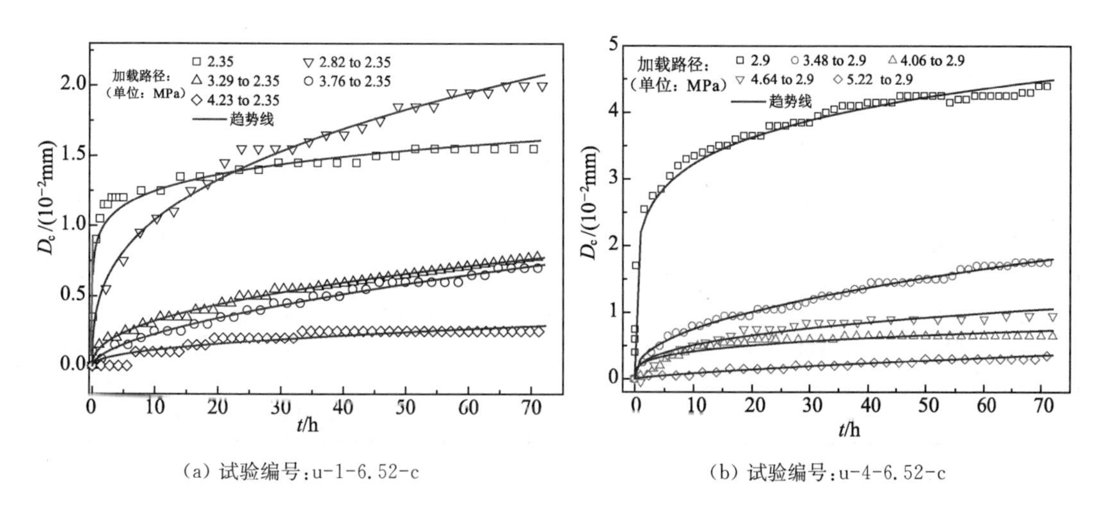

(a) 试验编号:u-1-6.52-c　　(b) 试验编号:u-4-6.52-c

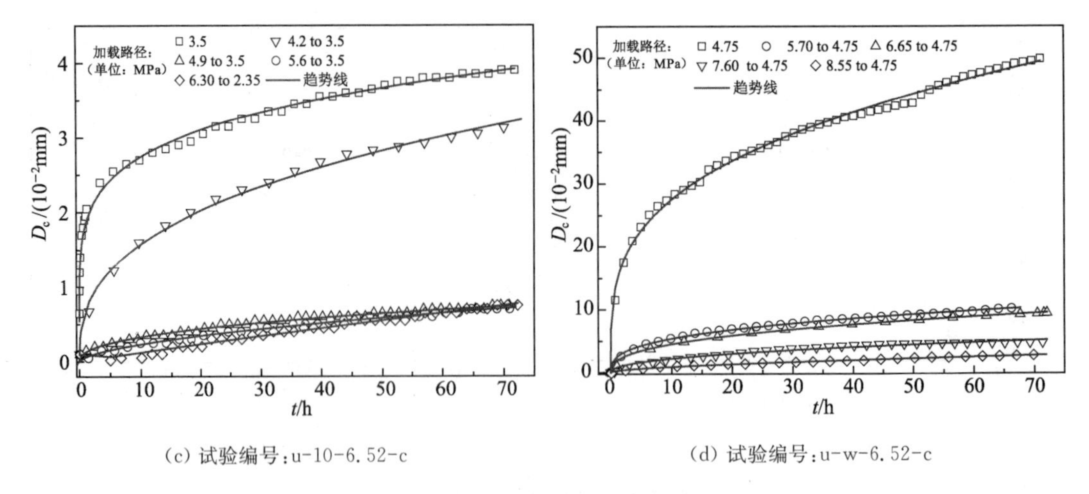

（c）试验编号：u-10-6.52-c　　（d）试验编号：u-w-6.52-c

图 4.18　加卸载后蠕变曲线

4.4.2　加卸载后蠕变量及蠕变参数变化特征

1. 蠕变量变化特征

对加卸载后各蠕变试验的蠕变量进行统计，列于表 4.7。从蠕变量的变化情况可以看出，随着前期加载应力 τ_1 的增大，蠕变量 D_c 迅速减小，并且在经历一定前期加载应力值 τ_1 并卸载至 τ_c 后，72 h 的蠕变量大幅度地减小，如试验 u-4-6.52-c 未经历加卸载时的蠕变量为 0.044 mm，而由 3.48 MPa 卸载至 2.9 MPa 后再蠕变，其蠕变量减小至 0.017 5 mm；随着 *JRC* 的增大，经历加卸载应力历史后，蠕变量减小的幅度越来越大，当试样为完整试样时（试验u-w-6.52-c），蠕变应力为 4.75 MPa 时的蠕变量为 0.498 mm，而当试样经历由 5.7 MPa 卸载至 4.75 MPa 以后，该试样的蠕变量减小至 0.102 mm。

表 4.7　加卸载蠕变试验蠕变量表

试验编号	τ_1 /MPa	τ_c /MPa	D_c /(10^{-2}mm)
u-1-6.52-c *JRC*=1	—	2.35	1.550
	2.82		2.000
	3.29		0.780
	3.76		0.700
	4.23		0.250
u-4-6.52-c *JRC*=7	—	2.9	4.400
	3.48		1.750
	4.06		0.600
	4.64		0.950
	5.22		0.300

（续表）

试验编号	τ_1/MPa	τ_c/MPa	D_c/(10^{-2}mm)
u-10-6.52-c JRC=19	—	3.5	3.900
	4.20		3.225
	4.90		0.750
	5.60		0.700
	6.30		0.750
u-w-6.52-c 完整试样	—	4.75	49.800
	5.70		10.200
	6.65		9.414
	7.60		4.700
	8.55		2.750

另外，从表4.7中数据可以看出，经历同等应力水平（与峰值强度的百分比）的应力历史以后，JRC越大，蠕变量越大，但随着前期加载应力τ_1的增大，它们之间的差别越来越小。例如JRC=1时，经历2.82 MPa（60%峰值应力）应力历史以后，D_c的值为0.02 mm，而JRC=19时，从4.2 MPa卸载至3.5 MPa以后，D_c的值为0.032 25 mm，但是经历90%峰值应力再卸载至50%峰值应力的加卸载应力历史以后的蠕变变形，JRC=1时为0.002 5 mm，JRC=19时为0.007 5 mm，此时相差并不大。上述试验结果说明，加卸载以后，结构面的实际粗糙度（JRC）减小，经历较大前期应力以后，无论是JRC=1，还是JRC=19，JRC在剪切蠕变过程中实际发挥的作用降低，最后都趋于平整，其蠕变量也趋于相同。

2. 加卸载后蠕变参数变化特征

（1）参数n_c的变化特征

利用式（4.7）对加卸载后的蠕变曲线进行拟合，如表4.8所示。参数n_c的绝对值随前期加载应力τ_1的增大，整体表现为减小的趋势，这说明随着前期加载应力的增大，同样的蠕变应力条件下，蠕变速率的衰减速度整体具有减小的趋势。但是在试验u-1-6.52-c和u-4-6.52-c中，n_c的绝对值先减小后略有增大，如试验u-1-6.52-c，在未经历加卸载时，蠕变曲线达到稳定的时间较短，在经历稍低应力加载以后，n_c的绝对值减小，此时结构面蠕变速率的衰减速度减小，蠕变曲线需要更多的时间达到稳态；当前期加载应力在峰值强度的90%左右时，卸载后的蠕变曲线参数n_c绝对值变大。

之所以有上述变化，也是由结构面的应力和裂隙发展状态决定的。当未经历加卸载应力历史时，蠕变应力为峰值强度的50%左右，此时结构面所经历的应力历史的作用主要以压密和弹性变形为主，结构面剪切刚度增大，对变形的“阻尼”也就越大，因而蠕变速率的衰减速度也相对较快；而当结构面经历了较高应力历史以后，裂隙产生、发育并扩展，导致结构面刚度减小，结构面中会产生较多裂隙，使得结构面更容易变形，那么此时结构面在相应的蠕变应力条件下，蠕变速率的衰减速度变慢，即蠕变速率更难衰减，结构面需要较长的时间达到变形稳定。当前期应力水平τ_1比较高时，在加载过程中塑性变形已经释放了结构面内部的能量，并且裂隙发展达到一定程度时，结构面所能储存的弹性能减少，蠕变的初始速率也随之减小，进而结构面蠕变量减小，从弹性能的变化与蠕变量变化的一致性可以推测，结构面中弹性能才是岩石蠕变的“动力”。

表 4.8　加卸载后剪切蠕变试验拟合参数

试验编号	τ_1 /MPa	τ_c /MPa	v_c /(mm·h^{-1})	n_c	m_c /10^{-3}	D_c /(10^{-2}mm)
u-1-6.52-c $JRC=1$	—	2.35	0	−0.871	1.20	1.550
	2.82		7.98×10^{-19}	−0.650	1.63	2.000
	3.29		1.00×10^{-15}	−0.591	0.50	0.780
	3.76		1.00×10^{-19}	−0.417	0.35	0.700
	4.23		7.99×10^{-20}	−0.527	0.18	0.250
u-4-6.52-c $JRC=7$	—	2.9	2.57×10^{-19}	−0.832	3.68	4.400
	3.48		3.39×10^{-15}	−0.609	1.14	1.750
	4.06		2.71×10^{-22}	−0.443	0.63	0.600
	4.64		2.54×10^{-19}	−0.493	0.75	0.950
	5.22		0	−0.262	0.11	0.300
u-10-6.52-c $JRC=19$	—	3.5	7.61×10^{-7}	−0.825	3.20	3.900
	4.20		0	−0.637	2.47	3.225
	4.90		0	−0.584	0.53	0.750
	5.60		2.41×10^{-21}	−0.423	0.35	0.700
	6.30		5.99×10^{-18}	−0.068	0.13	0.750
u-w-6.52-c 完整试样	—	4.75	4.05×10^{-7}	−0.723	39.57	49.800
	5.70		5.25×10^{-19}	−0.663	8.33	10.200
	6.65		4.61×10^{-20}	−0.621	7.12	9.414
	7.60		0	−0.567	3.50	4.700
	8.55		8.64×10^{-9}	−0.503	1.25	2.750

（2）参数 m_c 的变化特征

如表 4.8 及图 4.19 所示，m_c 与蠕变量仍然呈良好的线性关系。随着前期加载应力 τ_1 的增大，m_c 逐渐减小，说明随着前期加载应力 τ_1 的增大，蠕变量减小。同样的应力水平下，m_c 的不同说明 m_c 不但与蠕变应力相关，也与应力历史相关。由前文的分析可知，在加卸载的过程中，试样的工程性质是劣化的，由于劣化的过程伴随着裂隙的发展，结构面裂隙越多，蠕变中可发展的裂隙越少，因此，经受较大的前期应力，压缩了蠕变“空间”，前期受到的应力越大，蠕变量越小，作为表征蠕变量的参数 m_c 也迅速减小。

另外，从 m_c 随 JRC 的衰减规律可以看出，JRC 越大，加卸载应力历史对其蠕变量的影响越剧烈，如完整试样时经历峰值应力的 90% 后的 m_c 是未经历应力历史时的 31.7 倍，而 $JRC=1$ 时为 6.7 倍。

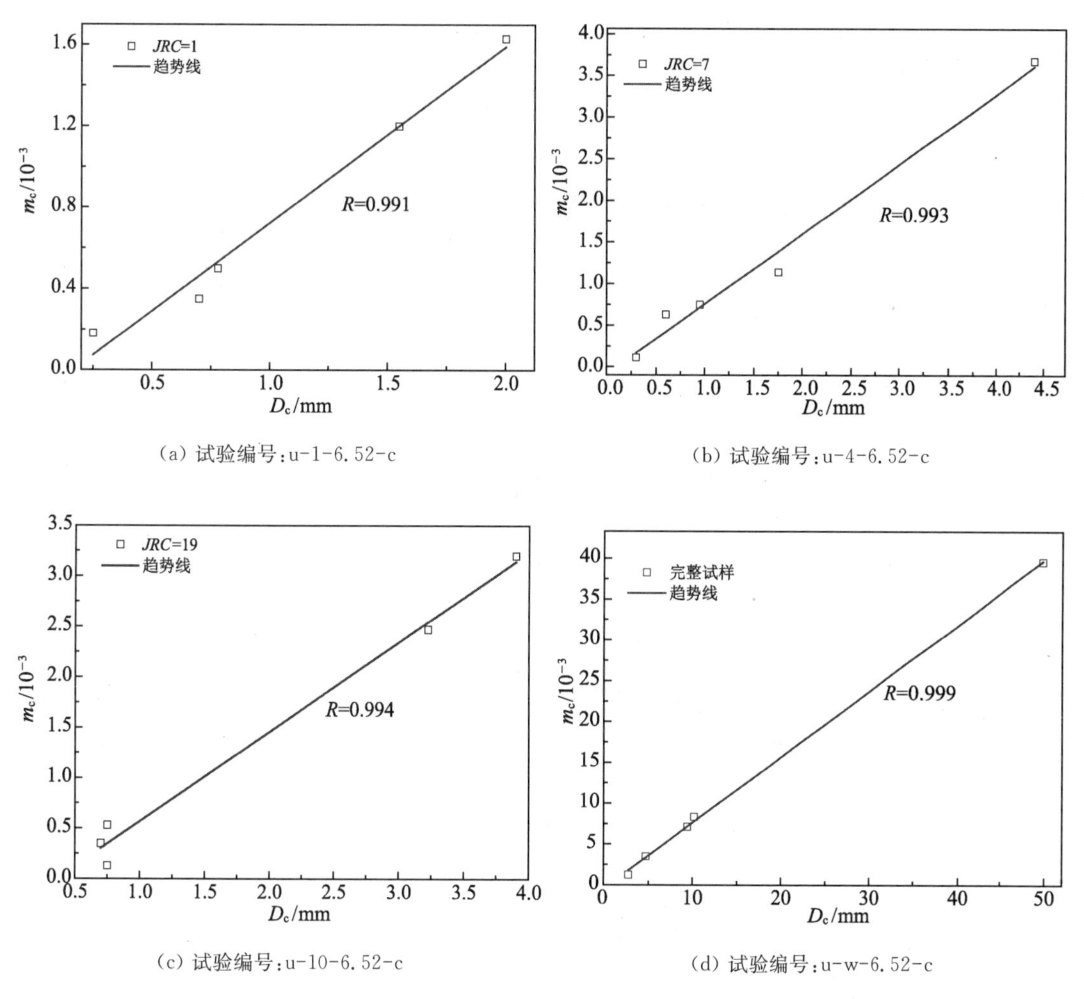

(a) 试验编号：u-1-6.52-c

(b) 试验编号：u-4-6.52-c

(c) 试验编号：u-10-6.52-c

(d) 试验编号：u-w-6.52-c

图 4.19 m_c 与蠕变量的关系

3. 加卸载后蠕变速率变化特征

根据上述拟合数据(表 4.8)，求解经历不同应力历史后的蠕变速率与时间的关系。如图 4.20 所示，随着前期加载应力 τ_1 的增大，卸载后蠕变速率从量值上逐渐减小，说明经历加卸载以后，蠕变速率也随之减小，特别是初始蠕变速率大幅度减小，速率减小也是导致蠕变量减小的原因，这种现象再次说明，加卸载应力历史使蠕变的“动力”减小。另外，随着 JRC 的增大，其蠕变速率的量值也会增大，并且 JRC 越大，应力历史对蠕变速率及蠕变速率曲线的形态影响也就越大，特别是完整试样，未经历加卸载 0.5 h 时的蠕变速率是经历最大加载应力 8.55 MPa 时的 36.7 倍。

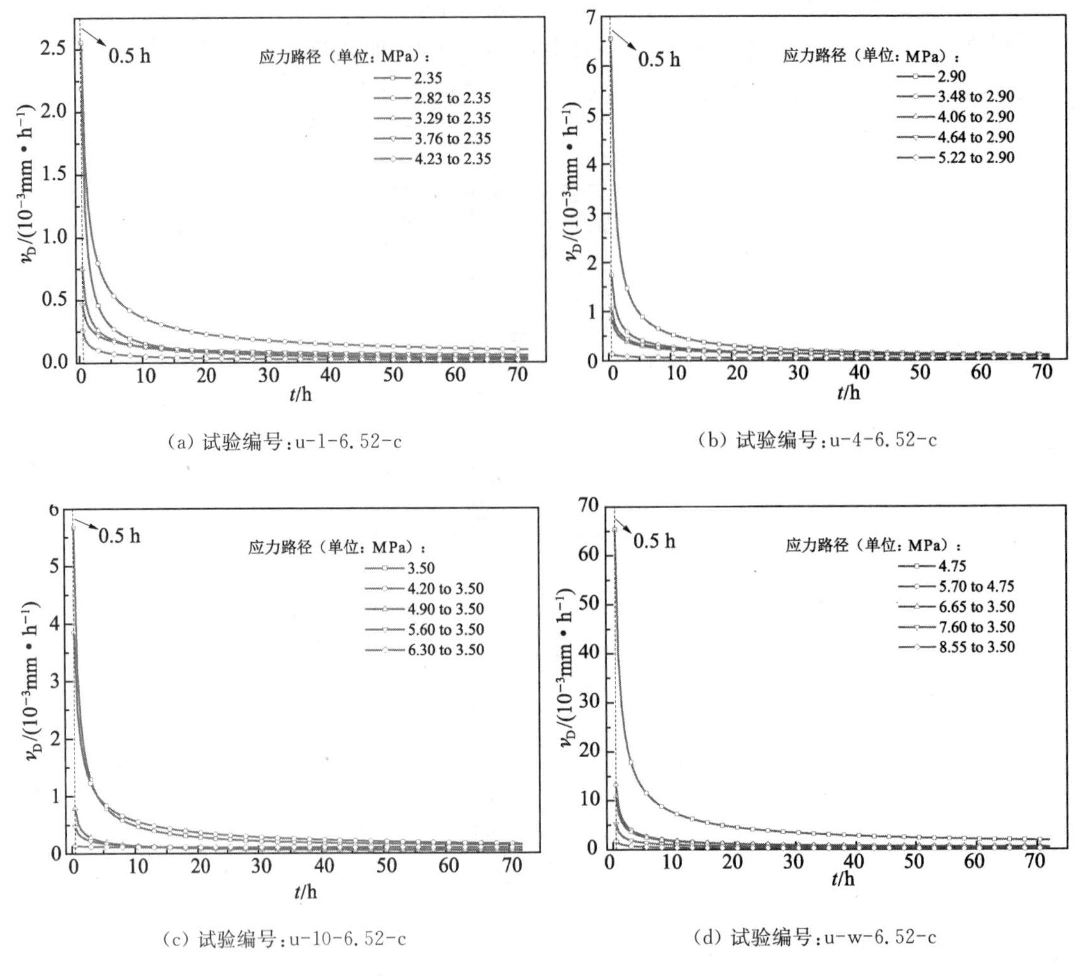

(a) 试验编号：u-1-6.52-c　　(b) 试验编号：u-4-6.52-c

(c) 试验编号：u-10-6.52-c　　(d) 试验编号：u-w-6.52-c

图 4.20　加卸载后蠕变速率随时间的变化规律

4.4.3　前期塑性变形与蠕变量的关系

对不同粗糙度的结构面加卸载蠕变试验应力-变形全过程曲线进行分析，如图 4.21 所示，ΔD 是由于加卸载产生的塑性变形，该变形为经历加卸载以后，比加载阶段多出的变形，按照弹塑性理论，该变形为塑性变形，τ_1 为加载应力的最大值，也是卸载开始时的应力，τ_c 为卸载阶段终点对应的应力，也是蠕变初始应力，约为峰值应力的 50%，D_c 为蠕变量，本节中是指 72 h 的蠕变量。蠕变阶段中的虚线表示，此阶段如果持续更长时间，蠕变量会继续增加。

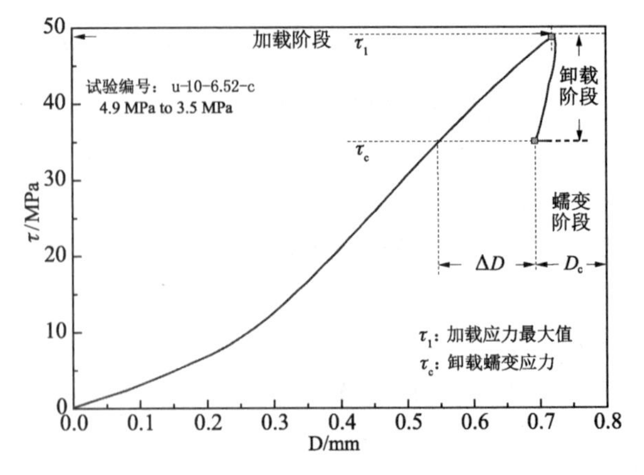

图 4.21　加卸载后蠕变应力-变形曲线

前期加卸载应力作用的结果是结构面在同样的应力 τ_c 下产生了 ΔD 的额外塑性变形，因此前期应力历史引起的岩石蠕变曲线的不同，其实是由 ΔD 引起的。为了继续深入探讨前期塑性变形与蠕变的关系，绘制 ΔD 与蠕变量的关系，如图 4.22 所示。

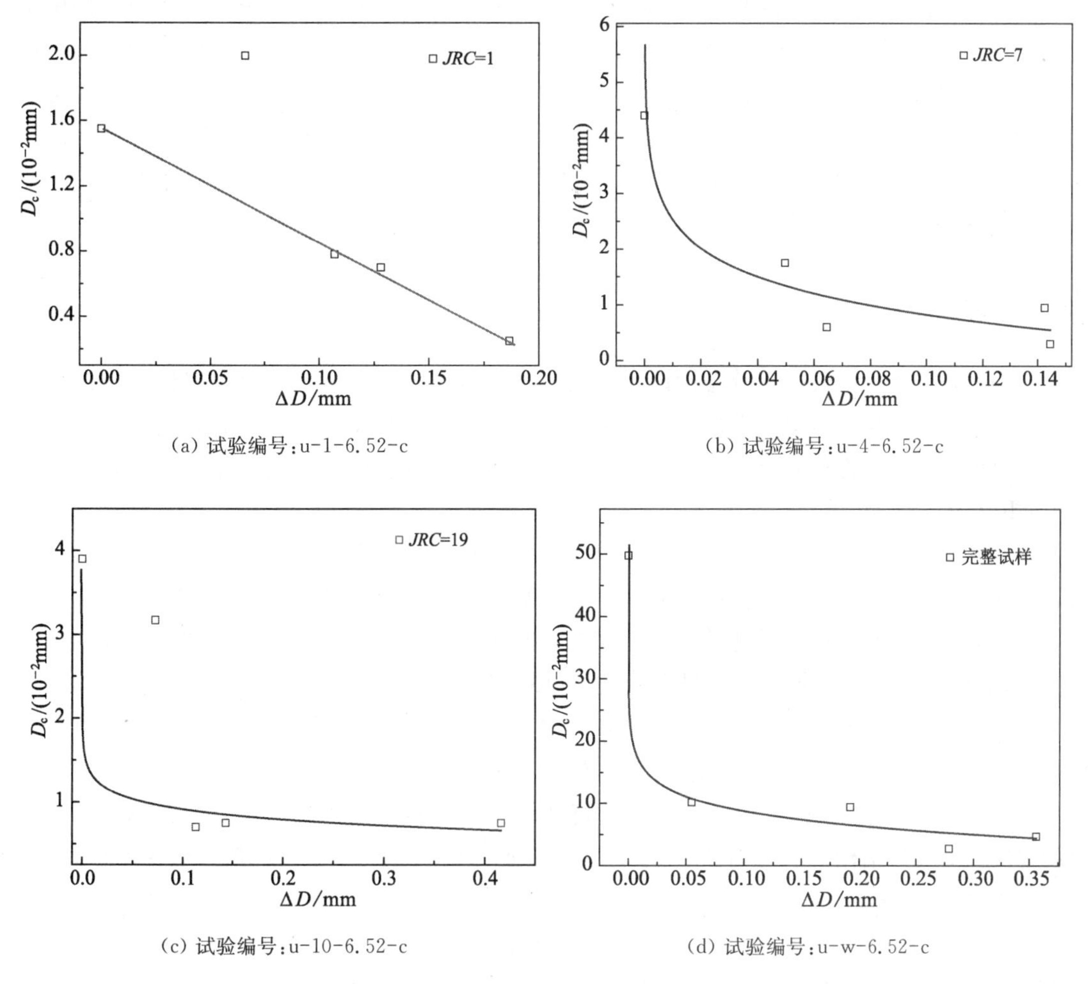

图 4.22　前期塑性变形与蠕变变形的关系

如图 4.22 所示，蠕变量是随着前期塑性变形的增大而减小的，并且随着 *JRC* 的增大，前期塑性变形对蠕变量的影响增大。如图 4.22(a)所示，*JRC*＝1 时，蠕变量 D_c 随着前期塑性变形 ΔD 的增大而减小，基本上呈现出一个较缓的线性关系，而当 *JRC* 较大时，二者就表现出了非线性关系，主要表现为随着前期变形 ΔD 的增大，蠕变量 D_c 首先迅速减小，之后趋于水平，并且前半段迅速减小的速度随着 *JRC* 的增大而显著地增大。因此，蠕变变形与前期塑性变形之间具有此消彼长的密切联系。

4.4.4　*JRC* 及法向应力对结构面剪切蠕变特性的影响机理

王煜曦等(2015)[143]对断裂岩石剪切蠕变过程中的声发射现象进行了研究，结果发现结构面剪切蠕变过程中存在着显著的声发射现象，并且蠕变过程中的声发射现象是随蠕变应力的作用时间规律性变化的。上述结论表明，结构面剪切蠕变过程中存在着比较典型的内部结构断裂以及裂纹的扩展现象，而裂纹扩展所引起的黏塑性变形是蠕变变形的重要组成部分，上述现象还印证了第3章中裂纹扩展是具有"时间效应"的推测。*JRC* 和法向应力的增大，实际上增加了剪切过程中剪齿效应的成分，为裂纹的扩展以及相应塑性变形的产生提供了必要的"空间"，同时 *JRC* 越大，也使结构面的储能能力增加，储存的弹性能为蠕变提供了"动力"，蠕变的形态取决于二者的关系。因此，*JRC* 及法向应力越大，结构面的蠕变性越强，而加卸载后的蠕变试验也验证了上述规律。加卸载应力历史导致了 *JRC* 的衰减，由于 *JRC* 可衰减的"空间"比较大，*JRC* 越大，经历加卸载应力历史以后，其蠕变性衰减得越剧烈。从影响程度上看，*JRC* 越大，蠕变量对前期塑性变形的影响越剧烈。

4.5 本章小结

本章通过分级加载蠕变试验探讨了蠕变的基本特征，对其经验本构模型进行了推导，并对本构模型中参数的物理意义进行了分析。此外还通过加卸载后蠕变试验研究了应力历史对结构面蠕变特性的影响，从而揭示了结构面蠕变机理。通过对上述成果进行分析，可以得到以下结论：

(1) 结构面蠕变曲线也分为三个阶段，即衰减蠕变阶段、稳态蠕变阶段及加速蠕变阶段，其中衰减蠕变阶段蠕变速率不断减小，稳态蠕变阶段的速率是有所波动的，但是在有限的时间内表现出了一定的线性关系，一旦进入加速蠕变阶段，蠕变速率快速增大，蠕变量迅速增加，加速蠕变阶段的时间与 *JRC* 有关，*JRC* 越大，该现象越剧烈。

(2) 根据分级加载剪切蠕变试验结果，蠕变量和蠕变速率随着应力的增大而增加，并且存在一个阈值，当蠕变应力高于此阈值时，蠕变量及蠕变速率会急剧增加。

(3) 蠕变经验本构模型可由蠕变速率特征得到的经验本构模型[式(4.7)]描述，该本构模型中参数 n_c 与结构面状态有关，主要控制蠕变速率的衰减速率，而 m_c 则与蠕变量有关。

(4) 根据加卸载后蠕变试验可知，蠕变量随着加卸载应力历史中前期加载应力 τ_1 的增大逐渐减小，这说明蠕变总量或通过蠕变释放的能量是一定的，前期的塑性变形消耗了蠕变的"动力"与"空间"，导致初始蠕变速率及可蠕变的"空间"减小，进而导致整体蠕变量减小，并且从上述结论可以推测，结构面中的弹性能是结构面蠕变的"动力"；*JRC* 越大，上述"空间"及"动力"越大，结构面的蠕变量越大，加卸载应力历史对结构面的蠕变性的影响也就越大。

(5) 结构面剪切蠕变仍然是 *JRC* 逐渐衰减的过程，并且由于 *JRC* 的动态发展，与蠕变应力共同作用导致了蠕变性的动态变化。随着蠕变应力的增大，结构面的蠕变性增大。

第 5 章
不同粗糙度结构面剪切应力松弛特性研究

5.1 引言

应力松弛是结构面时间效应的重要组成部分。蠕变定义为应力恒定时，变形随着时间增加而增加的现象，而应力松弛则定义为变形恒定时，应力随着时间的增加而减小的现象。在岩土工程中，应力松弛现象相当普遍，如岩土工程中的挡土墙、巷道及地下工程，往往会由于岩土内应力松弛而导致破坏，特别是地下工程开挖后，围岩应力状态重新分布以后，会经历较长时间的二次应力状态，岩体应力在施工期甚至在施工完成后很长时间内都会变化；又如当相邻刚度相对较小或支护结构刚度相对较小时，开挖后岩石会处于蠕变状态，而当相邻岩石刚度较大，或支护结构刚度较大时，开挖后岩石将处于理想的应力松弛状态。很多工程实践介于二者之间，既不是纯蠕变，也不是纯应力松弛，而是应力和应变随时间同时变化，因而要进行该类工程的设计或相应的计算时，除了考虑蠕变外，应力松弛特征及其作用机理也应给予足够的重视。

本章依然选取 Barton 标准剖面线作为人工模拟结构面的表面形态，并用水泥砂浆浇筑成试样，在岩石双轴流变仪上，进行结构面分级加载剪切应力松弛试验、加卸载后剪切应力松弛试验以及等应力循环剪切应力松弛试验，探讨结构面的剪切应力松弛特性及粗糙度对结构面应力松弛特性的影响，并通过研究结构面应力松弛特性随应力历史的变化特征，建立了塑性变形与松弛量的关系，探讨了结构面应力松弛机理。

5.2 试验方案

5.2.1 试验样品及试验设备

结构面剪切应力松弛试验仍然采用长春试验机研究所研制的 CSS - 1950 岩石双轴流变试验机，应力松弛试验选取 1 号，4 号，10 号结构面浇筑(图 4.1，$JRC=1,\ 7,\ 19$)，试验样品制作过程及方法同瞬时剪切试验(第 2 章)。为了对比蠕变和应力松弛试验，在制作过程中尽可能保证与蠕变试样的制作过程相同，如试样制作人员、试样材料、试样制作时的场地环境(如湿度和温度)及养护环境和龄期等。

为了进行试验对比，对完整试样也进行了浇筑，制作过程与上述结构面试样的制作过程相同。

5.2.2 分级加载剪切应力松弛试验

分级加载剪切应力松弛试验与分级加载剪切蠕变试样的试验过程基本类似，仅控制参数不同，该试验控制变形不变。如图 5.1 所示，结构面分级加载剪切应力松弛试验仍然在恒温恒湿的条件下进行，考虑到试验时间较长，并且此次研究的主要目的是探讨粗糙度对剪切应力松弛特性的影响，因而，法向应力选择单轴抗压强度的 30%，即 6.52 MPa，水平剪切应力的分级标准仍然参考瞬时剪切强度（表 2.2），按照瞬时剪切强度的 50%，60%，70%，80%，90%，100%（考虑结构面之间的差异性，部分结构面强度较大可以达到该强度值），选取应力松弛的初始应力，直到某一应力水平下，结构面在加载过程中破坏。试验过程中，法向应力保持恒定，每级应力按照 0.5 MPa/min 的加载速度加载至预定的应力水平后，保持变形 72 h 不变，然后施加下一级应力。试验过程中，通过伺服系统对试样法向及水平方向的应力和变形进行记录，分级加载剪切应力松弛试验如表 5.1 所示，表中破坏应力为试样在加载阶段的破坏应力。

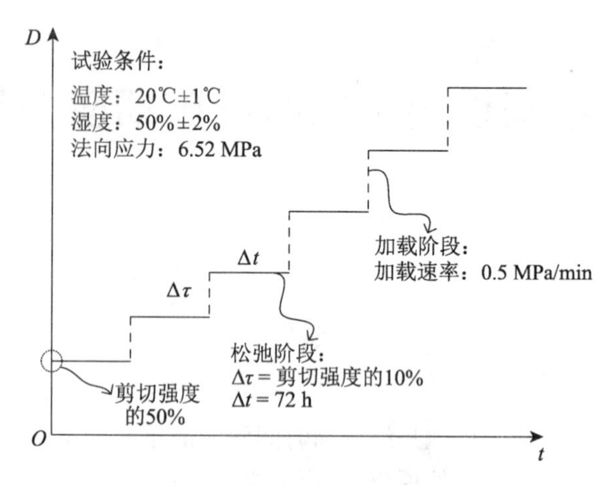

图 5.1　松弛试验加载过程示意图[145]

表 5.1　分级加载剪切应力松弛试验应力

JRC	试验编号	初始应力 τ_i/MPa	破坏应力/MPa
1	r-1-6.52	2.35，2.82，3.29，3.76，4.23，4.70	4.90
7	r-4-6.52	2.90，3.48，4.06，4.64，5.22	5.77
19	r-10-6.52	3.50，4.20，4.90，5.60，6.50，7.00	7.20
完整试样	r-w-6.52	4.75，5.70，6.65，7.60，8.55	8.90

5.2.3　等应力循环剪切应力松弛试验

为研究塑性变形及应力历史与应力松弛的关系，对结构面开展了等应力循环剪切松弛试验。该试验在恒温恒湿条件下进行，法向应力为单轴抗压强度的 30%，即 6.52 MPa，水平剪切应力则参考瞬时剪切强度（表 2.2）。如图 5.2 所示，按照瞬时剪切强度的 90% 选取水平加载应力（τ_r），每次按照 0.5 MPa/min 的速度加载至剪切强度的 90%（表 5.2），然后保持变形不变，应力松弛持续 24 h 以后将应力再次加载至剪切强度的 90%，仍然保持位移不变，如此循环 10～12 次。在试验的全过程中，法向应力保持恒定。

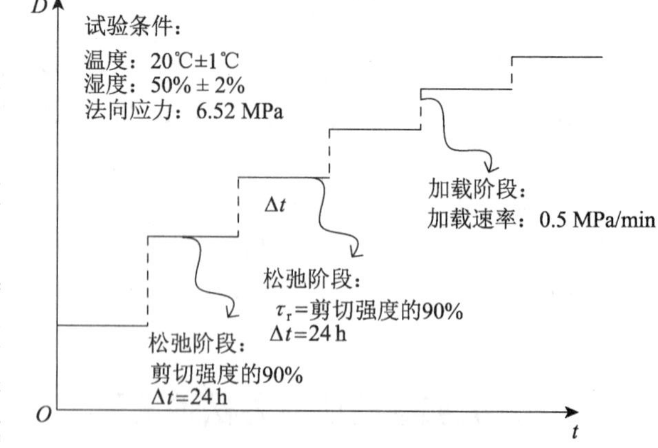

图 5.2　等应力循环松弛试验过程（*D* 为剪切变形）[146]

表 5.2　等应力循环松弛试验应力

JRC	试验编号	τ_r /MPa
1	cy-1-6.52	4.23
7	cy-4-6.52	5.22
19	cy-10-6.52	6.50
完整试样	cy-w-6.52	8.55

5.2.4　加卸载后剪切应力松弛试验

为了进一步研究应力历史对结构面应力松弛特性的影响，对结构面开展了加卸载后的剪切应力松弛试验。该试验仍然在恒温恒湿条件下进行，法向应力为 6.52 MPa（单轴抗压强度的 30%），水平剪切应力则参考瞬时剪切强度，首先加载至预定应力（瞬时剪切应力的 60%，70%，80%，90%，参照表 5.3），然后卸载至峰值应力的 50%，之后保持变形不变进行应力松弛试验，试验保持 72 h，试验路径如图 5.3 所示。

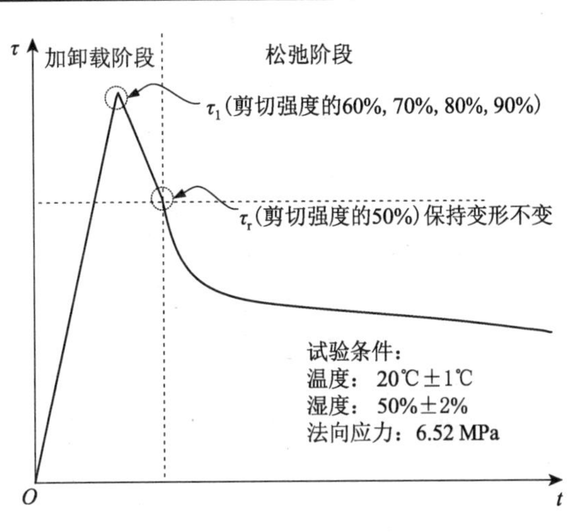

图 5.3　加卸载后松弛试验剪切应力与时间的关系图

表 5.3　加卸载后剪切应力松弛试验应力

JRC	试验编号	τ_1 /MPa	τ_r /MPa
1	u-1-6.52-r	2.82, 3.29, 3.76, 4.23	2.35
7	u-4-6.52-r	3.48, 4.06, 4.64, 5.22	2.90
19	u-10-6.52-r	4.20, 4.90, 5.60, 6.50	3.50
完整试样	u-w-6.52-r	5.70, 6.65, 7.60, 8.55, 9.00	4.75

5.3　结构面剪切应力松弛特征及其本构模型

5.3.1　分级加载剪切应力松弛试验全过程曲线

按照上述试验方案，分级加载应力松弛试验共涉及 4 个试样，其中 1 号结构面、10 号结构面分别进行了 6 级试验，在第 7 级试验时，试样在加载过程中破坏，而 4 号结构面和完整试样进行了 5 级松弛后，在第 6 级加载段发生破坏。图 5.4 所示为分级加载剪切应力松弛试验的全过程曲线。

从分级加载剪切应力松弛全过程曲线中可以看出：

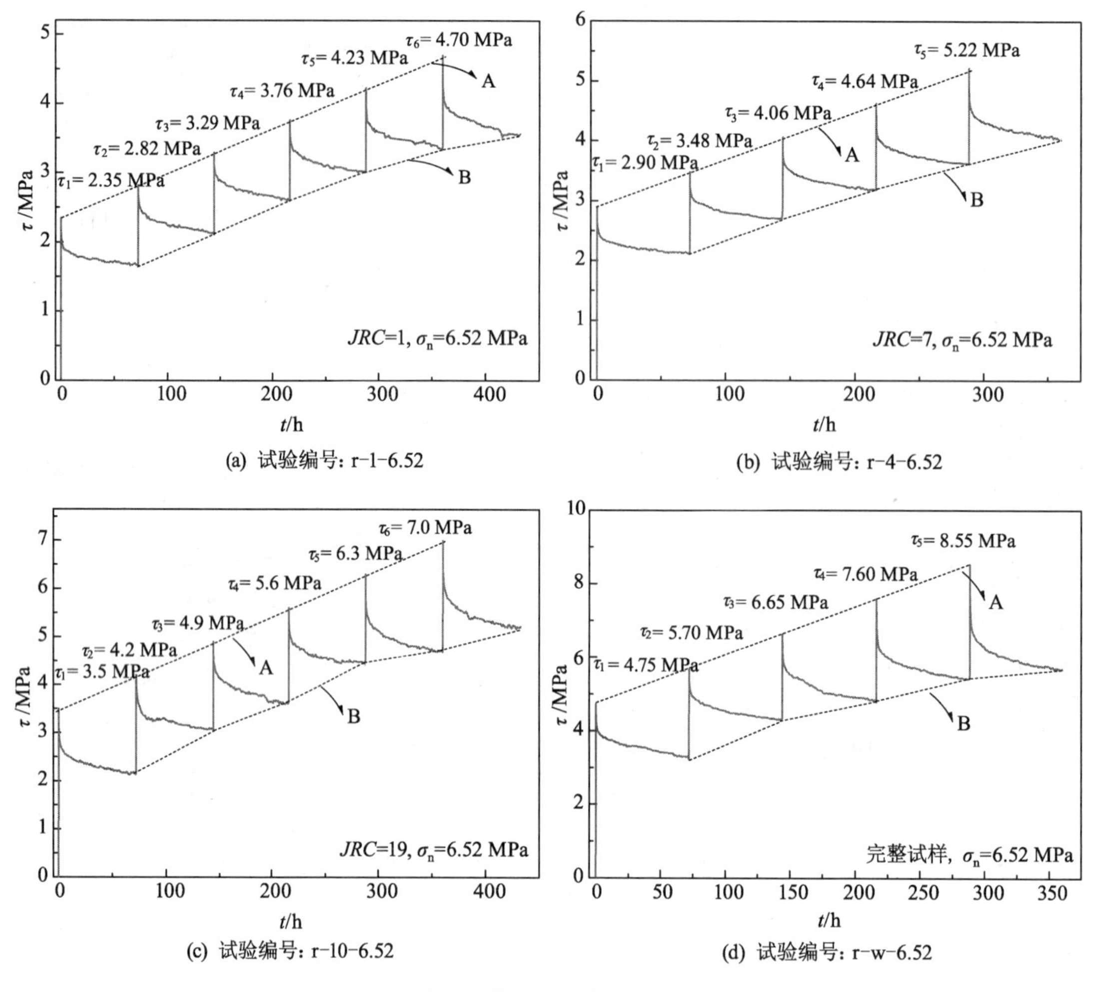

(a) 试验编号：r-1-6.52 (b) 试验编号：r-4-6.52

(c) 试验编号：r-10-6.52 (d) 试验编号：r-w-6.52

图 5.4 分级加载剪切松弛试验全过程曲线

(1) 不同粗糙度结构面的剪切应力松弛曲线的形态基本相似，即应力随时间减小，最后趋于平缓，这表明应力松弛速率也随时间逐渐减小。

(2) 在分级加载情况下，每级应力对应的松弛应力随着初始应力的增大而增大，但不是线性增加的，如图 5.4 中 A、B 虚线所示，初始应力（曲线 A）线性增加，剩余应力（剩余应力为应力松弛以后尚存在于结构面内部的应力，即传感器的视值）的连线（曲线 B）为非线性，即初始应力越大，松弛的应力越多，剩余应力的连线呈下凹形曲线（曲线 B）。

(3) 应力松弛曲线具有一定波动性，并不是光滑的，如图 5.4(c)所示，松弛曲线表现出了比较强的波动性。

(4) 图 5.5 为总松弛应力（$\Delta\tau$）与初始应力（τ_i）的关系，从图中可知，随着初始应力的增大，初始阶段应力松弛量并不大，但松弛应力随着初始应力的增大先略有减小后增大，应力超过某个阈值以后，松弛应力急剧增大。上述情况与加载过程中，结构面的应力及变形状态有关。根据第 2 章的研究成果可知，结构面在较低应力水平下为压密状态，弹性变形为变形的主要部分，整个结构面的剪切刚度增大，结构面的力学性质呈现“硬化”的趋势，此时试样本身的储能能力增加，抗破坏能力增强，相应的试样释放应力的能力降低，因而出现了松弛应力($\Delta\tau$)减小的情况。但当应力超过一定值时，结构面中裂隙出现不稳定发展，并且新的裂隙也开始产生，即塑性变形成为主要的变形方式，结构面剪切刚度开始减小，结构面工程性质开始劣化，其储能能力减弱，因而，高初始应力条件下一方面造成了裂隙的发展，进而增加了应力松弛的通道，试样对应力的“束缚”能力降低，并降低了结构面的储能能力；另一方面又提供了较大的能量输入，结构面需要释放更多的能量以保持试样的相对稳定，因而释放的应力较多。

另外，松弛应力($\Delta\tau$)从减小到增大的转折点与 *JRC* 密切相关，如图 5.5 所示，随着 *JRC* 的增大，该转折点对应的应力比(初始应力 τ_i/峰值应力 τ_s)减小。

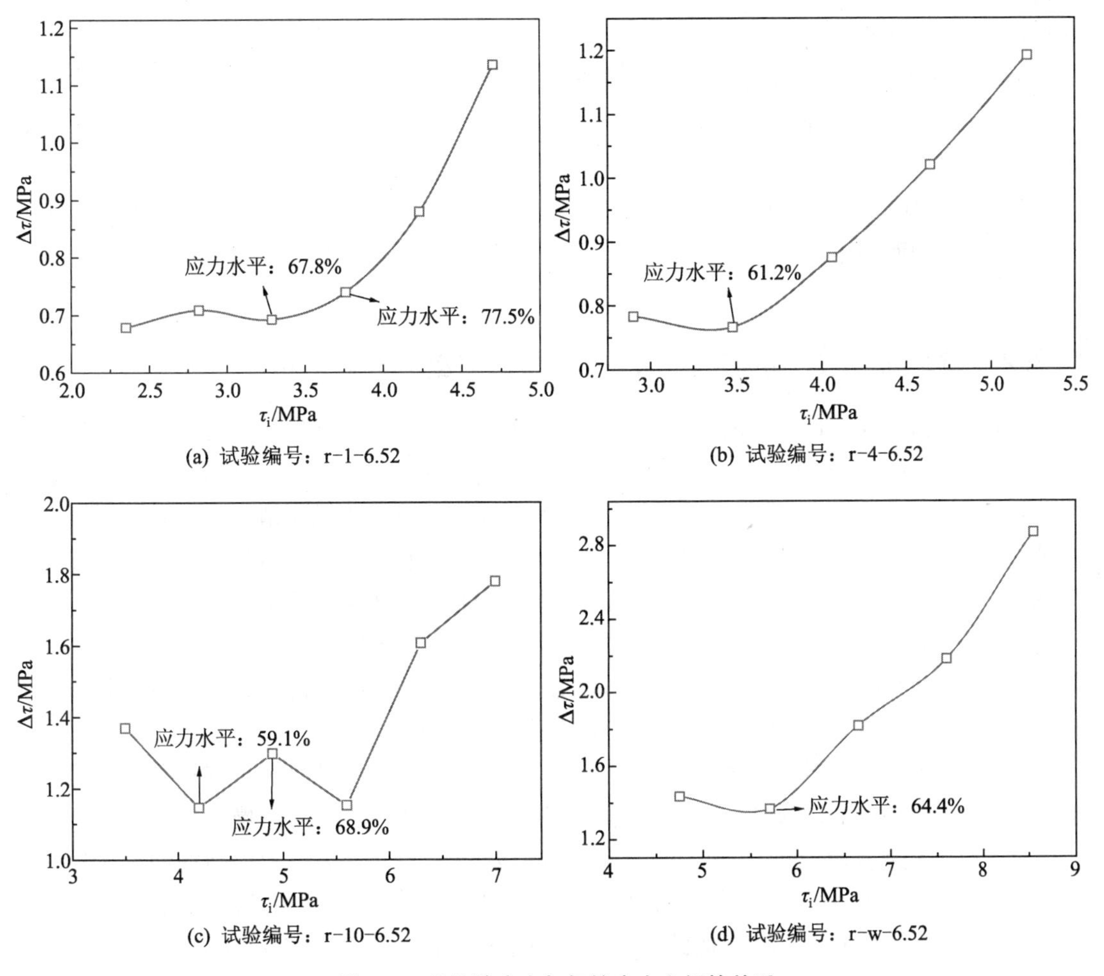

图 5.5　总松弛应力与初始应力之间的关系

(5) 为了更清楚地反映松弛应力与 *JRC* 的关系，图 5.6 中给出了松弛应力与初始应力的比值与应力比(初始应力/峰值应力)的关系，换算为比例关系以后，上述现象更加明显，随着初始应力(τ_i)的增大，松弛应力($\Delta\tau$)与初始应力(τ_i)的百分比随着初始剪切应力的增大先减小后增大，并且随着 *JRC* 的增大，该现象越来越明显。拟合后，其转折点的应力比与 *JRC*

相关，即 JRC 越大，结构面释放的应力百分比越大，该转折点初始应力/峰值应力的比值也就越低。

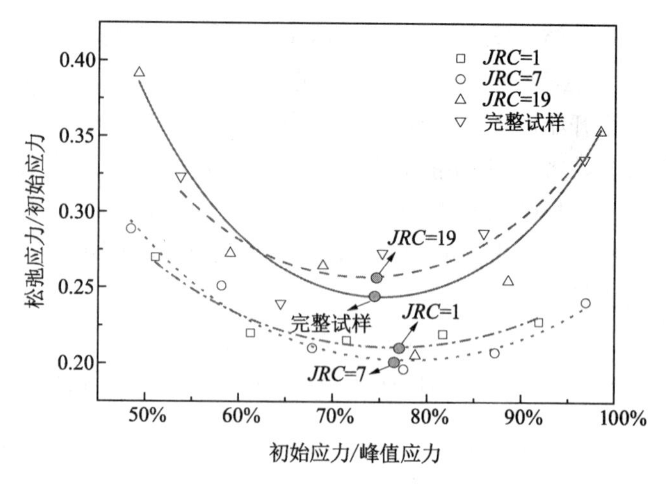

图 5.6　松弛应力/初始应力与初始应力/峰值应力的关系

上述现象表明，当裂隙扩展不是优势变形方式时，初始阶段的硬化现象导致试样应力松弛能力减弱，而当应力大于阈值应力以后，由于裂隙的不稳定发展，试样工程性质劣化，结构面的应力松弛能力增强，并且当 JRC 较大时，由于结构面粗糙度的增大以及结构面切齿效应的增加，剪切过程中可硬化或裂纹发展的“空间”增加，这也是 JRC 越大，结构面“松弛能力”随应力的增大而变化幅度较大的原因。

从上述论述可知，结构面的塑性变形、裂隙的发生和开展等是引起结构面应力松弛的重要因素，而结构面的粗糙度越大，JRC 所能提供的应力松弛“空间”也越大，其松弛量也越大，应力对其松弛特征的影响也就越大。

5.3.2 分级加载剪切应力松弛曲线及应力松弛速率特征

根据田光辉等(2017)[144]的研究成果，分级加载剪切应力松弛曲线不受前一级的影响，因而不需要对其进行叠加。图 5.7 为分级加载剪切应力松弛曲线和应力松弛速率随时间的变化特征曲线。从应力松弛曲线的形态出发，大部分应力松弛曲线光滑，表现出了连续性的松弛特征，但是部分松弛曲线，如图 5.7 中标注的 A 处发生了应力突然跌落的阶梯形变化，如图 5.7(e)(试验 r－10－6.52，初始应力 4.9 MPa)曲线中出现了局部的阶梯状，图 5.7(c)(试验 r－4－6.52，初始应力 5.22 MPa)曲线中出现了短暂应力增大的现象，这是由于“突出物”裂隙的突然发展或岩桥的突然断裂造成的。对应力松弛曲线上的各点求导，可得到应力松弛速率曲线，如图 5.7(b)，(d)，(f)，(h)所示，从图中可以看出：

(1) 应力松弛速率在试验初始阶段比较大，但其衰减速度非常快，在较短时间内，速率衰减达到一定程度之后开始比较缓慢地衰减，并且衰减的速率也越来越慢。

(2) 应力松弛速率衰减到一定值(R_1到 R_2的转换点，R_1，R_2为应力松弛的两个阶段)以后，其衰减速率比较缓慢，在一定时间内，看不出明显的变化，可以认为该阶段的松弛速率相等，反映在松弛曲线上为一段近似的线性段。但是整个阶段的应力松弛速率仍然具有减小的趋势，最终减小为 0，反映在松弛曲线上，表现为近似水平。

从图 5.7(a)，(c)，(e)，(g)中标注的转折点前后的松弛曲线形态可以看出，在初始应力作用后，应力快速减小，在很短的时间内，表现出了应力跌落的形态，之后应力松弛曲线开始变得较为平缓，此阶段可以认为是松弛的第一阶段(R_1)，该阶段应力松弛曲线表现出了非常明显的非线性特征。

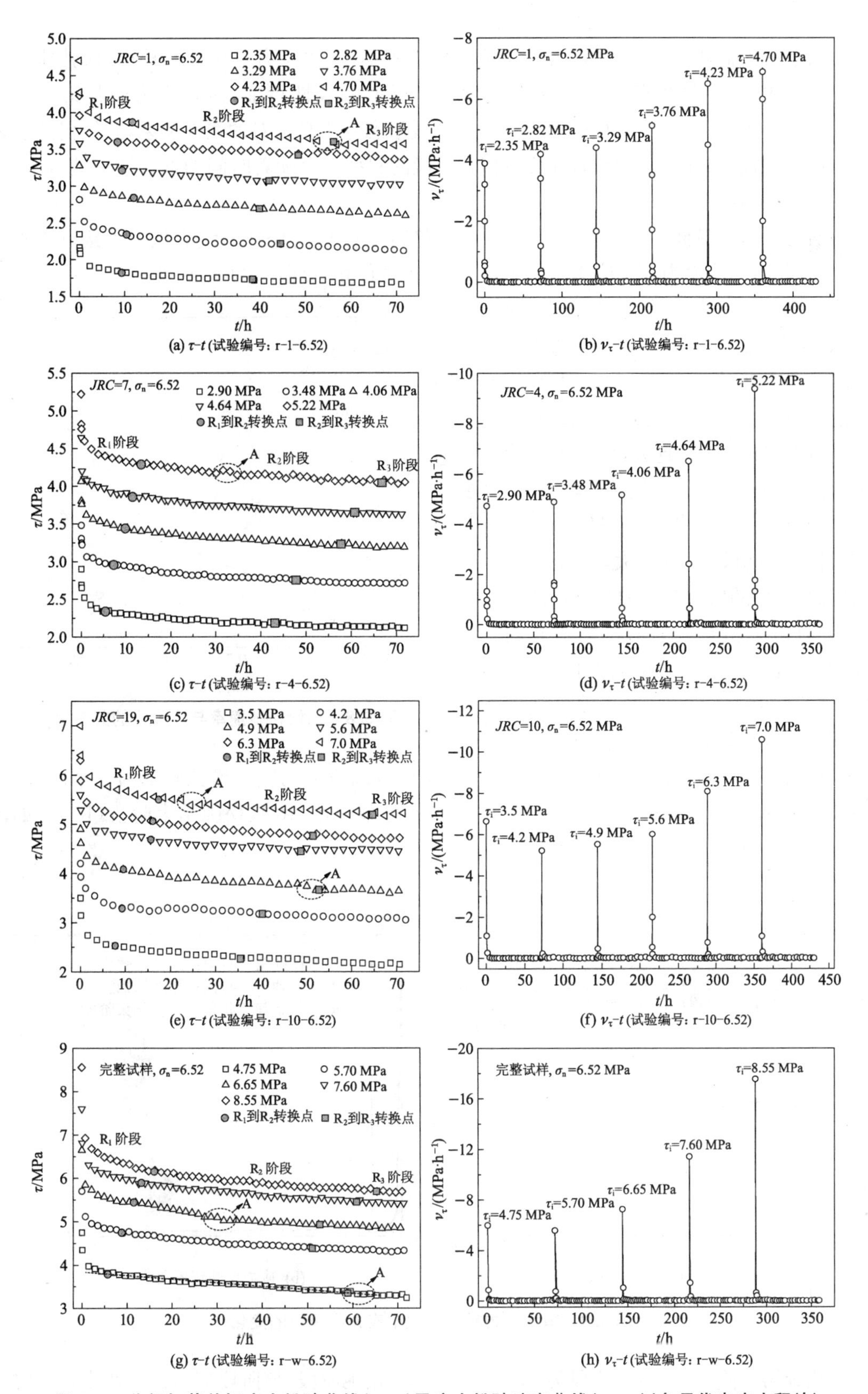

图 5.7　分级加载剪切应力松弛曲线($\tau-t$)及应力松弛速率曲线($v_\tau-t$)(负号代表应力释放)

当应力松弛到一定程度后，由于松弛速率比较小，导致应力变化程度较小，松弛速率的变化幅度比较小，曲线在有限时间内表现出了近似的线性特征，该阶段为松弛第二阶段（R_2）。需要说明的是，应力松弛第二阶段的曲线形态并不是绝对的线性关系，曲线仍然会表现出局部的跌落和震荡的形态，并且近似直线段的斜率也会随着时间的推移缓慢地减小，其整体仍然是趋向于水平。

当松弛速率降低到一定程度以后，其量值趋向于0，应力松弛曲线表现出了接近于水平的形态，此时结构面内部的应力基本不再调整，松弛停止，该阶段为R_3阶段。

图5.8所示为初始速率与应力比（初始应力/峰值应力）的关系，初始速率随应力的增大而增大，当应力水平超过某个级别时，速率会迅速地增大，并且可以看出，*JRC*越大，该现象越明显，特别是完整试样以及*JRC*较大时，同样的应力百分比条件下，*JRC*越大，应力松弛的初始速率越大，这是由于结构面*JRC*的增大会增加其储能的能力，同时由于初始应力的量值也相对较大，结构面储存了大量的弹性能，形成了较高的弹性势能，在开始松弛的瞬间，初始速率也相对较大。

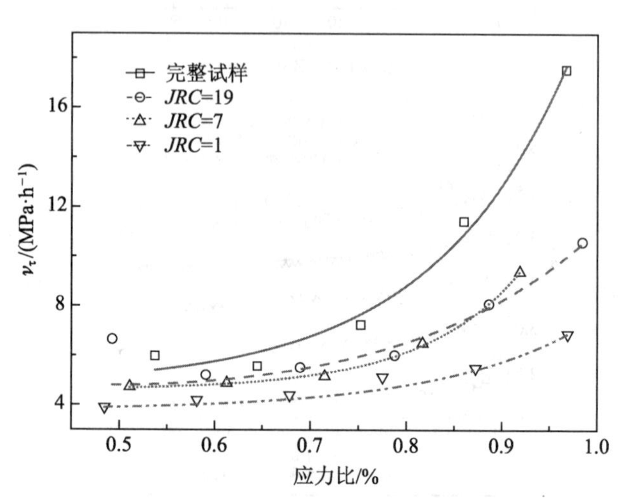

图5.8 初始松弛速率与应力比的关系

根据应力松弛曲线以及松弛速率曲线的特征可以将剪切应力松弛归纳为三个阶段，即图5.8中的非线性衰减应力松弛阶段（R_1），稳态松弛阶段（R_2），松弛结束阶段（R_3）。如图5.9所示，三个阶段的特征分别如下：

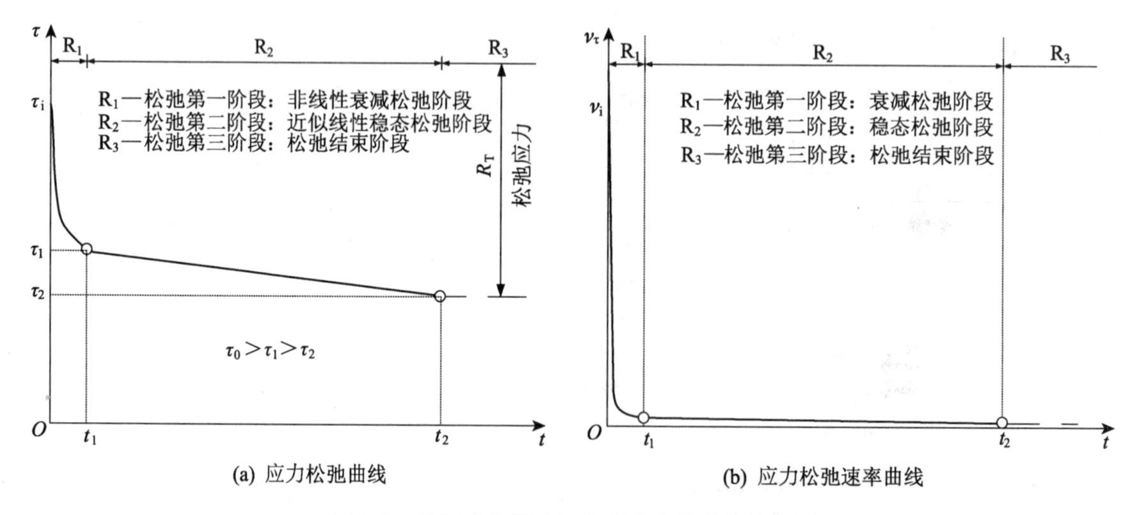

图5.9 剪切应力松弛过程中应力及速率的变化

松弛第一阶段（R_1）：该阶段为非线性衰减应力松弛阶段，该阶段应力松弛速率在短时间内衰减，并且初始阶段衰减得十分明显，当松弛持续一段时间以后，衰减速率减慢，整个过程中，应力松弛速率曲线与应力松弛曲线均表现出了比较明显的非线性特征。

松弛第二阶段(R_2)：该阶段为稳态应力松弛阶段，此阶段曲线为近似线性松弛阶段，该阶段松弛速率具有减小的趋势，但是松弛速率的衰减速度十分缓慢，因而在一定的时间内可以认为该阶段的速率是稳定的，而应力松弛曲线在这一阶段也表现出了近似线性关系，对于松弛来说，最终松弛速率会降为0。

松弛第三阶段(R_3)：该阶段应力松弛速率降为0，应力松弛结束，应力不再变化，整个试样在该应力和变形条件下可以保持稳定，不发生任何变形和应力的变化。

5.3.3　剪切应力松弛经验本构模型

与蠕变试验相同，对于应力松弛试验，主要关注以下两个方面：

(1) 松弛应力的大小或剩余应力的大小。这是应力松弛的最终结果，是表示“松弛能力”的重要特征。

(2) 松弛的持续时间或松弛速率的衰减速度。松弛速率衰减速度快，松弛持续时间较短，而当松弛速率衰减速度较慢时，松弛持续的时间则相对较长，此时从松弛到稳定状态也需要花费比较长的时间，该性质与试样材料及其本身的状态有关。

本节从松弛速率的特征出发，建立应力松弛速率与时间的经验关系，进而推导应力松弛本构模型，模型中的两个参数可直接反映上述两个方面的特征。

1. 经验模型推导

如图5.10所示，结构面应力松弛速率的值随着时间的增加，逐渐减小，并且趋于稳定，该特征在曲线形态上与蠕变速率曲线基本相似。因而同样可以采用与蠕变速率曲线相同的表达式(5.1)描述其变化。

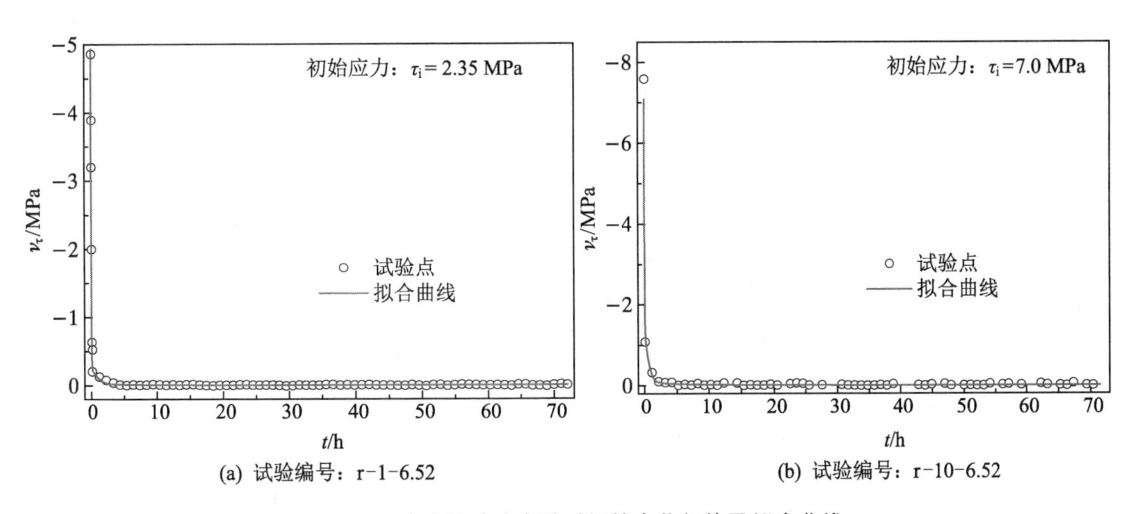

图5.10　应力松弛速率随时间的变化规律及拟合曲线

$$v_\tau = m_r t^{n_r} + v_r \tag{5.1}$$

式中，v_τ为松弛速率，$v_\tau < 0$，负号表示应力释放；t为松弛时间，$t > 0$；v_r为t趋向于无限大时最终的松弛速率，$v_r<0$；m_r，n_r 为拟合参数，m_r，$n_r<0$；$m_r t^{n_r}$ 为速率衰减函数。

令 $v_{\tau d}=-m_r t^{n_r}$，则

$$\ln v_{\tau d}=\ln(-m_r)+n_r\ln t \tag{5.2}$$

从式(5.2)中可以看出，应力松弛速率衰减量的自然对数与时间的对数呈线性关系，而 n_r反映了该函数衰减的速度，n_r的绝对值越大，证明应力松弛速率衰减得越快，应力松弛进入第二阶段的时间也就越短，当 n_r的绝对值较小时，应力松弛第一阶段持续的时间越长，松弛速率衰减得越慢。

为了对式(5.2)的效果进行研究，以试验 c-10-6.52 中剪切应力为 3.5 MPa 时的参数值作为基准参数，如表 5.4 所示，改变其中一个参数，保持其他两个参数不变，得到不同参数影响下的应力松弛曲线，如图 5.11 所示。由于速率变化较大，为了更好地表述松弛速率的衰减过程，图中的起始时间为 1 h。

表 5.4　　基准参数

应力/MPa	v_r/(mm·h^{-1})	n_r	m_r
3.5	3.07×10^{-20}	−0.83	−0.113

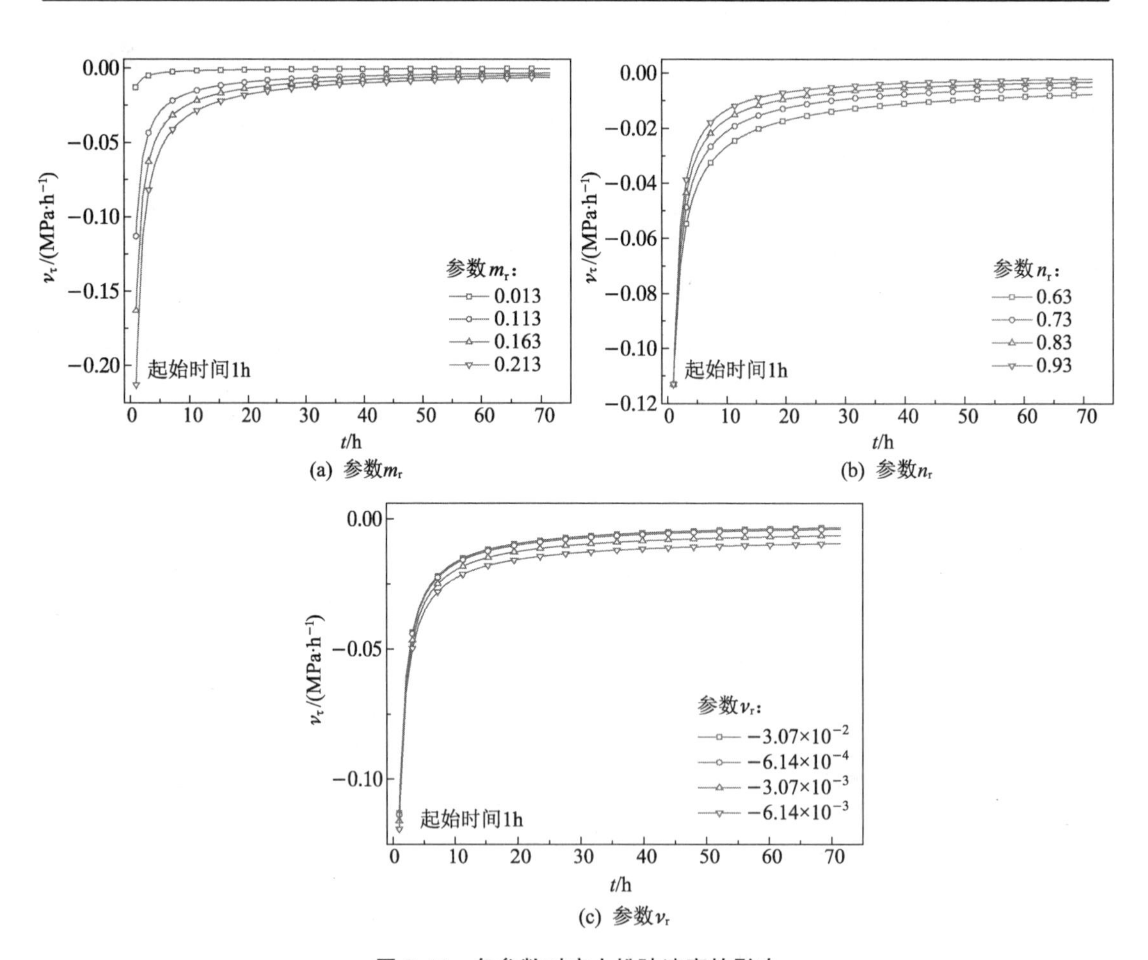

(a) 参数m_r　　(b) 参数n_r

(c) 参数v_r

图 5.11　各参数对应力松弛速率的影响

从图 5.11 中可以看出，随着 n_r 绝对值的增大，应力松弛速率随时间降低的速度更快，说明此时应力松弛速率很快衰减到了较低的水平，应力松弛达到稳定的时间较短，试样的应力松弛能力减弱，即抗松弛能力增强。

参数 m_r 对应力松弛的影响主要表现在初始速率上，即衰减曲线的前半段上，由图 5.11(b)可知，当 m_r 的绝对值较大时，应力松弛速率的量值就较大，m_r 控制整个松弛速率的量级，但是衰减曲线的形状基本不变。

参数 v_τ 对最终的应力松弛速率的影响较大，但其变化不影响整个曲线的形状。

式(5.1)可写成：

$$\frac{\mathrm{d}\tau}{\mathrm{d}t} = m_r t^{n_r} + v_r \tag{5.3}$$

对式(5.3)进行积分可得：

$$\tau = \frac{m_r}{(n_r + 1)} t^{n_r + 1} + v_r t + \tau_i \tag{5.4}$$

式中，τ_i 为积分常数，定义为应力松弛的初始应力。

利用式(5.4)对试验曲线进行拟合[图 5.12(a)，(c)]，并将拟合松弛试验曲线得到的参数用于求解应力松弛速率与时间的关系[图 5.12(b)，(d)]。无论是拟合还是参数反算的应力松弛速率曲线，都与试验数据接近，表现出了良好的拟合效果。

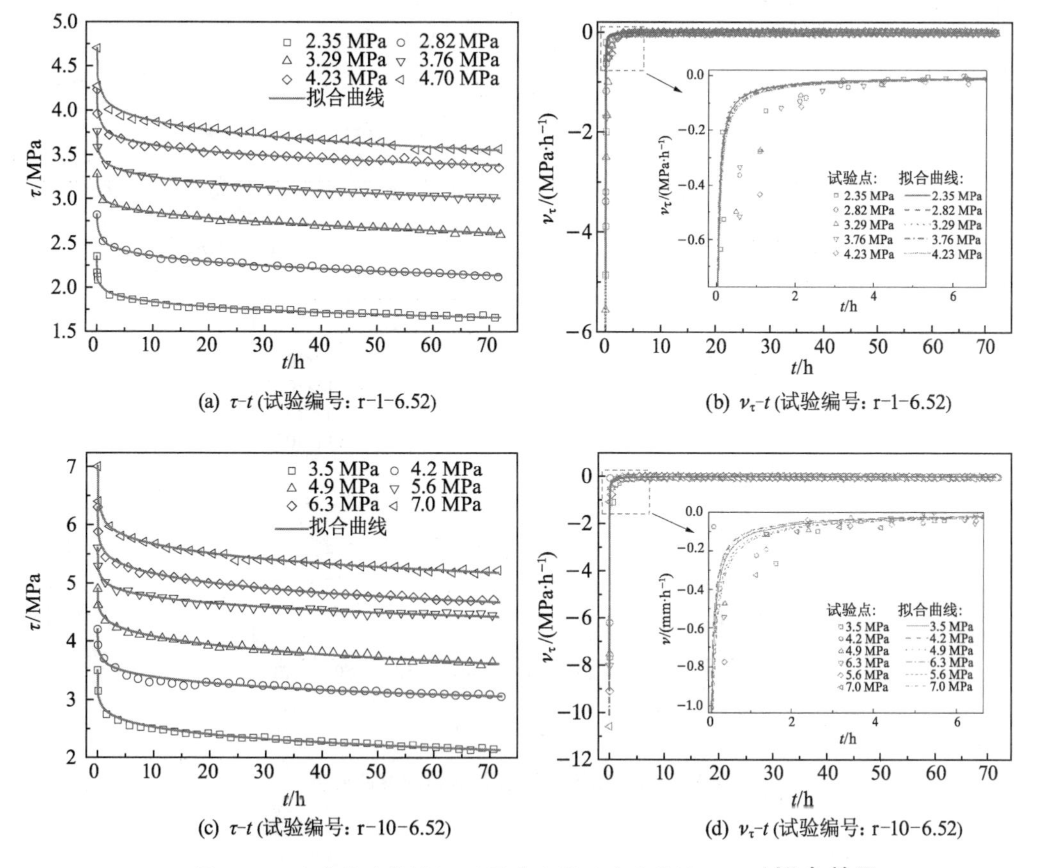

图 5.12　应力松弛曲线(τ-t)及应力松弛速率曲线(v_τ-t)拟合效果

2. 经验模型参数分析

为了了解模型中各参数变化对应力松弛曲线的影响，对式(5.4)中的参数进行敏感性分析。基准参数仍然选取表5.4中的参数。如图5.13所示，参数 n_r、m_r、v_r 对松弛曲线的影响如下：

参数 n_r 的变化，改变了应力松弛曲线的形态，参数 n_r 的绝对值越大，速率衰减得越快，即松弛曲线越快出现稳态松弛阶段，曲线快速进入稳态松弛阶段，并且稳态松弛阶段的斜率减小，即此时稳态松弛阶段的速率减小。

参数 m_r 对曲线形态的影响并不大，主要影响松弛量的大小，其功能是将基准松弛曲线成倍地放大或者缩小，同时也影响松弛速率。m_r 越大，松弛速率的量级就越大，但不影响应力松弛曲线的基本形态。

参数 v_r 主要影响稳态松弛曲线的斜率，在其他两个参数不变的情况下，参数 v_r 越大，稳态松弛阶段的斜率就越大，相应的稳态松弛速率也就越大。

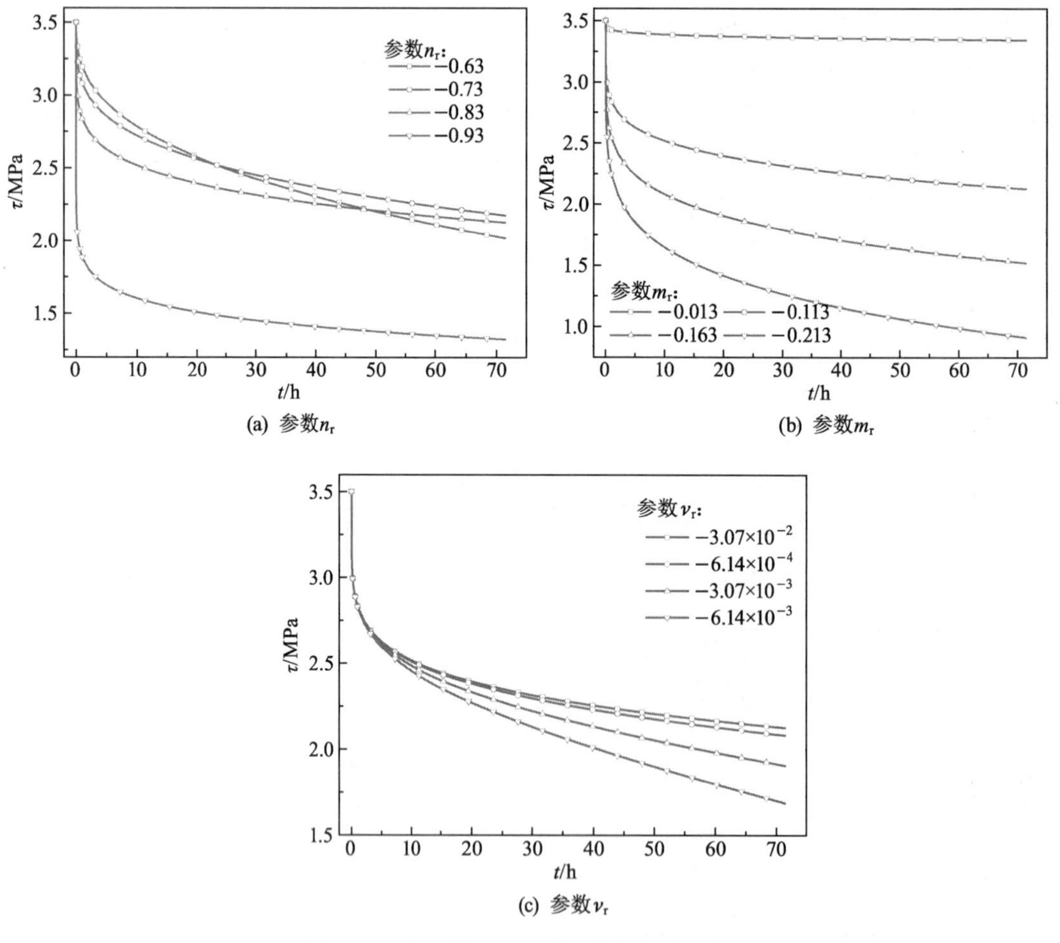

(a) 参数n_r　　(b) 参数m_r

(c) 参数v_r

图5.13　应力松弛经验模型参数敏感性分析

5.3.4 参数物理意义及剪切过程中应力松弛性能的动态演化

利用式(5.4)对试验曲线进行拟合,拟合参数列于表5.5。

表5.5 分级加载剪切应力松弛试验拟合参数

试验编号	JRC	τ_i/MPa	v_r/(MPa·h^{-1})	n_r	m_r/10^{-2}	R
r-1-6.52	1	2.35	7.44×10^{-22}	−0.852	5.41	0.995
		2.82	2.25×10^{-4}	−0.815	5.59	0.996
		3.29	1.04×10^{-3}	−0.831	4.83	0.996
		3.76	2.25×10^{-21}	−0.805	6.37	0.992
		4.23	3.25×10^{-21}	−0.843	6.80	0.977
		4.70	3.80×10^{-5}	−0.830	9.42	0.957
r-4-6.52	7	2.90	2.71×10^{-22}	−0.852	6.19	0.989
		3.48	7.16×10^{-18}	−0.824	6.49	0.997
		4.06	5.04×10^{-4}	−0.841	6.78	0.998
		4.64	2.70×10^{-4}	−0.853	7.89	0.994
		5.22	3.79×10^{-4}	−0.868	8.58	0.998
r-10-6.52	19	3.50	3.07×10^{-20}	−0.826	11.30	0.980
		4.20	3.68×10^{-19}	−0.826	9.43	0.976
		4.90	2.39×10^{-4}	−0.823	10.91	0.990
		5.60	1.27×10^{-21}	−0.825	9.77	0.985
		6.30	2.83×10^{-21}	−0.818	13.58	0.990
		7.00	3.92×10^{-20}	−0.841	14.72	0.997
r-w-6.52	完整试样	4.75	3.79×10^{-4}	−0.868	8.58	0.998
		5.70	4.55×10^{-4}	−0.819	11.36	0.998
		6.65	1.02×10^{-3}	−0.812	14.86	0.993
		7.60	6.57×10^{-20}	−0.844	17.53	0.969
		8.55	2.70×10^{-16}	−0.874	21.20	0.999

根据表5.5的拟合参数,参数 v_r量值很小,接近于0,这表明应力松弛最终会停止。

参数 n_r的变化不大,但是仍然有一些比较明显的规律。n_r的绝对值较大时,应力松弛速率衰减较快,应力松弛曲线达到稳定的时间较短;n_r的绝对值较小时,应力松弛速率衰减较慢,试样需要持续松弛较长的时间才能达到稳定状态。如图5.14所示,随着松弛应力的增大,n_r的绝对值先减小后增大,这说明,松弛速率的衰减速度先减小后增大,即试样应力松弛稳定需要的时间先增加后减少。这也表明,试样的松弛性能是随初始应力的变化而变化的,即松弛性能在结构面剪切过程中是动态变化的。

JRC 越大，n_r的绝对值则相对越小，同样应力水平下松弛持续的时间越长。对于结构面来说，随着 JRC 的增大，其结构面的松弛性能增强。

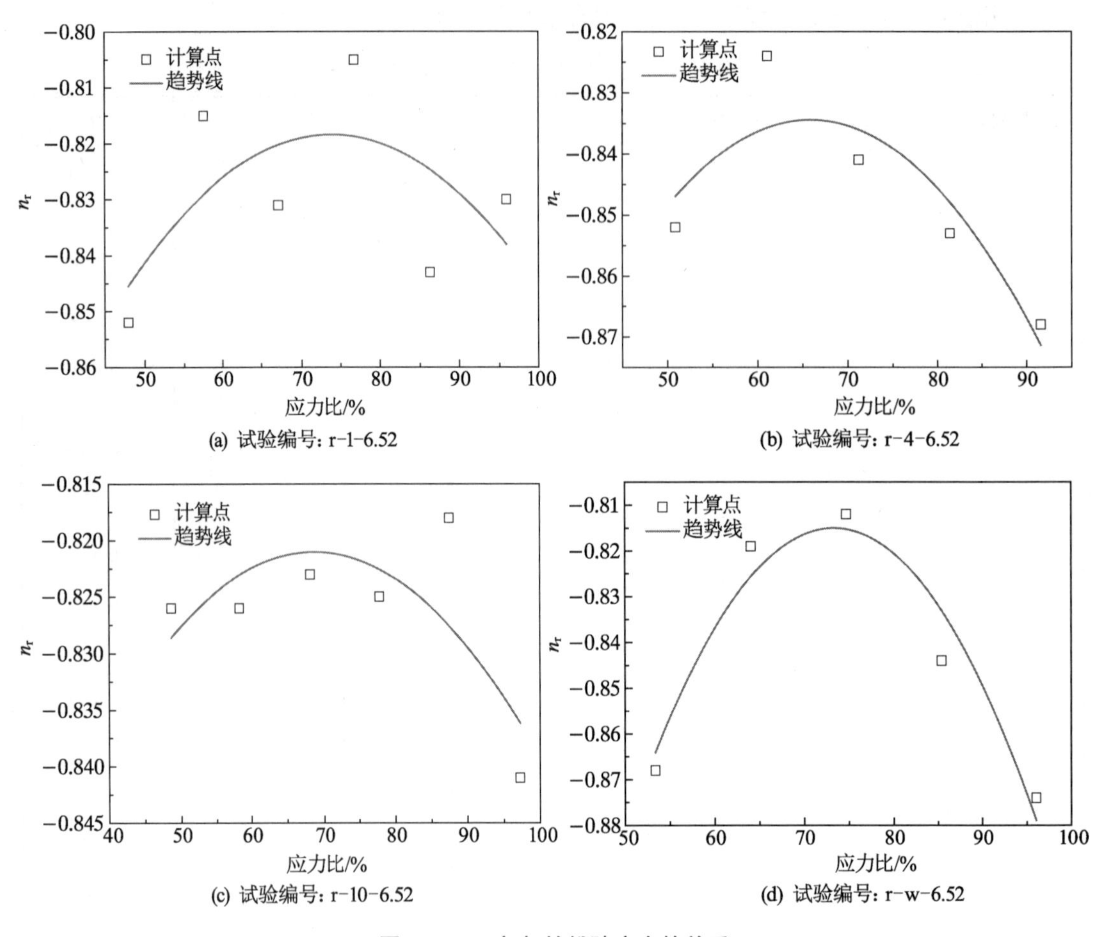

图 5.14　n_r与初始松弛应力的关系

由图 5.15 可以看出，参数 m_r与松弛量呈线性关系，m_r越大，松弛应力也就越大，这表明参数 m_r直接表征了松弛应力 $\Delta\tau$ 的大小。

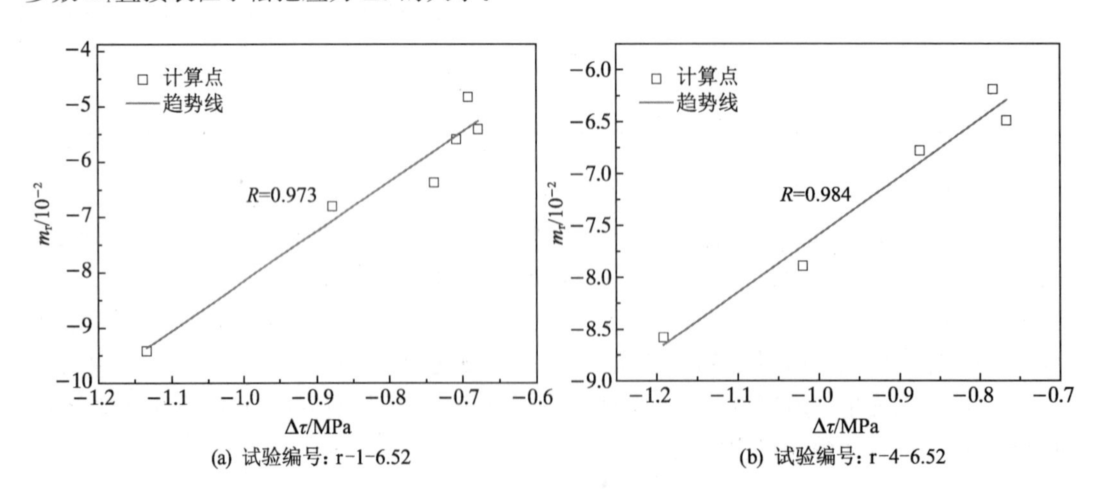

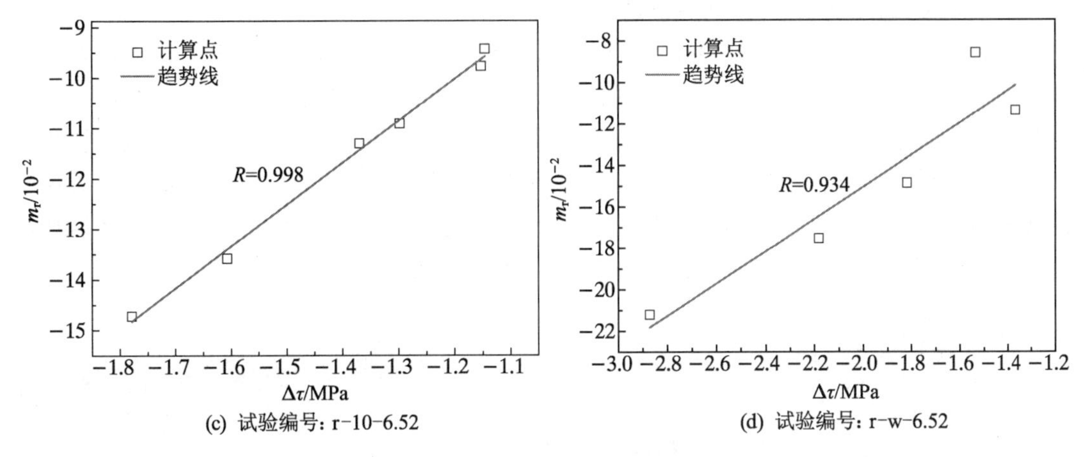

图 5.15　m_r与初始松弛应力的关系

5.4　循环松弛应力历史对结构面剪切应力松弛特性的影响

5.4.1　等应力循环剪切应力松弛特征

1. 等应力循环剪切应力松弛试验全过程曲线

图 5.16 所示为等应力循环剪切应力松弛试验的全过程曲线，随着等应力循环剪切应力松弛试验的进行，每级应力松弛曲线的总松弛量随循环次数的增加而降低，最后趋于一个非常小的量值。对每级松弛量进行统计，如图 5.17 所示，在等应力循环剪切松弛试验的初始阶段，松弛量衰减较快，经历一定的循环次数以后，松弛量逐渐趋向于 0。这说明前期的等应力循环松弛历史对松弛曲线具有非常大的影响。另外，从图 5.17 中的特征点可以看出，JRC 越大，越需要更多的循环次数使松弛量趋于稳定。该现象再次说明，JRC 越大，为应力松弛提供的“空间”也就越大，因而需要更多的循环次数消耗该“空间”。

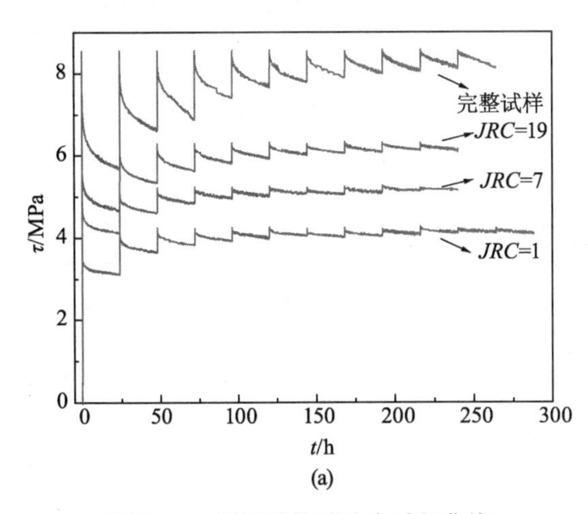

图 5.16　循环剪切试验全过程曲线

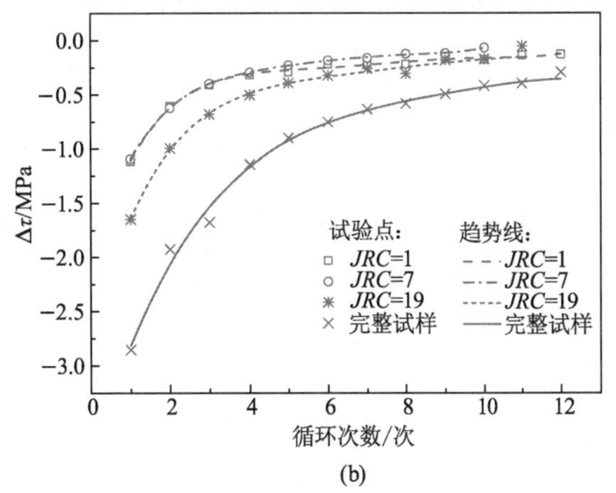

图 5.17　循环剪切试验松弛量与循环次数的关系

2. 等应力循环剪切应力松弛曲线特征

将各循环的剪切应力松弛曲线置于同一时间尺度下，即时间均从 0 开始，可以比较清楚地看到，经历等应力循环剪切应力松弛历史的松弛曲线同样具有上文得到的应力松弛曲线的基本特征。如图 5.18 所示，等应力循环剪切应力松弛曲线每级应力松弛曲线也可分为三个阶段，即衰减松弛阶段、稳态松弛阶段和松弛结束阶段，其形态特征与分级加载应力松弛曲线相似。为了进一步探索循环次数对应力松弛曲线形态的影响，利用式(5.4)对各循环应力松弛曲线拟合，得到各个循环松弛曲线的拟合参数，如表 5.6 所示。

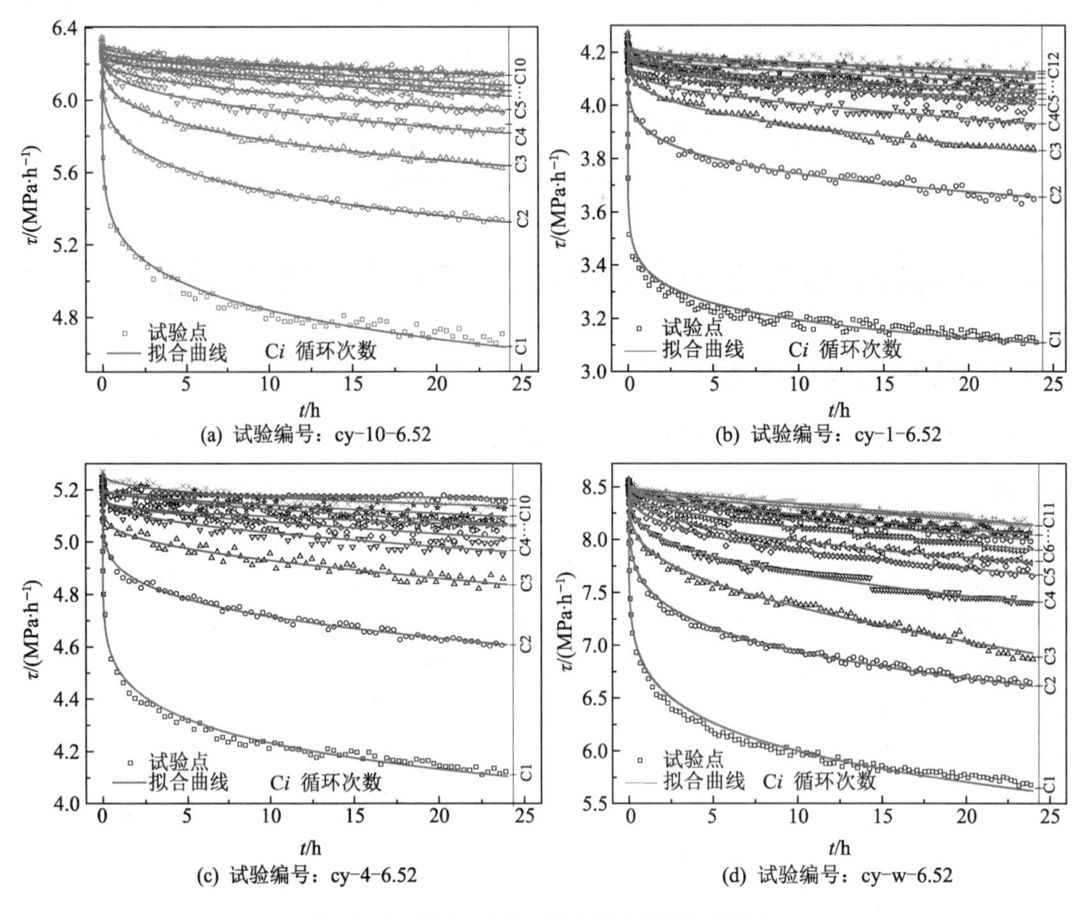

图 5.18　等应力循环剪切松弛试验松弛曲线

表 5.6　　等应力循环剪切松弛试验松弛曲线拟合参数

循环次数	试验编号	v_r /(MPa · h^{-1})	n_r	m_r	试验编号	v_r /(MPa · h^{-1})	n_r	m_r
1	cy-1-6.52 *JRC*=1	-1.82×10^{-18}	−0.908	−0.076	cy-10-6.52 *JRC*=19	-1.26×10^{-20}	−0.851	−0.154
2		-1.18×10^{-17}	−0.814	−0.059		-5.84×10^{-19}	−0.791	−0.108
3		-2.74×10^{-3}	−0.791	−0.038		-1.25×10^{-4}	−0.735	−0.075
4		-2.96×10^{-3}	−0.820	−0.023		-2.68×10^{-3}	−0.735	−0.048
5		-3.20×10^{-3}	−0.841	−0.017		-4.77×10^{-3}	−0.814	−0.027
6		-1.61×10^{-3}	−0.842	−0.016		-3.06×10^{-3}	−0.770	−0.025

（续表）

循环次数	试验编号	v_r/(MPa·h^{-1})	n_r	m_r	试验编号	v_r/(MPa·h^{-1})	n_r	m_r
7	cy-1-6.52 *JRC*=1	-2.61×10^{-3}	−0.938	−0.008	cy-10-6.52 *JRC*=19	-4.25×10^{-3}	−0.856	−0.014
8		-2.11×10^{-3}	−0.868	−0.013		-5.06×10^{-3}	−0.906	−0.010
9		-3.10×10^{-3}	−0.928	−0.004		-2.92×10^{-3}	−0.786	−0.013
10		-2.31×10^{-3}	−0.891	−0.008		-2.61×10^{-3}	−0.859	−0.011
11		-2.08×10^{-3}	−0.932	−0.006		-2.11×10^{-18}	−0.911	−0.006
12		-3.02×10^{-3}	−0.974	−0.002				
1	cy-4-6.52 *JRC*=7	-7.95×10^{-19}	−0.861	−0.100	cy-w-6.52 完整试样	-4.94×10^{-22}	−0.839	−0.279
2		-1.45×10^{-3}	−0.815	−0.060		-1.33×10^{-21}	−0.787	−0.209
3		-3.97×10^{-3}	−0.844	−0.027		-1.37×10^{-2}	−0.759	−0.145
4		-2.94×10^{-3}	−0.808	−0.021		-2.23×10^{-3}	−0.712	−0.126
5		-3.57×10^{-3}	−0.881	−0.011		-1.99×10^{-3}	−0.698	−0.096
6		-3.62×10^{-3}	−0.875	−0.008		-4.15×10^{-20}	−0.653	−0.088
7		-1.72×10^{-3}	−0.885	−0.010		-8.39×10^{-3}	−0.741	−0.050
8		-2.77×10^{-3}	−0.910	−0.006		-7.14×10^{-3}	−0.689	−0.044
9		-1.63×10^{-16}	−0.661	−0.016		-1.04×10^{-2}	−0.794	−0.030
10		-6.53×10^{-4}	−0.981	−0.001		-9.76×10^{-3}	−0.824	−0.020
11						-1.39×10^{-2}	−0.963	−0.003

从表 5.6 中可以看出，参数 v_r量值很小，等应力循环次数对其影响规律不明显。

参数 n_r（图 5.19）的绝对值随循环次数的增加，先减小后增加，这说明结构面本身的“应力松弛能力”随着等应力循环剪切次数的增加先增大后减小。

参数 m_r（图 5.20）的绝对值随着循环次数的增加而减小，这说明随着循环次数的增加，在同样的初始应力作用下，由于塑性变形的积累（能量释放）或裂隙的开展，松弛速率及应力松弛的量值是减小的，图 5.20 与图 5.17 的图形形态相似，再次说明了 m_r表征了松弛量的大小。

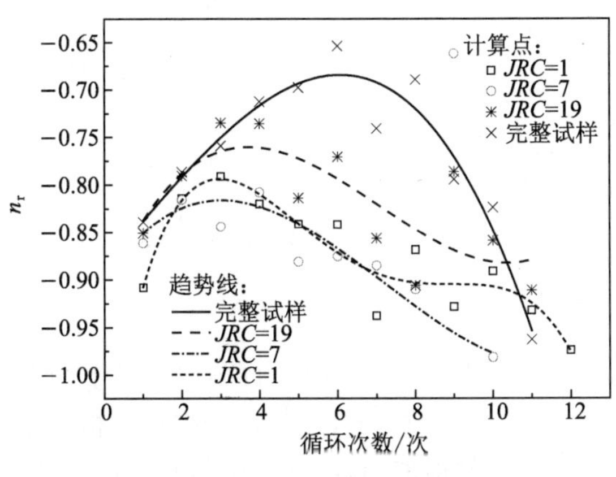

图 5.19　参数 n_r与循环次数的关系

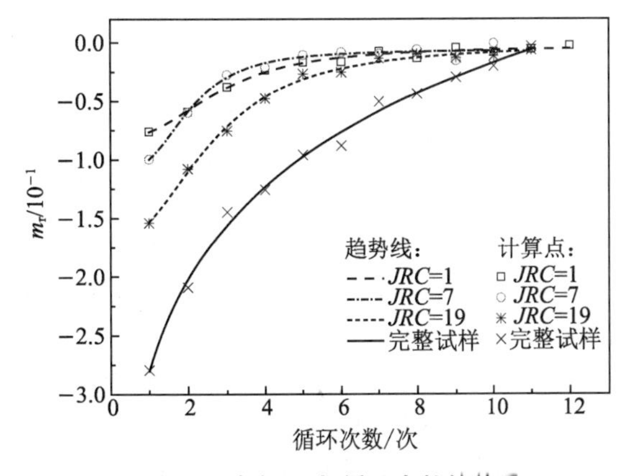

图 5.20　参数 m_r与循环次数的关系

JRC越大，上述参数的变化越明显，特别是m_r、n_r，变化十分剧烈，这表明随着JRC的增大，结构面“松弛性能”的变化范围增加。

3. 等应力循环剪切松弛试验松弛速率特征

根据上述拟合结果可计算各个循环的应力松弛曲线的应力松弛速率变化特征，由于初始松弛速率非常大，速率跨度过大不利于应力松弛速率曲线特征的表达，因此，为了能够更清楚地表现松弛速率的变化特征，应力松弛速率曲线的初始时间为0.5 h。

如图5.21所示，随着循环次数的增加，应力松弛速率逐渐减小，量值也有显著的变化，第1次循环松弛0.5 h时的应力松弛速率是第11次循环的11.2倍。循环造成了结构面的工程性质劣化，并且消耗了加载过程中的弹性能，导致结构面中的弹性势能减弱，此时再进行应力松弛试验，应力松弛初始速率和整个过程中的应力松弛速率减小，进而引起松弛量减小。

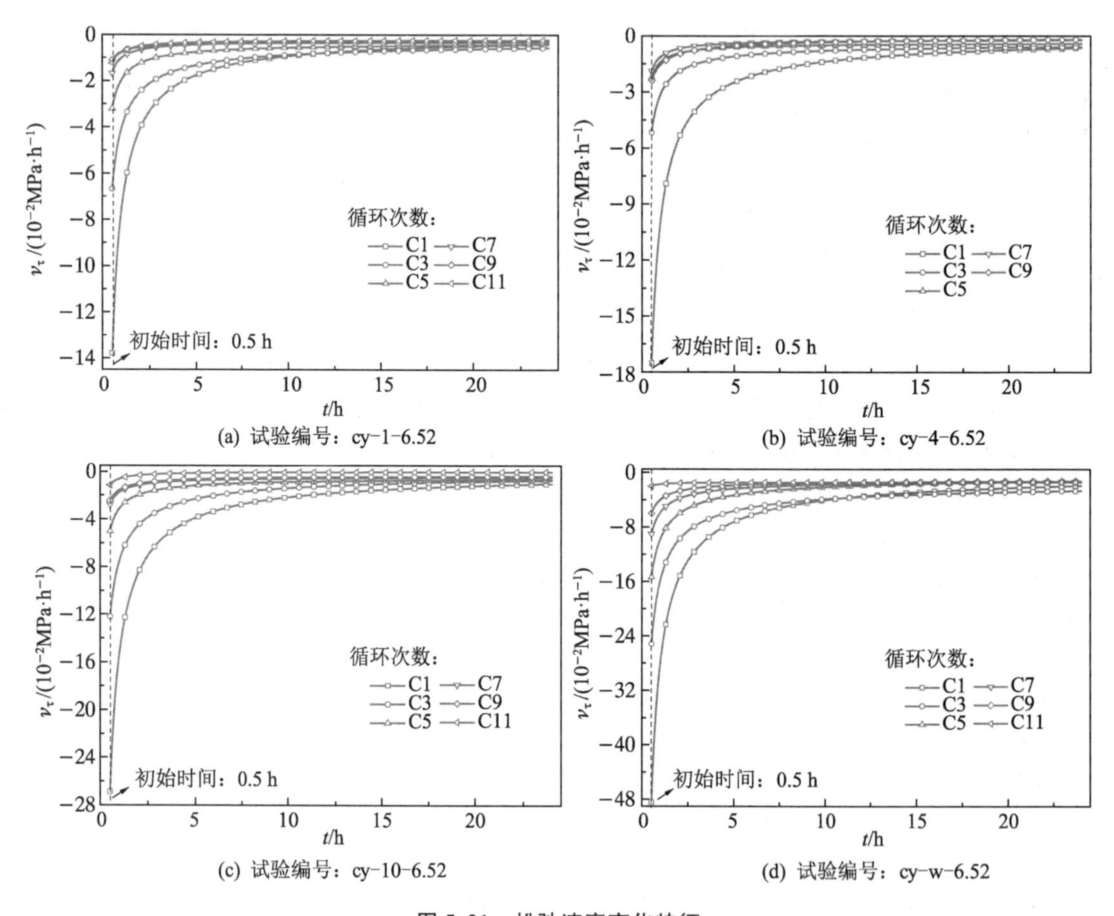

图5.21　松弛速率变化特征

对比四种结构面的应力松弛速率量值，随着JRC的增大，同一应力百分比水平下的等应力循环剪切应力松弛试验，其应力松弛速率的量级是不断增加的，这是由于结构面粗糙度增大，施加应力的绝对量值增加，致使结构面具有更强的储能能力，结构面中的势能增加，应力松弛时的初始速率及整个应力松弛过程中的速率增大。从以上论述可知，储存在结构面间的能量是应力松弛的“动力”。

5.4.2 等应力循环剪切应力松弛试验的变形累积对应力松弛的影响

图 5.22 为 cy－10－6.52 等应力循环剪切应力松弛试验的剪切应力-剪切变形关系曲线，等应力循环剪切应力松弛试验在剪切应力-剪切变形坐标系中的特征如下：

当加载至预定初始松弛应力时，开始剪切应力松弛试验，应力松弛过程中的变形是不变的，而应力是减小的，但每次循环后下一次循环的加载阶段能够引起剪切变形，如图中 ΔD_1，ΔD_2，ΔD_3，…，图 5.22 中 ΔD 为这些变形之和，即 $\Delta D = \Delta D_1 + \Delta D_2 + \Delta D_3 + \cdots$。

在同样的应力作用下，经历应力松弛以后结构面的变形增大，这说明应力松弛的过程实质上也是工程性质劣化的过程，这种劣化现象也表现在下一次循环加载段的剪切应力-剪切变形曲线中，ΔD 则表征了由应力松弛造成的结构面工程性质劣化的程度。

图 5.22 中 D 为包含瞬时变形在内的总变形，D_i 为瞬时变形，即等应力循环剪切试验的初始变形：$D = D_i + \Delta D$。

根据上述等应力循环剪切应力松弛试验曲线特征可知，每次循环的松弛量是逐渐减小的，也就是说图中 $\Delta\tau_1$，$\Delta\tau_2$，$\Delta\tau_3$，… 是逐渐减小的，即 $\Delta\tau_1 > \Delta\tau_2 > \Delta\tau_3 > \cdots$。

由于上述特征，等应力循环剪切应力松弛试验在剪切应力-剪切变形曲线中，表现为松弛量逐渐递减，变形逐渐增加的现象。累积变形 ΔD 与循环次数的关系如图 5.23 所示，从图中可以看出，累积变形 ΔD 随着循环次数的增加而增加，但是增加的过程中，累积变形的发展速率逐渐减小，在曲线中表现出了下凹的形态，并且达到一定程度以后，累积变形的速率减小，曲线接近于水平，该特征与蠕变曲线相似。

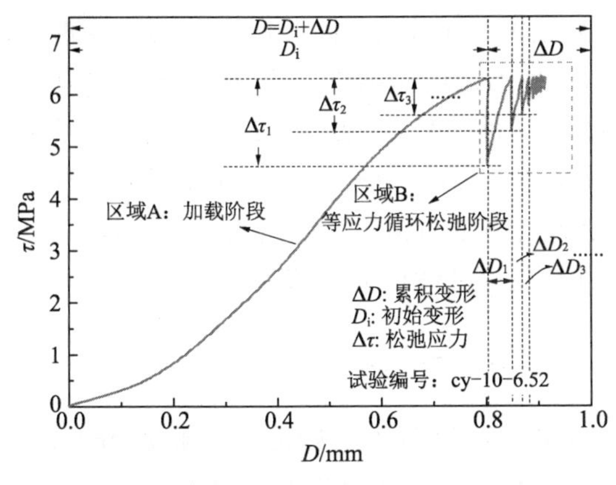

图 5.22 松弛过程中的剪切应力-剪切变形关系

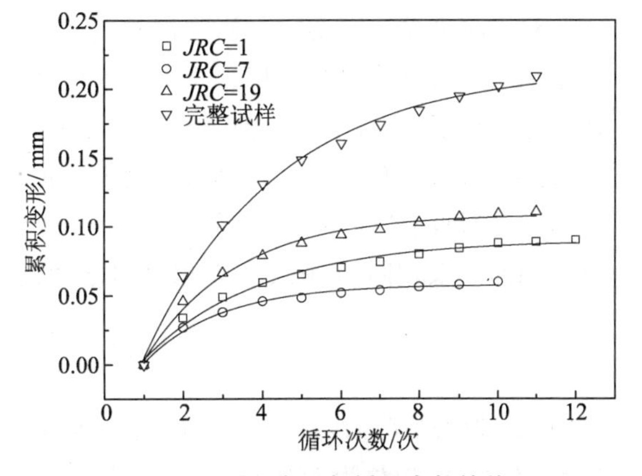

图 5.23 累积变形与循环次数的关系

根据表 5.6 及每级循环产生的变形(图 5.23)可知，随着循环剪切的进行及变形的累积，参数 n_r(图 5.24)随着变形的累积先增大，在累积到一定程度后会迅速减小。在上升阶段，随着塑性变形的累积，结构面的“应力松弛能力”是提高的，也就是松弛速率曲线由陡降至稳定速率到缓慢进入稳态，这是由于塑性变形的累积导致应力释放通道增加，因而应力松弛速率的衰减速度相对较慢，松弛持续时间也相对较长。而当循环至一定程度以后，松弛过程中能量逐渐以结构面工程性质劣化及塑性变形为主要方式进行释放。另外，累积变形过大以后，结构面储能结构被破坏，弹性能储存较少，而大部分能量在循环松弛中的加载阶段由结构面之间或裂隙之间的摩擦消耗，应力松弛的“动力”减小，因而此时 n_r 迅速减小，反映在应力松弛速率特征上表现为应力松弛初始速率减小，并会迅速衰减至稳态松弛速率。

参数 m_r（图 5.25）的变化趋势与累积变形表现出了较好的线性关系，根据参数 m_r 与松弛量的线性相关性可推测，松弛量与累积变形也具有较好的线性关系，并且二者具有此消彼长的关系。累积变形增加，意味着 JRC 所发挥的作用降低，结构面中可供松弛的“空间”减少，造成了累积变形增加，m_r 减小。m_r 与累积变形的变化曲线与 JRC 的关系基本上是放大的效果，随着 JRC 的增大，m_r 与累积变形的量级也是按照相同的比例增加的。但 m_r 随累积变形衰减的斜率基本上不受 JRC 的影响，数值基本上相同。

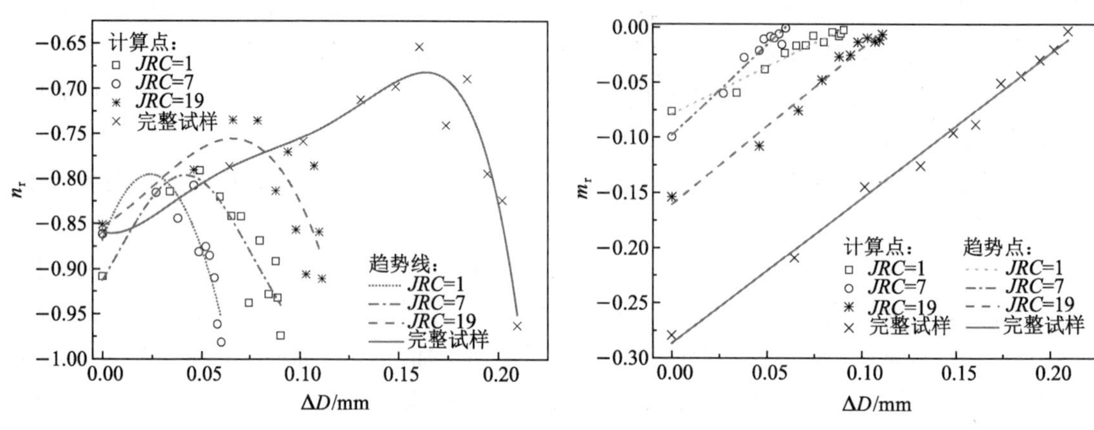

图 5.24 参数 n_r 与累积变形之间的关系

图 5.25 参数 m_r 与累积变形之间的关系

对等应力循环剪切应力松弛试验的每级松弛应力 $\Delta\tau$ 进行统计，并研究其与总变形 D 及累积变形 ΔD 的关系，图 5.26 反映了松弛量与总变形之间呈线性关系，即在开始循环剪切松弛试验以后，各级的松弛量与总变形之间存在着线性关系，反映了二者是此消彼长的关系，即随着松弛前总变形的增加，每级循环的松弛量是逐渐减小的，同时也证实了应力松弛与塑性变形具有“同源”性。同样地，图 5.27 所示为松弛量与累积变形之间的关系，与总变形之间的关系相同，累积变形与松弛量之间也存在比较好的线性关系，即

$$\Delta\tau = k_\tau D + c_1 \text{ 或 } \Delta\tau = k_\tau \Delta D + c_2 \tag{5.5}$$

式中，$\Delta\tau$ 为松弛应力，$\Delta\tau < 0$，负号表示应力释放，单位为 MPa；k_τ 为松弛应力随变形的衰减速率，$k_\tau > 0$，单位为 MPa/mm；c 为随变形线性衰减的截距（c_1 为总变形时的截距，c_2 为累积变形时的截距），$c<0$，单位为 MPa，负号表示应力释放。

当累积变形为 0 时，式(5.5)中 c_2 为第一个循环的松弛应力，其值等于 $\Delta\tau_1$，即

$$\Delta\tau = k_\tau \Delta D + \Delta\tau_1 \tag{5.6}$$

将式(5.6)转换可知：

$$\Delta\tau - \Delta\tau_1 = k_\tau \Delta D \tag{5.7}$$

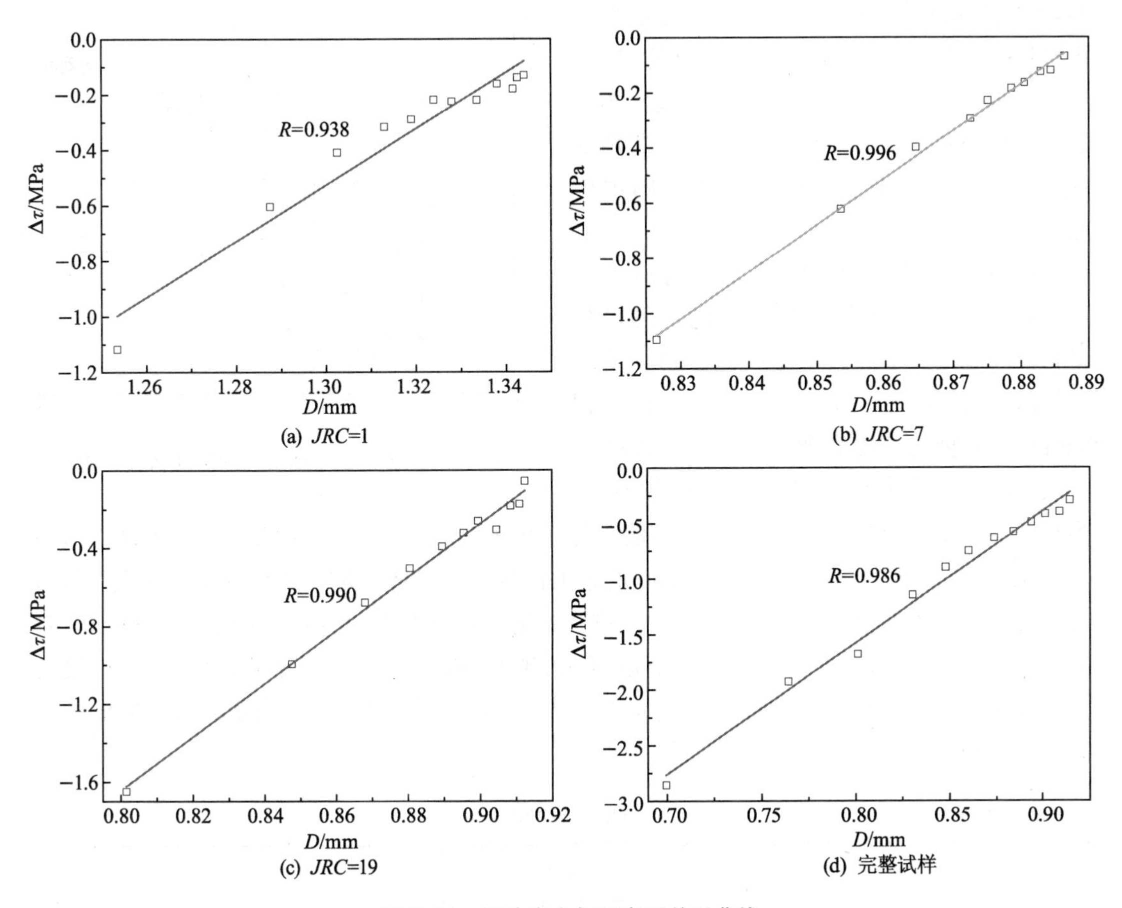

图 5.26　松弛应力与总变形关系曲线

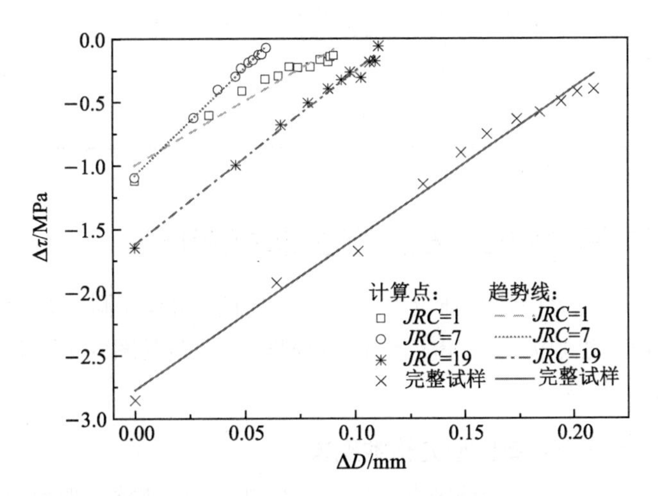

图 5.27　松弛应力与累积变形之间的关系

式(5.7)的几何意义可在图 5.28 中表示，以第二个循环的松弛量 $\Delta\tau_2$ 为例，$\Delta\tau_2-\Delta\tau_1$ 为由于循环作用，松弛应力的减少量，即图中标注的 $|\Delta\tau_1|-|\Delta\tau_2|$；$\Delta D_1$ 为加载阶段产生的变

形，该变形的原因是由于第 1 级应力松弛作用导致的结构面工程性质劣化造成的，根据式(5.7)，$|\Delta\tau_1|-|\Delta\tau_2|$ 是与 ΔD_1 线性相关的，即第 2 级加载阶段所产生的变形(塑性变形)是第 2 级较第 1 级松弛量减少的主要原因。

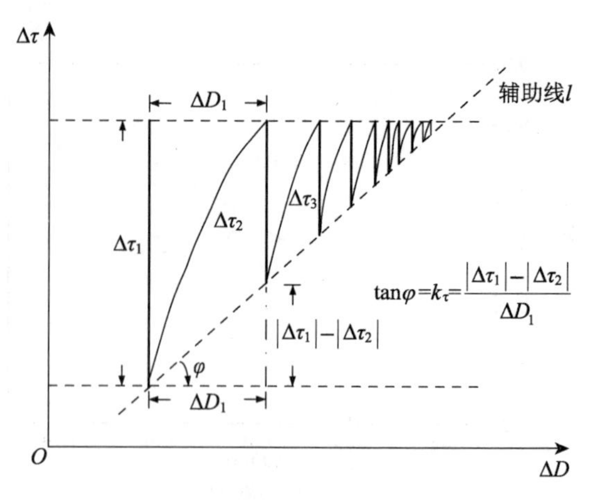

图 5.28　等应力循环剪切试验几何关系图

由图 5.27 及图 5.28 可知，在等应力循环剪切应力松弛条件下，相同时间内的松弛量与前期变形具有线性关系，即在应力-变形空间内，等应力循环剪切松弛曲线中松弛相同时间内的剪切应力和剪切变形点的连线为直线，如图 5.28 中辅助线 l 所示，即图 5.27 中趋势线的斜率及截距，对斜率 k 及参数 c 进行求解，如表 5.7 所示，参数 c 表示前期变形为 0 时的松弛应力值。斜率 k 具有随 JRC 的增大而减小的趋势(JRC=1 的应力水平为 98%，与其他三个试验的应力水平相差较大)。斜率 k 随 JRC 的增大而减小的现象可以推断，要减少试样的应力松弛，甚至使其不再松弛，JRC 越大，越需要更大的前期变形 ΔD。这是由于 JRC 越大，结构面储存的能量越大，可松弛的"空间"越大，要使岩石稳定需要释放的弹性能或产生的裂隙越多。

表 5.7　斜率 k 与参数 c

JRC	*k*	*c*
1	0.854 5	−0.078 5
7	1.638 1	−0.097 9
19	1.415 7	−0.160 7
完整试样	1.313 4	−0.286 6

5.4.3　不同应力路径对应力松弛特性的影响预测

从上述现象可知，应力松弛受到应力和变形历史的影响，在同一初始应力条件下，松弛前变形较大，结构面的松弛能力也相应地降低，根据式(5.7)及图 5.28 可以预测以下几种状态的结构面松弛能力的变化。

1. 加载阶段不同加载速率的应力松弛现象

对于单级一次性加载后松弛的情况，如图 5.29 所示，加载阶段加载速率不同，加载至预定应力值后松弛，可以预测，加载速率越大，结构面松弛应力越大，这是由于加载速率越小，同样应力下加载阶段试样所产生的变形(塑性变形)也就越大，因而前期塑性变形会影响结构面的松弛量。

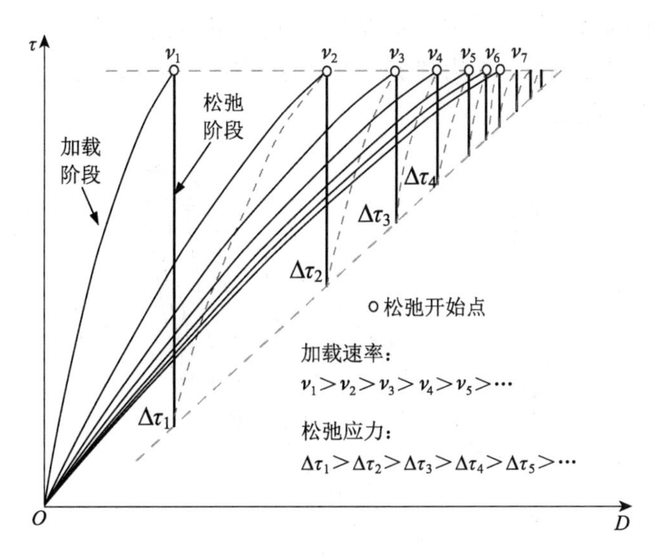

图 5.29 不同加载速率条件下的应力松弛现象

2. 蠕变后的应力松弛现象

如图 5.30 所示，试样持续时间 t 的蠕变后进行松弛试验，前期蠕变时间越长，应力松弛现象越不明显，松弛应力越小，这是由于蠕变过程也是塑性变形累积和裂隙开裂的过程。蠕变后再松弛的应力路径以及最后所达到的状态，类似于等应力循环松弛的应力和变形状态，当蠕变持续一段时间后，试件中产生了变形累积（塑性变形），前期变形增加，导致松弛量相应地减小。同样，当蠕变段改为循环荷载时也会出现上述情况，即松弛前经历数次等应力循环加卸载以后，由于塑性变形的累积，松弛量也会相应地减小。

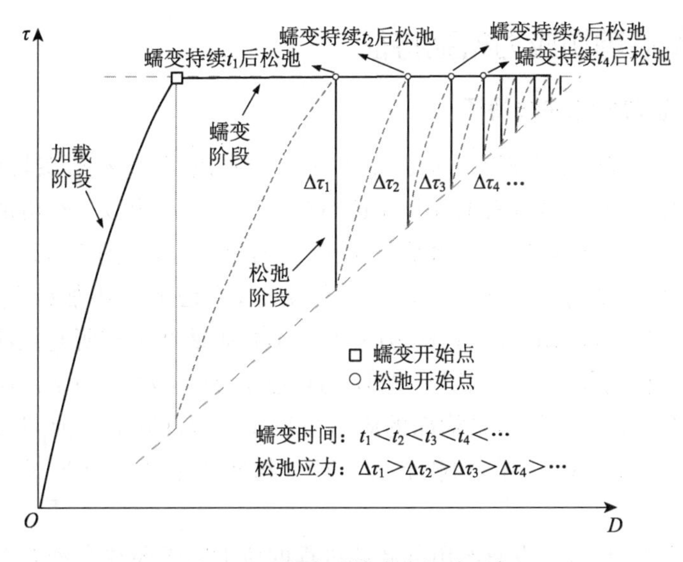

图 5.30 蠕变后的应力松弛现象

3. 加卸载后的松弛现象

如图 5.31 所示，当试样经历加卸载应力历史以后开始松弛，应力松弛依然符合上述特征。当试样经历加卸载以后，试样内部塑性变形累积，卸载达到某个应力后再进行松弛，也会受到前期塑性变形的影响，其应力和变形也会达到图 5.28 所示的状态。随着前期塑性变形的累积，松弛应力也随之减小。

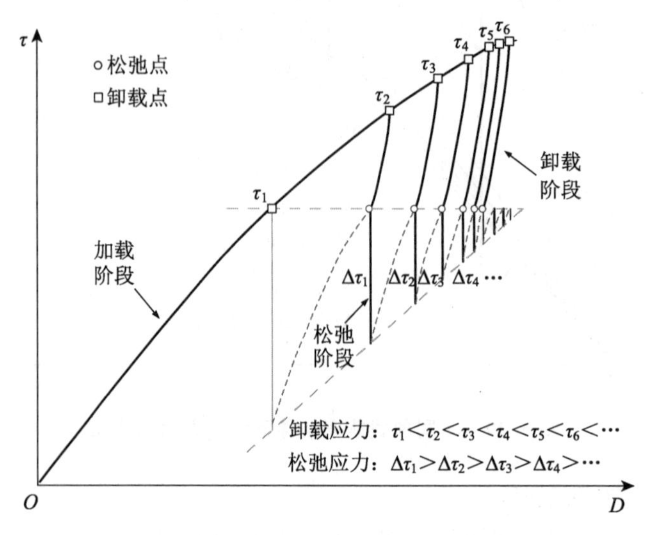

图 5.31　加卸载后的应力松弛现象

5.5　加卸载应力历史对结构面剪切应力松弛特性的影响

为了验证上述预测，并进一步阐述应力历史对结构面剪切应力松弛现象的影响，对试样进行加卸载后的剪切应力松弛试验。

5.5.1　加卸载后剪切应力松弛特征

1. 加卸载后应力松弛曲线特征

对于应力松弛曲线的基本形态，从图 5.32 中可以看出，其基本形态与前文几种状态下的应力松弛曲线特征相似，也具有 R_1，R_2，R_3(图 5.9)等三个阶段。经历加卸载以后，结构面的松弛能力降低，在同样初始应力水平下，松弛量明显减小，如图 5.32(a)所示，当直接加载至 2.35 MPa 时，曲线松弛量较大，松弛比较明显，当松弛经历加卸载以后，如加载至 2.82 MPa，再卸载至 2.35 MPa 以后，松弛应力减小，松弛曲线也有所变化，第二阶段(R_2)稳态松弛阶段的近似直线段的斜率也明显减小。这说明，加卸载削弱了结构面的应力松弛能力，并且随着前期应力 τ_1 的增大，结构面的应力松弛能力逐渐降低。前期应力越大，应力松弛现象越不明显，如图 5.32(c)中，加载至 6.3 MPa 再卸载至 3.5 MPa 进行松弛，其松弛现象比较不明显。

从曲线的形态可以发现，没有经历加卸载过程的应力松弛曲线在图 5.32 中表现出了相对光滑的形态，而加卸载以后的曲线波动较大，出现了局部跌落的形态，如图 5.32(a)中区域 A，这种现象主要出现在前期加载应力 τ_1 较小的条件下，如图 5.32(a)中加载至 2.82 MPa、3.29 MPa 再卸载至 2.35 MPa 以后的松弛曲线，曲线波动比较明显，并且出现了非常大的应力跌落和起伏，这种情况在经历高应力卸载后就不明显了，如图 5.32(a)中由 4.23 MPa 卸载至 2.35 MPa 的情况。在图 5.32(b)，(c)，(d)中也出现了上述情况，即由 60%～70%峰值应力卸载至 50%后，结构面的应力松弛曲线的波动较大，而经历了高应力卸载至 50%后再进行应力松弛试验，其曲线的波动性不大。

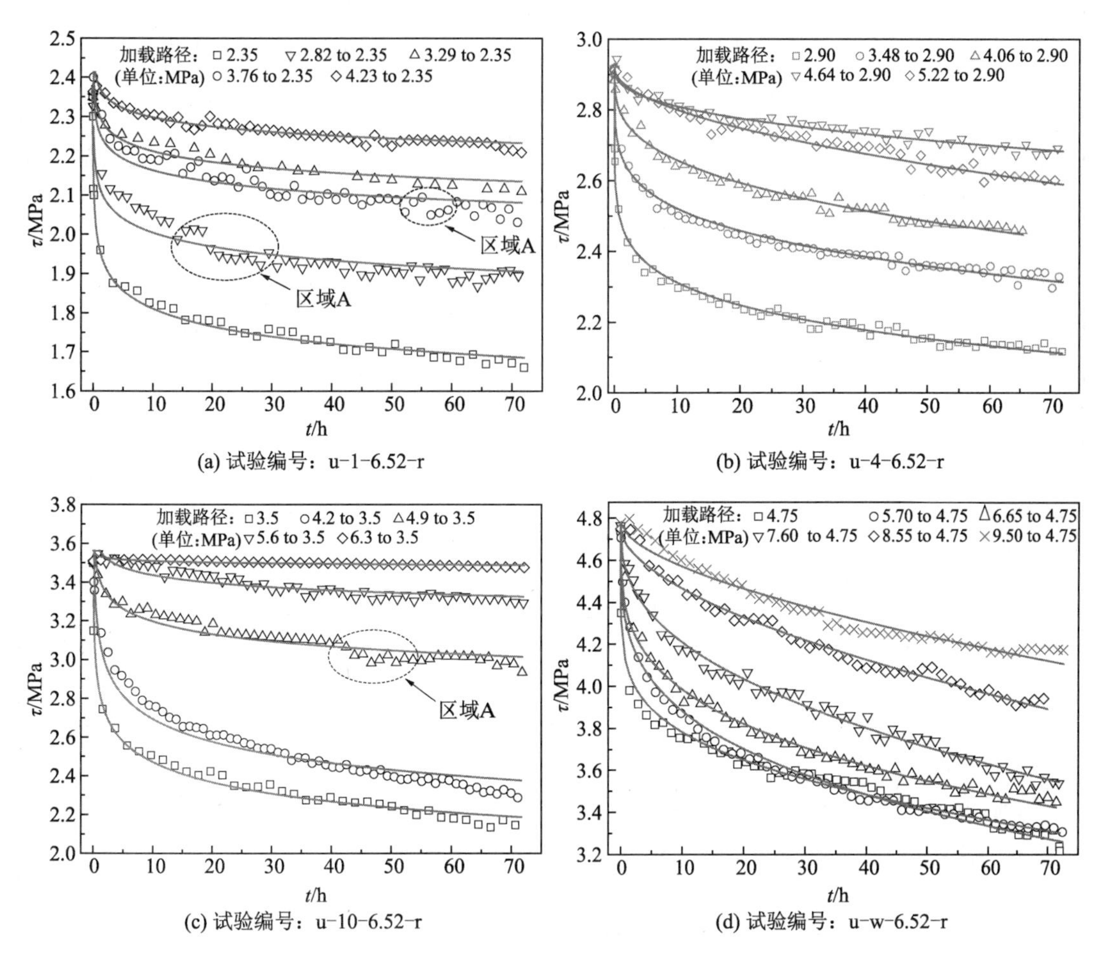

(a) 试验编号：u-1-6.52-r　(b) 试验编号：u-4-6.52-r

(c) 试验编号：u-10-6.52-r　(d) 试验编号：u-w-6.52-r

图 5.32　加卸载后的松弛曲线

2. 加卸载后松弛应力特征

对不同粗糙度结构面加卸载后的剪切松弛全过程曲线的数据进行分析，并采用式(5.4)对其拟合，统计数据及拟合参数如表(5.8)所示。随着前期加载应力 τ_1 的升高，松弛应力逐渐减小，当 $JRC=19$ 时，在同样的初始应力水平下，未经历加卸载过程的松弛量为 1.37 MPa，而经历加载 6.3 MPa 再卸载至 3.5 MPa 以后，松弛量为 0.040 MPa，经历上述应力历史以后，松弛量减小了 1.33 MPa，松弛量趋于 0。

n_r 的绝对值随前期加载应力 τ_1 的增大，其量值整体具有减小的趋势。这说明随着前期加载应力 τ_1 的升高，在同样的初始应力水平条件下，松弛速率的衰减速度变小，松弛需要更长的时间达到稳定状态。这是由于前期加载应力 τ_1 的增大，结构面积累了大量的裂隙，结构面中的应力释放通道增加，结构面对应力的“束缚”能力减弱，此时的松弛速率衰减较慢，试

表 5.8　　加卸载后的应力松弛量及松弛曲线拟合参数

试验编号	τ_1 /MPa	τ_r /MPa	v_r /(mm·h^{-1})	n_r	m_r	$\Delta\tau$ /MPa
u-1-6.52-r JRC=1	—	2.35	-1.25×10^{-18}	−0.845	−0.055	−0.690
	2.82		-3.52×10^{-22}	−0.780	−0.041	−0.470
	3.29		-1.60×10^{-17}	−0.620	−0.018	−0.240
	3.76		-1.40×10^{-17}	−0.637	−0.024	−0.292
	4.23		-9.99×10^{-18}	−0.646	−0.014	−0.154
u-4-6.52-r JRC=7	—	2.90	-1.54×10^{-18}	−0.852	−0.062	−0.783
	3.48		-2.74×10^{-21}	−0.787	−0.052	−0.588
	4.06		-5.32×10^{-20}	−0.676	−0.038	−0.449
	4.64		-1.53×10^{-5}	−0.608	−0.017	−0.258
	5.22		-2.63×10^{-22}	−0.484	−0.019	−0.320
u-10-6.52-r JRC=19	—	3.50	0	−0.826	−0.113	−1.370
	4.2		0	−0.732	−0.104	−1.186
	4.9		-5.58×10^{-17}	−0.659	−0.043	−0.577
	5.6		-1.56×10^{-17}	−0.480	−0.015	−0.266
	6.3		-5.27×10^{-18}	−0.564	−0.004	−0.040
u-w-6.52-r 完整试样	—	4.75	-1.94×10^{-3}	−0.836	−0.106	−1.535
	5.70		-6.30×10^{-25}	−0.726	−0.126	−1.444
	6.65		-6.76×10^{-18}	−0.713	−0.112	−1.306
	7.60		-1.66×10^{-16}	−0.592	−0.086	−1.226
	8.55		-2.92×10^{-17}	−0.433	−0.044	−0.840
	9.50		-2.40×10^{-18}	−0.405	−0.031	−0.605

样需要较长的时间才能达到稳定状态，同时由于结构面中的裂隙发育，结构面的储能能力减小，弹性势能减弱导致初始松弛速率减小，松弛量也随之减小。在整体减小的趋势下，部分试验曲线的拟合参数 n_r 的绝对值在前期加载应力 τ_1 较大时略有减小，如试验 u-1-6.52-r，当前期加载应力 τ_1 为 3.76 MPa 和 4.23 MPa 时，n_r 的绝对值略有增大，此时前期加载应力已经达到峰值强度的 80%，90%或者更高(80%，90%为预估值，此次试验的实际破坏值小于预估的峰值应力)，该应力加载后，裂隙大量产生或者接近贯通，其工程性质劣化严重，在该应力条件下结构面可以迅速形成裂隙，快速地将应力松弛，因而 n_r 表现出了增大的趋势，但此时结构面在加卸载阶段由于通过裂隙以及塑性变形的发展释放了大量的能量，此时结构面松弛量很小。

m_r 是与松弛量 $\Delta\tau$ 有关的参数，从表 5.8 中可知，随着 τ_1 的增大，m_r 逐渐减小，这说明随着前期加载应力的增大，卸载后的松弛应力减小。这与结构面的储能能力有关，持续增加的前期加载应力水平导致加载过程中的能量释放增大,结构面内部储存的弹性能则越来越小,进而导致初始松弛速率也越来越小,其松弛应力也就越来越小。

上述研究成果表明,由于前期加载应力 τ_1 的增大,卸载至峰值强度的50%时弹性变形减小,储存的弹性能也减少,造成了松弛量也随之减少。因此,结构面在某个状态下的弹性能或弹性变形与该状态下的应力松弛特性有着非常密切的关系,可以说弹性变形或弹性能是结构面松弛的"动力"。

根据第2章的结论,经历加卸载应力历史后,由于裂纹的产生和工程性质的劣化,等同于 JRC 的衰减,因此,加卸载后结构面的松弛性质发生变化,松弛量降低,可以认为是由于 JRC 实际发挥作用降低所致。从表5.8中的数据可知,随着 JRC 的增大,加卸载应力历史对结构面松弛参数 m_r 和 n_r 的影响较大,这表明 JRC 越大,加卸载对结构面"松弛性能"的影响越大,结构面松弛特性的可变化"空间"越大。因此,结构面的 JRC 是影响结构面松弛特性的重要因素。

3. 加卸载后应力松弛速率特征

根据表5.8的拟合参数可绘制加卸载应力历史作用后应力松弛速率的变化曲线。为了能更清楚地表现应力松弛速率的变化特征,取初始时间为0.5 h,如图5.33所示。

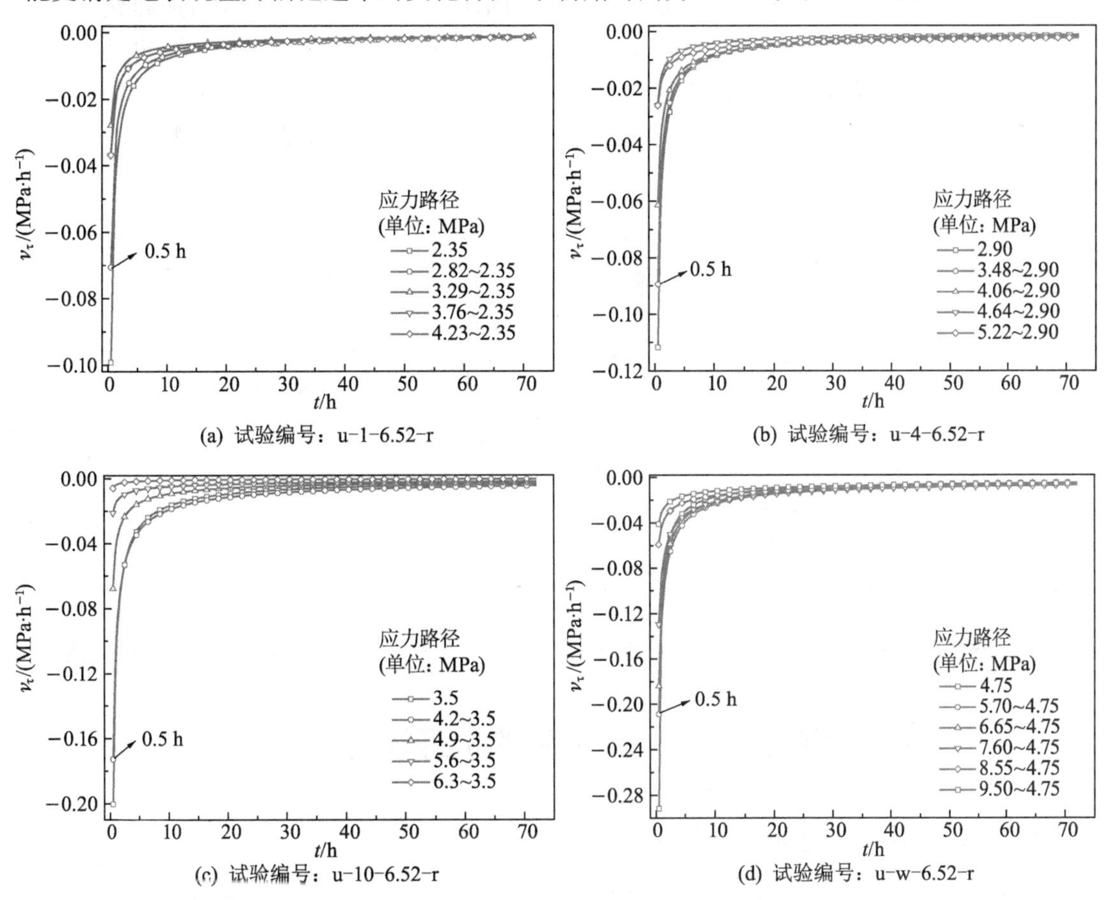

图5.33 加卸载后松弛速率特征

如图 5.33 所示，加卸载作用以后，松弛速率整体上减小，例如在 0.5 h 时的松弛速率，*JRC*=1 时，未经历加卸载作用的松弛速率是经历 4.23 MPa 加卸载时松弛速率的 2.69 倍。与等应力循环剪切应力松弛试验类似，加卸载作用造成了结构面工程性质的劣化，并且消耗了加载过程中的弹性能，导致结构面中的弹性势能减小，此时开始松弛试验，导致应力松弛过程中的初始速率减小，最终引起松弛量减小。

另外，随着 *JRC* 的增大，松弛速率也会增大，并且以切齿为主的试验 u－10－6.52－r对加卸载的应力历史更为敏感，经历试验中应力历史作用以后，松弛速率曲线的形态变化更大，如图 5.33(c)所示，*JRC* = 1 时，未经历加卸载的应力松弛速率是经历最大前期加载应力（峰值应力的 90%）时的 2.69 倍，而 *JRC* = 19 时，未经历加卸载的松弛速率是经历最大前期加载应力（峰值应力的 90%）时的 34 倍。

5.5.2 塑性变形与松弛应力之间的关系及预测结果的验证

前期的加载应力历史对应力松弛曲线的形态有很大的影响，为了继续深入地探讨应力历史对应力松弛特征及曲线形态的影响，并验证所推测的应力松弛现象，如图 5.34 所示，与加卸载后蠕变试验数据处理的方法相同，对前期加载应力 τ_1 造成的塑性应变 ΔD 与松弛应力 $\Delta\tau$ 的关系进行研究，ΔD 是由于加卸载而产生的塑性变形，该变形为经历加卸载以后比单调加载多出的变形量。τ_1 为加载阶段的最大应力值，τ_r 为卸载阶段的目标值，也是松弛阶段的初始应力，$\Delta\tau$ 为松弛阶段的松弛应力，负号表示应力释放，如图 5.35 所示，前期加载应力造成的塑性变形 ΔD 与松弛量 $\Delta\tau$ 具有良好的线性关系，这与加卸载后松弛特征的预测结果相同。

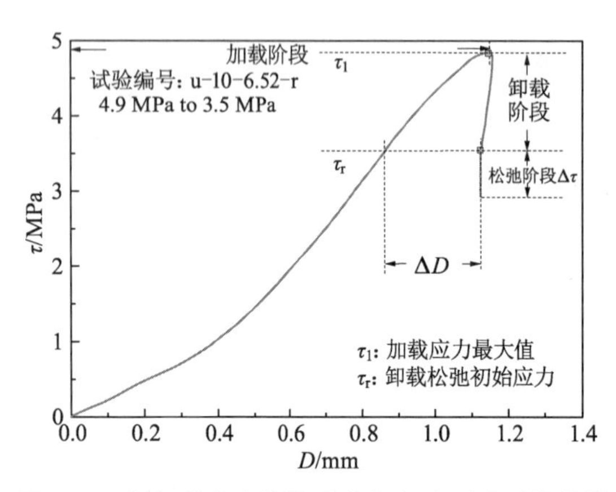

图 5.34 加卸载应力松弛试验应力-变形全过程曲线

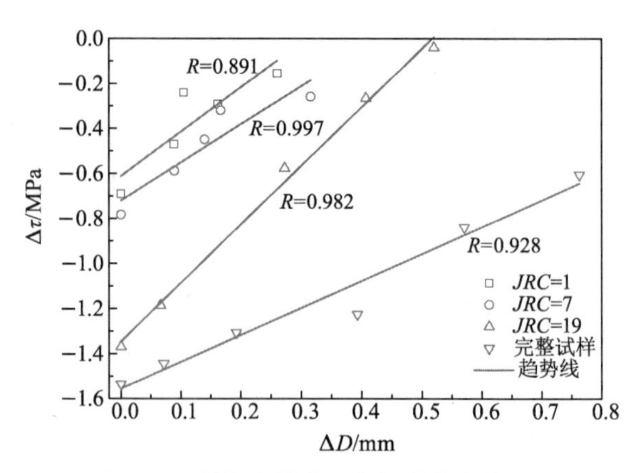

图 5.35 前期塑性变形与松弛应力的关系

5.6 结构面剪切应力松弛试验现象的机理解释

5.6.1 剪切应力松弛试验的本质

图 5.36 所示为剪切应力松弛试验所采用的 CSS－1950 双轴流变试验机及加载控制系统（伺服电机和谐波减速器）。在应力松弛试验过程中，试验机先对结构面试样施加垂直荷

载，稳定一段时间后，开始施加剪切荷载，之后保持变形不变，应力开始下降。在试样应力达到目标值并且保持变形恒定后，减速器会进行向后（A）—向前（B）（A 转动速率相对较快，B 转动速率相对较慢）的循环过程，这种现象开始比较频繁，即减速器及伺服电机转动次数较多，转动时间较长，此时应力减小得比较剧烈；在应力松弛一段时间后，该现象变得不明显，调速器转动速度逐渐变慢，有时只是轻微地来回晃动，转动时间也变得比较短。

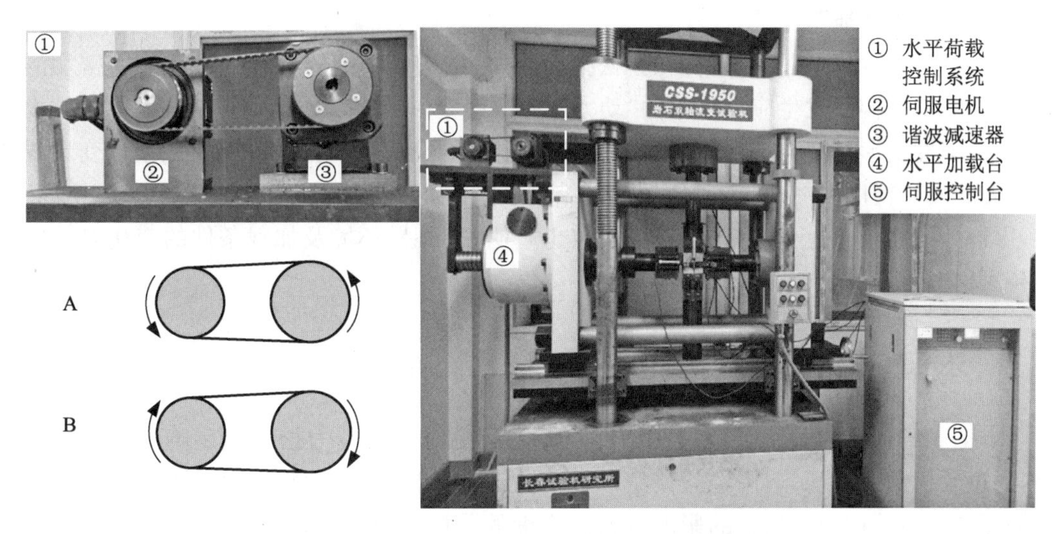

图 5.36　试验机及其在应力松弛过程中的反应

上述现象是试验机为了保持试样变形不变，自身调整造成的。试样在剪切作用下必然会产生蠕变的趋势，这时如果试验机不加以控制，那么试样会迅速变形。如果保持其变形不变，那么试验机需要克服蠕变变形，将加载杆的位置保持在应力松弛的初始变形状态，此时加载设备需要通过调速器对试样的变形进行调整，即图中 A 所示。由于设备的控制精度，在控制精度以外，减速器会向前略有转动（现象 B），当蠕变变形大于系统的控制精度时，变速器开始启动克服蠕变变形的行为，这时会产生现象 A。

从上述对仪器在试验过程中反应的描述可知，在应力松弛过程的某一时刻，如果试样所受的应力为 τ，在 t 到 $(t+\Delta t)$ 时间内产生的蠕变变形量为 D，则在该微小时间段内，试件应力可视为恒定值，发生的变形可视为应力为 τ 的蠕变过程。当控制精度较高，Δt 非常小时，仪器能够较好地控制试样的蠕变趋势，及时调整变形，保证变形量的恒定。然而，即使是微小时间内的蠕变，试样内部已经产生了塑性变形，此过程的能量消耗使应力减小，并且维持该试样的变形已经不需要那么高的应力，试样内部抗力的减小造成了应力松弛现象，在应力减小后会继续重复上述过程直至结构面没有蠕变的趋势。因此，应力松弛过程可等效为在多个微小时间段内克服蠕变的行为。

5.6.2　结构面剪切应力松弛机理

上述分析表明，应力松弛实质上是试验机克服蠕变而导致的应力减小，那么从机理上说，蠕变和松弛是同一种力学现象，但是其发生的过程是不同的，应力松弛是一种较为复杂的蠕变状态，与蠕变是“同源”的。虽然在松弛过程中，变形是保持不变的，但试验中发现，等应力循环剪切应力松弛试验中的变形是随着再次加载而出现的额外变形增量,这表明在保持总应变恒定的过程中,由于试样内部发生了破坏或损伤,导致了试样整体工程性质的劣化。从加卸载应力历史对应力松弛的影响来看,前期塑性变形与松弛应力之间存在着此消彼长的关系,并且二者的关系符合式(5.6),这说明塑性变形与应力松弛具有相同的“源头”,而根据加卸载后结构面的剪切松弛特征可推测,结构面中弹性能或弹性变形的减小,会减弱结构面的“松弛性能”。

从上述现象可以判断,结构面的“松弛性能”与结构面中能够储存的弹性能有密切的关系,弹性能是结构面发生应力松弛的“动力”,而塑性变形和应力松弛则是结构面中裂纹发展的结果,塑性变形与应力松弛密切相关。结构面中的“突起物”为弹性能储存、塑性变形或裂隙扩展的发生提供了“空间”。*JRC* 越大,结构面的储能能力增加,松弛性能的可变“空间”增大,可松弛的“空间”也变大,应力松弛现象也越明显,外界环境及加载条件的变化对其影响也越大。

5.7 本章小结

本章对结构面的剪切应力松弛特性及应力历史对剪切应力松弛的影响开展了试验研究,通过分析曲线特征,运用经验模型,对结构面的剪切应力松弛特征以及不同应力历史和不同粗糙度对剪切应力松弛的影响进行了详细的分析,并对一些试验现象进行了解释。通过上述试验结果及分析可以得到以下结论:

(1) 剪切应力松弛曲线可以分为三个阶段,即非线性衰减应力松弛阶段、稳态应力松弛阶段及应力松弛结束阶段。在非线性衰减应力松弛阶段,应力松弛速率不断衰减,应力快速减小;在稳态阶段,松弛速率在一定的时间范围内变化不大,剪切应力松弛曲线近似呈线性,曲线类型可以分为“连续型”和“阶梯型”。

(2) 应力松弛曲线可由松弛速率特征得到的经验本构模型描述,该本构模型中参数 n_r 表征了松弛速率的衰减速度,m_r表征了松弛量的大小。由于低应力下试样以压密作用为主导,松弛量随着初始应力的增大,呈现先略有减小后增加的趋势,并且 *JRC* 是影响该变化规律的重要因素。

(3) 根据等应力循环试验可知,松弛量随着循环次数的增加逐渐降低,松弛量与前期塑性变形呈线性关系。这说明在松弛试验中,应力松弛总量或需要松弛的能量是一定的,前期的塑性变形消耗了该能量,松弛量也相应减小。上述试验结果说明,塑性变形与松弛量具有“同源”性。

(4) 由等应力循环试验中前期变形与松弛量的关系可以预测蠕变、不同加载速率及加卸载后的应力松弛特征。

(5) 通过加卸载后结构面的应力松弛特征可知,结构面经历加卸载应力历史以后,松弛量会明显降低,但松弛速率的衰减速度会变慢,应力松弛曲线的形态会有显著变化。加卸载引起的前期变形与松弛量呈线性关系,这与等应力循环剪切应力松弛试验所预测的结果一致。

(6) 结构面的塑性变形、裂隙开展等现象是引起结构面剪切应力松弛的原因,弹性能是应力松弛的“动力”，结构面中的“突起物”为应力松弛提供了“空间”。结构面的粗糙度(JRC)越大，结构面发生上述行为的“空间”越大，因而松弛量越大，应力历史以及加卸载条件对松弛特征的影响也就越大。从试验中试验机的控制过程来看，应力松弛的本质是试验机克服蠕变变形而不断调整，内部裂隙发育或塑性变形导致内部抗力减小，从而引起应力下降的过程。

第 6 章
不同粗糙度结构面长期强度特性研究

6.1 引言

长期强度是岩体在长期荷载作用下，强度随时间推移逐渐减小的性质。许多与岩体相关的工程，其使用年限较长，例如核废料处置库、水电站地下厂房以及长期使用的地下防护工程，需要控制其稳定性的并非是岩体的瞬时强度，而是长期强度，因此，长期强度作为影响岩体工程性质的重要因素，在工程上具有重要的应用价值。然而，由于试验条件及求解方法的限制，目前对长期强度的研究还相对较少，特别是对结构面长期强度特征的研究则更少。长期强度作为结构面时间效应的一个重要的性质，并没有给予足够的重视，而实际工程中，大多数的岩体失稳是在工程开挖之后或工程完成之后发生的，对于结构面的强度而言，其实质上并没有表现为瞬时强度的特征，而是表现出与时间因素有关的强度特性。

本章在前述试验的基础上，基于结构面强度的速率依存性、分级加载剪切应力松弛曲线以及过渡蠕变法，推测结构面的长期强度，并基于分级加载蠕变试验曲线，提出了确定长期强度的新方法——等速率曲线拐点法，分析了粗糙度对结构面长期强度的影响及机理。

6.2 长期强度的确定

根据绪论所述，迄今为止，对于长期强度的推算还没有统一的方法，目前学者提出了许多种求解长期强度的方法，如声发射法、体积膨胀法、过渡蠕变法以及蠕变率法等[122]，这些方法都是基于长期强度概念，根据试验中的现象提出的。本节根据速率依存性试验、分级加载剪切蠕变试验以及分级加载剪切应力松弛试验，应用过渡蠕变法、松弛法以及速率法对结构面的长期强度进行求解，基于分级加载剪切蠕变试验提出了等速率曲线拐点法，并对比了长期强度求解方法，探讨了长期强度与屈服应力之间的关系。

6.2.1 过渡蠕变法确定长期强度范围

1. 过渡蠕变法求解原理

过渡蠕变法是目前应用最为广泛的一种长期强度的求解方法。过渡蠕变法将长期强度定义为在蠕变试验中稳态蠕变速率为零时所施加的最大外部载荷值[122]。如图 6.1 所示，当施加的外部荷载小于该级荷载时(图 6.1 中蠕变应力为 σ_1 和 σ_2 的蠕变曲线)，在蠕变加载过程中，仅仅出现衰减蠕变阶段，结构面不会产生破坏；而当施加的外部荷载大于该级荷载时(图 6.1 中蠕变应力为 σ_3 和 σ_4 的蠕变曲线)，在蠕变试验过程中会出现稳定蠕变阶段或加速蠕变阶段，结构面在外部荷载长期作用下最终会产生破坏。

根据过渡蠕变法的求解原理，基于分级加载蠕变试验，可确定长期强度的范围，其精度取决于分级加载蠕变试验的分级梯度（图 4.2 中 $\Delta\sigma$ 的大小），但是根据第 4 章的论述，由于时间及试验仪器精度的限制，稳态蠕变速率很难准确求出，图 4.11 中稳态蠕变速率为近似值。

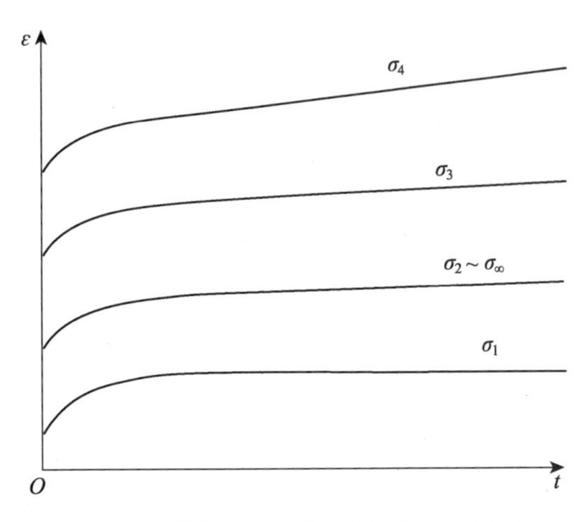

图 6.1　过渡蠕变法求解长期强度示意图

由于黏塑性变形的加入，高应力下的应变规律必然不同于低应力下的变形规律，其不同体现在应力-应变曲线线型的改变，具体表现为由近似线性到非线性的转变[147,148]，并且黏塑性变形是造成岩石大变形以至于破坏的主要原因[1,61]。根据上述文献并结合第 2 章关于结构面剪切变形特征的研究可知，当剪切应力高于起裂应力时，塑性变形开始，但是应力较低时，弹性变形仍然占据变形的主要部分，曲线仍然表现为近似线性，并且该应力阶段属于裂隙稳定发生和扩展阶段。但是当应力高于某个阈值时，裂隙扩展速度开始加快并且呈现出比较显著的非线性增长，黏塑性变形速率增加，剪切曲线表现出了非常显著的非线性形态，如果应力维持在该应力阶段，那么随着裂隙的非线性扩展，最终结构面会发生破坏。因此，对于分级加载蠕变试验，当蠕变应力维持高于长期强度应力值，黏塑性变形速率非线性增长时，会引起蠕变速率、稳态蠕变速率显著增大以及蠕变变形显著增加，因此上述性质发生变化的应力区间可作为确定长期强度范围的依据。其中利用稳态蠕变速率突变确定长期强度的原理其实是依据其变化特征推测稳态蠕变速率不为零的蠕变曲线，这与过渡蠕变法求解长期强度范围的理论基础基本一致。

2. 长期强度求解结果

根据上述方法，对蠕变特征进行分析，如图 4.11 中稳态蠕变速率突变段应力以及表 4.3 中蠕变量突然增加等特征，均可作为评价长期强度范围的依据，综合上述特征的阈值可得到长期强度的范围值，如表 6.1 所示。

表 6.1　长期强度范围

试验编号		c-1-2.17	c-1-4.35	c-1-6.52	c-4-2.17	c-4-4.35	c-4-6.52	c-10-2.17	c-10-4.35	c-10-6.52
长期强度范围/MPa	上限	1.41	3.11	3.76	1.76	3.63	4.64	2.86	5.00	5.60
	下限	1.23	2.72	3.29	1.54	3.18	4.02	2.51	4.38	4.90

6.2.2　基于分级加载剪切应力松弛试验（松弛法）确定长期强度

根据分级加载剪切应力松弛试验得到的特征可知，在分级加载剪切应力松弛试验中，每级松弛试验经过 72 h，应力松弛均进入了稳定松弛阶段，应力松弛速率非常小，在应力-变形坐标系中将松弛 72 h 时的应力松弛曲线所在点连接起来可以得到近似的极限松弛曲线[122]，如图 6.2 中虚线所示，这条曲线实际上近似等于无限小的剪切速率加载的试验结果，根据长期强度的定义，剪切速率趋向于无穷小时的峰值强度即为长期强度，因此，该曲线的峰值强度就是长期强度。从极限松弛曲线的形态可以看出，极限松弛曲线屈服点比较高，即曲线大部分表现出了线性关系，直到接近峰值强度时才会出现屈服特征。通过第 3 章中不同剪切速率下结构面剪切曲线可知，剪切速率越小，剪切曲线的峰值越不明显，当剪切速率趋于无限小时，应力-变形曲线没有明显的峰值，这时曲线趋于水平的应力值即为极限松弛曲线的峰值强度。

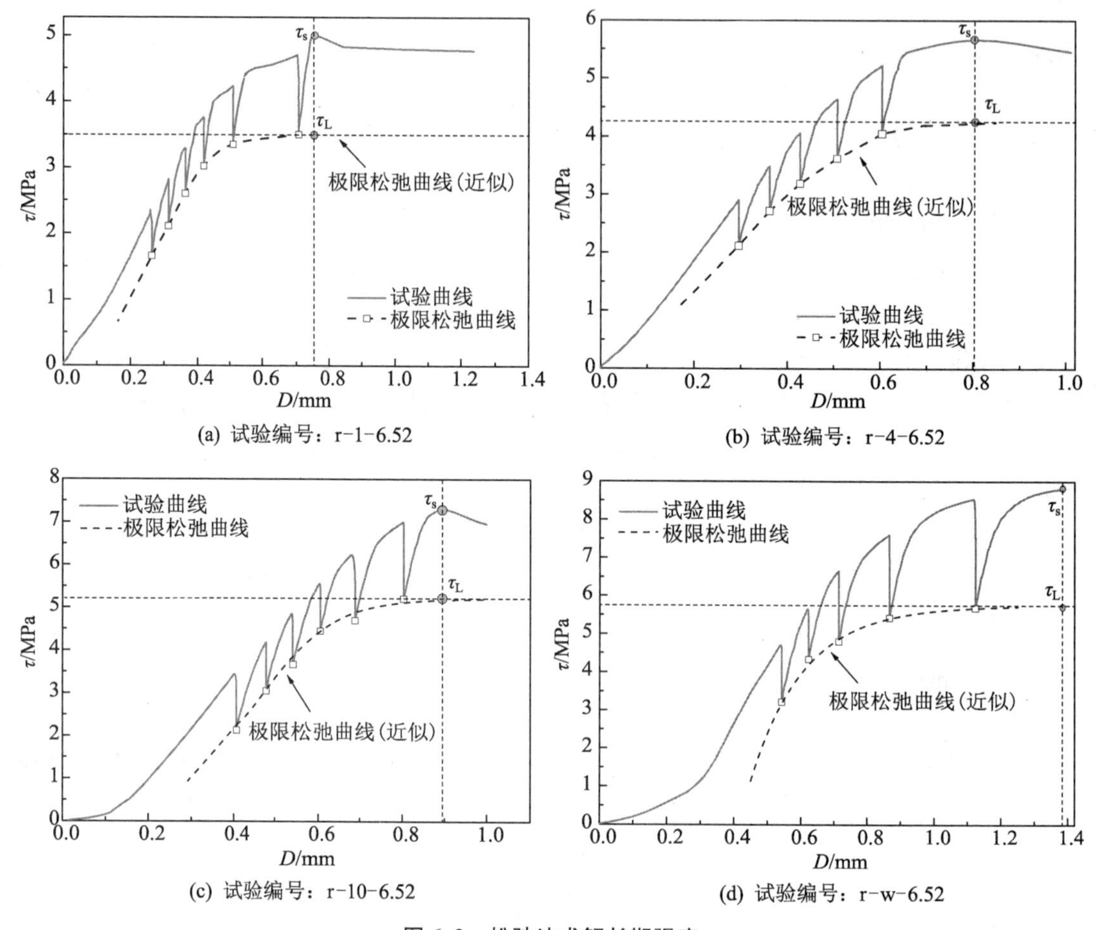

图 6.2　松弛法求解长期强度

根据上述求解方法，利用分级加载应力松弛试验的结果(图 6.2)，极限松弛曲线不具有明显的峰值，前期表现为近似线性关系，后期则表现为非线性屈服特征，并且后期应力-变形曲线趋向于水平，这里将峰值变形对应的极限松弛曲线的应力值作为极限松弛曲线的峰值强度，如图 6.2 中虚线所示，此时的强度基本上处于曲线的水平段，该强度可作为长期强度(表 6.2)。

如表 6.2 所示，τ_L为求解的长期强度，τ_s为分级加载松弛试验的破坏强度，近似看作该试样的峰值强度，τ_L/τ_s为长期强度与峰值强度的比值，随着 JRC 的增大，τ_L/τ_s的值减小。

表 6.2　　长期强度求解结果(法向应力为 6.52 MPa)

JRC	1	7	11	19
τ_L /MPa	3.5	4.25	5.2	5.72
τ_s /MPa	4.9	5.77	7.2	8.9
τ_L / τ_s	71.43%	73.66%	72.22%	64.27%

6.2.3　基于不同加载速率下结构面剪切试验(速率法)确定长期强度

刘雄(1994)[122]等将加载应变速率从有限值过渡到零时的强度值作为岩石的长期强度，图 6.3 所示为应变率法求解长期强度的原理，当剪切速率趋向于零时，试样强度值即为长期强度。

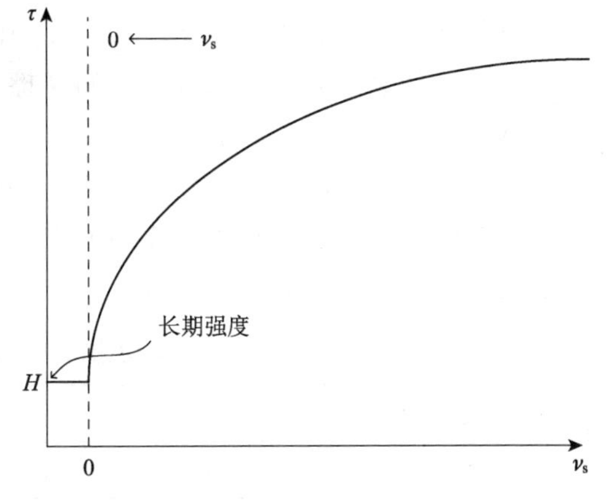

图 6.3　应变率法求解长期强度

根据第 3 章中不同剪切速率下结构面直剪试验强度规律，利用拟合的方法可近似推算剪切速率趋向于零时的剪切强度，利用 1stopt 拟合软件寻找拟合度最高的表达式来预测强度随剪切速率的发展，拟合公式如下：

$$\tau = c(v_s + \beta)^{\alpha} \tag{6.1}$$

根据式(6.1)对剪切强度值与对应剪切速率的关系进行拟合，预测 $v_s=0$ 时的强度值，即长期强度，结果如图 6.4 及表 6.3 所示，从计算结果可以看出，长期强度依然符合库仑定律，与法向应力呈现出了比较好的线性关系，并且不同 JRC 条件下长期强度与法向应力拟合曲线的斜率相差比较小。

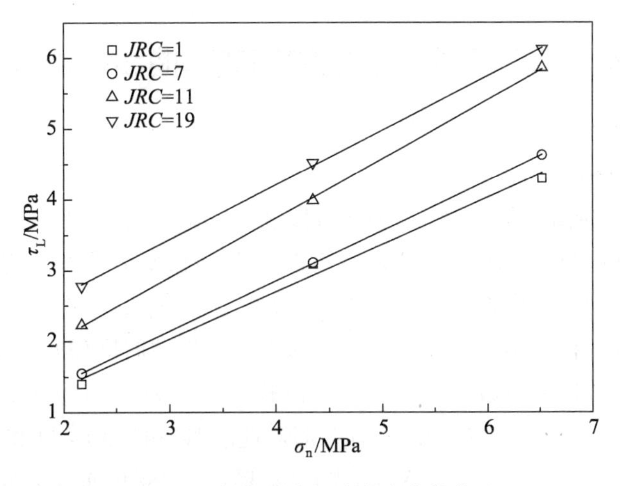

图 6.4　长期强度与法向应力的关系

表 6.3 长期强度求解结果

法向应力 σ_n /MPa	τ_L /MPa			
	$JRC=19$	$JRC=11$	$JRC=7$	$JRC=1$
2.17	2.78	2.23	1.55	1.40
4.35	4.52	3.99	3.11	3.09
6.52	6.12	5.86	4.63	4.30

根据库仑定律对长期强度的摩擦角 φ 和黏聚力 c 进行求解，表 6.4 中给出了不同剪切速率下的强度及长期强度参数。从表 6.4 中可知，摩擦角基本变化不大，$JRC=19$ 时，长期强度摩擦角是速率为 0.1 mm/s 时的摩擦角的 90.54%，而黏聚力却降低了很多，降低了 0.36 MPa，长期强度黏聚力是速率为 0.1 mm/s 时的黏聚力的 76%，并且随着 JRC 的增大，黏聚力降低的幅度是一直增大的。例如 $JRC=1$ 时降低了 0.05 MPa，而 $JRC=19$ 时降低了 0.36 MPa。这说明在长期力学作用下主要引起黏聚力的降低，这与第 3 章中关于不同速率下强度参数的相关结论相似。

表 6.4 不同剪切速率下的强度参数和长期强度参数

JRC 强度参数	19		11		7		1	
	φ/(°)	c/MPa	φ/(°)	c/MPa	φ/(°)	c/MPa	φ/(°)	c/MPa
0.001($P_{0.001}$)	39.16	1.29	39.65	0.45	37.49	0.13	35.05	0.03
0.004($P_{0.004}$)	40.26	1.36	39.59	0.53	37.38	0.25	35.43	0.05
0.02($P_{0.02}$)	40.76	1.43	39.75	0.61	37.09	0.44	35.55	0.04
0.1 ($P_{0.1}$)	41.44	1.50	40.66	0.68	36.60	0.62	35.75	0.08
长期强度(P_L)	37.52	1.14	39.84	0.40	35.30	0.019	33.70	0.03

6.2.4 基于分级加载剪切蠕变曲线的等速率曲线拐点法（蠕变法）确定长期强度

1. 蠕变等速率曲线

蠕变曲线包括过渡蠕变阶段、稳态蠕变阶段和加速蠕变阶段等三个阶段，任何材料的蠕变均会经历第一阶段，只有应力大于长期强度时才会存在变形速率不为零的稳态蠕变阶段和加速蠕变阶段，否则当应变速率降至零时，蠕变停止，此时蠕变不会发生破坏[111]。因此，对于典型的蠕变曲线，在小于长期强度的应力水平下或加载时间较短的情况下，应变速率逐渐减小，各个时间点的速率在数值上不相等。在蠕变应力为 τ(应力 τ 加载时间较短或小于长期强度)的蠕变曲线中：每个蠕变的时间点都对应着唯一的变形 D 和速率 v。因此，可以利用(τ, D, v)三者之间一一对应的关系，先在蠕变速率的变化曲线上分别取不同荷载下速率相同的时间点，然后在蠕变曲线上求得该时间点的变形，利用取得的(τ, D, v)数值，在应力-应变坐标系中绘制出蠕变等速率曲线。蠕变等速率曲线的求解过程如图 6.5 所示[149]。

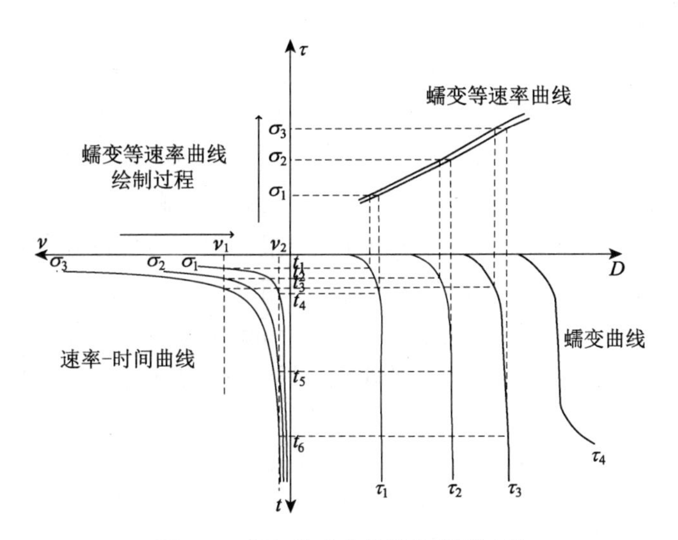

图 6.5　蠕变等速率曲线的求解过程

根据上述方法，可得到9个试样的等速率曲线，以试验 c-10-2.17 的曲线为例，取计算得到速率为 0.000 6 mm/h，0.000 5 mm/h，0.000 4 mm/h，0.000 3 mm/h，0.000 02 mm/h，0.000 01 mm/h 等6组数据绘制等速率曲线，如图 6.6 所示，曲线形态在图中拐点搜索范围内发生了变化，由线性关系转变为了非线性关系，具有较为明显的转折点，而该转折点标志着岩石黏塑性变形已经成为变形的主要部分。等应变速率曲线的力学意义是不同剪切速率条件下应力-变形关系的反映，当应力超过一定应力水平时，塑性变形或裂隙不稳定发展，其曲线形态也会发生变化[147, 148]，如图 6.6 所示，每条等应变速率曲线都由近似线性段（黏弹性段）和非线性段（黏弹性＋黏塑性段）组成，并且具有明显的转折点，该转折点标志着岩石变形由黏弹性到黏塑性的转变，应力超过这个点以后，结构面内部裂隙开始不稳定发展，整个岩石发生破坏仅是时间问题，因此该转折点的应力水平是试样保持稳定不发生破坏的最大应力值，这与长期强度的概念基本相同，可以认为是长期强度。

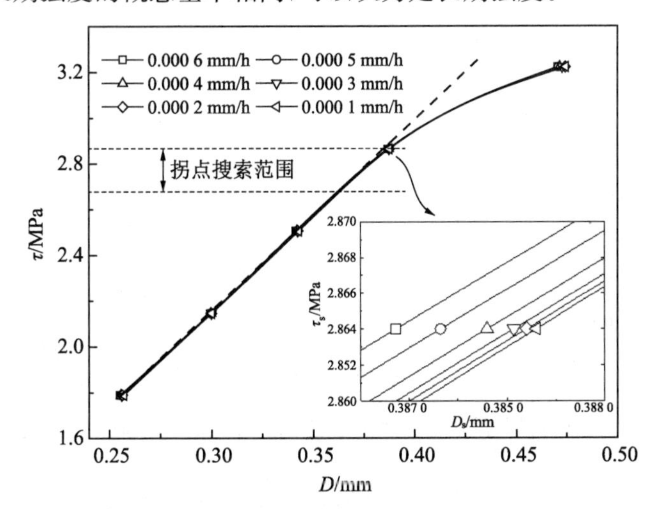

图 6.6　等蠕变速率曲线（试验编号：c-10-2.17）

2. 长期强度求解结果

根据上述分析，小于长期强度的蠕变等速率曲线应是近似线性关系（相对于非线性），而大于长期强度的蠕变等速率曲线形态为非线性。因此只需在已得出的蠕变等速率曲线中求得两段不同线型曲线的转折点（拐点）即可求得长期强度。为了避免由于人为选取拐点造成求解结果的主观性，将等速率曲线分为两段，即线性段和非线性段，利用 Levenberg-Marquardt 法，对曲线分段拟合，搜索可能的拐点，最后以非线性段在转折点的斜率与直线段的斜率差值最小作为判据，即两者斜率最接近于相等（差值约为0），求解拐点，其应力值即为长期强度。以试验 c-10-2.17 速率为 0.000 6 mm/h 的等速率曲线拐点的求解为例，在如图 6.6 所示的搜索范围内通过拟合寻找到 9 个拐点，在此拐点拟合的曲线 R 值均在 0.999 9 以上，线性段与非线性段的斜率差值随拐点应力的变化如图 6.7 所示，差值最小的点即为线性段和非线性段的拐点，图中斜率差值最小点的应力为 2.782 MPa，差值为 1.568。根据以上方法，分别搜索图 6.6 中 6 条不同速率曲线的拐点值，结果如表 6.5 所示，最后得到平均值作为长期强度值，为 2.79 MPa。

上述结果也证明，在低剪切速率下，速率变换对剪切曲线屈服点的影响不大。该方法求得的结果类似于求解曲线的屈服应力，但该屈服应力与常规剪切曲线的屈服应力不同，该方法求得的是低速率下的屈服点，长期强度与屈服应力的联系将在 6.2.6 节讨论。

表 6.5　　拐点求解结果

蠕变速率 /(10^{-4}mm·h^{-1})	6	5	4	3	2	1
拐点应力 /MPa	2.78	2.77	2.79	2.82	2.80	2.79

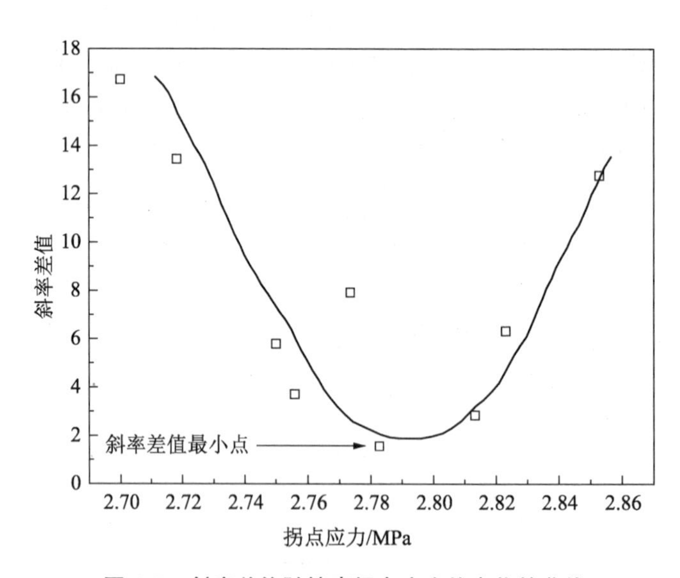

图 6.7　斜率差值随搜索拐点应力值变化的曲线

根据以上方法，表 6.6 中列出了通过分级加载蠕变试验以及等速率曲线拐点法求得的长期强度，长期强度值基本上符合过渡蠕变法所求得的长期强度范围（表 6.4）。

表6.6　长期强度求解成果

JRC	σ_n/MPa	长期强度 τ_L/MPa
1	2.17	1.36
	4.35	3.18
	6.52	3.76
7	2.17	1.80
	4.35	3.55
	6.52	4.25
19	2.17	2.78
	4.35	4.60
	6.52	5.49

6.2.5　长期强度求解结果比较

上述四种方法确定的长期强度值如表6.7所示，等速率曲线拐点法、松弛法、速率法所求得的长期强度比较接近，并且符合过渡蠕变法所估算的长期强度范围，但是速率法求得的长期强度比其他方法求得的值大。

表6.7　四种方法求得的长期强度

JRC	σ_n/MPa	τ_L/MPa			
		过渡蠕变法	等速率曲线拐点法	松弛法	速率法
1	2.17	>1.23	1.36	—	1.40
	4.35	>2.72	3.18	—	3.09
	6.52	>3.31	3.76	3.50	4.30
7	2.17	>1.54	1.80	—	1.55
	4.35	>3.18	3.55	—	3.11
	6.52	>4.25	4.25	4.25	4.63
19	2.17	>2.51	2.78	—	2.78
	4.35	>4.38	4.60	—	4.52
	6.52	>5.53	5.49	5.20	6.12

通过对上述几种方法的论述可知，过渡蠕变法借助黏弹塑性理论分析分级加载剪切蠕变试验各级蠕变变形及蠕变速率特征，特别是利用稳态蠕变速率的突变特征确定长期强度，而等速率曲线拐点法的求解思路与过渡蠕变法基本相同，其基本思想认为，一旦黏塑性变形或者裂隙发生非稳定发展，如果应力维持在该阶段，经历一定的时间以后，试样

会发生破坏，该方法的核心也是寻找低速率下等速率曲线发生非线性变化的特征点来求解长期强度，二者基本思路相同，即长期强度以下蠕变不存在稳态蠕变阶段及加速蠕变阶段，而长期强度以上内部抗力无法平衡外部应力，稳态蠕变速率不为零以及蠕变变形迅速增大，这时蠕变存在加速蠕变阶段，最终会引起破坏。过渡蠕变法求得的长期强度是一个范围值，其范围的大小取决于分级加载蠕变试验的分级大小。等速率曲线拐点法则可求得长期强度的精确值。因此，相对于过渡蠕变法，等速率曲线拐点法求解结果更加准确，并且可操作性更好。

松弛法认为极限松弛曲线是无限小的剪切速率加载的试验结果，其应力峰值即为岩石的长期强度，而速率法与上述理念相同，也是将剪切速率趋于无限小时的剪切强度作为长期强度，因此松弛法与速率法在求解原理上基本相似，但速率法需要多个试样，试样的差异性容易造成求解结果的不准确，如表 6.7 所示，应用速率法求解的长期强度值的某些数值明显高于其他几种方法的求解结果。因此，相比于速率法，松弛法采用一个试样即可求得长期强度，准确性更高，计算得到的结果更具有参考价值。

6.2.6 长期强度与屈服应力之间的关系

等速率曲线拐点法认为等速率曲线的拐点对应着长期强度，而这个拐点类似于瞬时剪切曲线的屈服应力，因此长期强度有可能与屈服应力有关，其意义与等速率曲线拐点法相同。目前所求得的长期强度的经验值一般认为是峰值强度的 60%～80%，其值与屈服应力其实非常接近[102,103]。因此，需要讨论和厘清长期强度与屈服应力之间的关系。

1. 不同粗糙度结构面长期强度与剪切特征值之间的关系

根据长期强度的求解结果以及表 2.2 中特征点的应力值表，对相关数据进行对比，如表 6.8 所示为裂隙发展特征值以及各种方法计算得出的长期强度值，长期强度值比较接近屈服应力 τ_{cd}，基本上位于起裂应力 τ_{ci} 与屈服应力 τ_{cd} 之间，并且随着 JRC 的增大，长期强度由近似相等到逐渐略小于屈服强度 τ_{cd}。如图 6.8 所示，可以清楚地看到长期强度与屈服强度之间的相对位置关系：

(1) 当 $JRC=1$ 时[图 6.8(a)]，三种方法求得的长期强度在屈服强度周围波动，说明当 $JRC=1$ 时的长期强度与瞬时剪切曲线屈服应力基本相等。

(2) 当 $JRC=19$ 时[图 6.8(c)]，长期强度基本上小于瞬时强度时的屈服应力，这表明长期强度与瞬时曲线屈服应力之间并不是简单的相等关系。

表 6.8　长期强度与裂隙发展特征值

JRC	σ_n /MPa	τ_{ci} /MPa	τ_{cd} /MPa	τ_L		
				蠕变法	松弛法	速率法
1	2.17	0.69	1.20	1.36	—	1.40
	4.35	2.44	3.10	3.18	—	3.11
	6.52	1.83	3.75	3.76	3.50	4.30

（续表）

JRC	σ_n /MPa	τ_{ci} /MPa	τ_{cd} /MPa	τ_L		
				蠕变法	松弛法	速率法
7	2.17	1.18	1.60	1.80	—	1.55
	4.35	3.53	4.00	3.55	—	3.11
	6.52	3.55	4.25	4.25	4.25	4.63
19	2.17	2.03	2.50	2.78	—	2.78
	4.35	4.00	4.90	4.60	—	4.52
	6.52	4.60	5.60	5.49	5.20	6.12

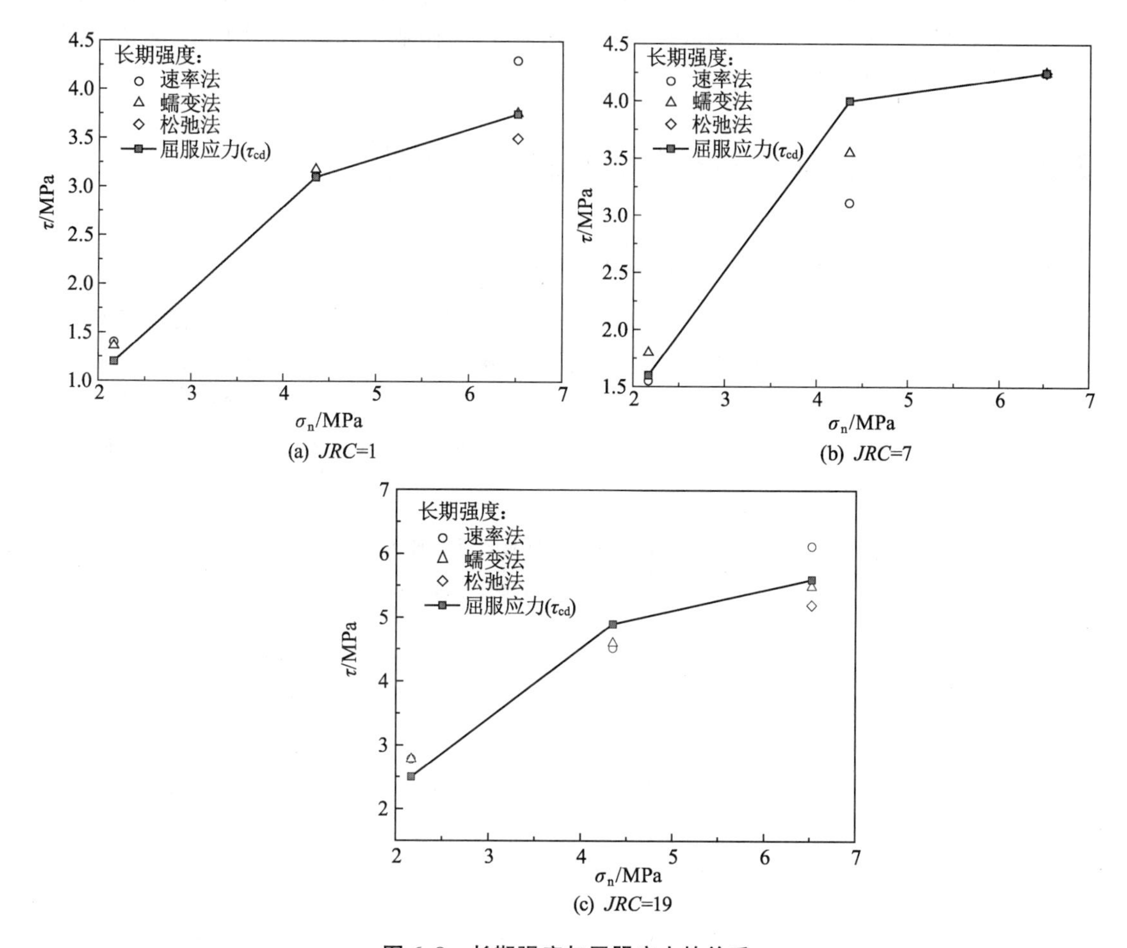

图 6.8 长期强度与屈服应力的关系

2. 长期强度与屈服应力之间的关系

当试样处于屈服应力时，裂隙或塑性变形开始不稳定发展，此时保持应力恒定，那么随着裂隙或塑性变形的不断累积，最终会导致试样破坏，因此，从长期强度的定义来看，蠕变应力达到屈服应力时，试样一定会发生破坏，由此可以推测，长期强度应等于或小于屈服应力。

由第3章结论可知，随着剪切速率的降低，屈服应力有减小的趋势并且逐渐接近于峰值强度（图3.17），即当剪切速率足够低时，峰值强度与屈服应力趋于相等，而当剪切速率趋于无穷小时，剪切曲线的峰值强度即为长期强度。

结合长期强度的定义，长期强度代表了剪切速率趋向于无限小时剪切-变形曲线的峰值，而剪切速率足够小时，其屈服应力又接近峰值强度，长期强度其实是当剪切速率趋于无限小时的峰值强度或屈服应力。因此，当 $JRC=1$ 时，由于峰值强度和屈服应力本身变化不大，才出现了长期强度与瞬时强度比较接近的结果；而当 $JRC=19$ 时，剪切速率对峰值强度和屈服应力的影响比较大，剪切速率趋于无限小时的峰值强度和屈服应力为长期强度，剪切速率趋于无限小时，其峰值强度和屈服应力均小于瞬时强度时的峰值强度和屈服应力，因而表现出了长期强度比瞬时剪切时屈服应力小的现象。

因此，等速率曲线拐点法求解得到的长期强度其实是低剪切速率条件下的屈服点，由于低剪切速率下的屈服点变化较小，故可作为长期强度，而松弛法和速率法则是求解速率趋于零时的峰值强度作为长期强度。

6.3 JRC及法向应力对长期强度的影响机制

6.3.1 长期强度与JRC及法向应力的关系

以蠕变等速率曲线拐点法的求解结果为例，研究长期强度与 *JRC* 的关系。表6.9所示为不同粗糙度结构面长期强度与瞬时强度的关系。由于分级加载试验，相对于长期强度时试样的破坏时间非常短。因此，为了消除瞬时剪切试验试样与蠕变试验试样的差异性对试验分析的影响，表6.9中瞬时强度取经过分级加载蠕变试验后试样的破坏强度（表4.1）。

表6.9　不同粗糙度结构面长期强度与瞬时强度

试验编号	长期强度 τ_L/MPa	瞬时强度 τ_s/MPa	长期强度/瞬时强度
c-1-2.17	1.36	1.70	79.91%
c-1-4.35	3.18	3.91	81.33%
c-1-6.52	3.76	4.73	80.00%
c-4-2.17	1.80	2.20	81.82%
c-4-4.35	3.55	4.64	76.51%
c-4-6.52	4.25	5.31	80.04%
c-10-2.17	2.78	3.58	77.93%
c-10-4.35	4.60	6.28	73.24%
c-10-6.52	5.49	7.75	70.86%

长期强度与瞬时强度相似，随着 *JRC* 的增大而增大，并且与 *JRC* 表现出了比较明显的线性关系（图6.9）。如图6.10所示，*JRC* 较小时，长期强度与瞬时强度的比值均在80%左

右，而当 $JRC=7,19$ 时，长期强度与瞬时强度的比值随法向应力的增大而减小，并且这种趋势随着 JRC 的增大越来越明显，其比值可降低至 70%左右；同一法向应力下，随着 JRC 的增大，长期强度与瞬时强度的比值逐渐减小。

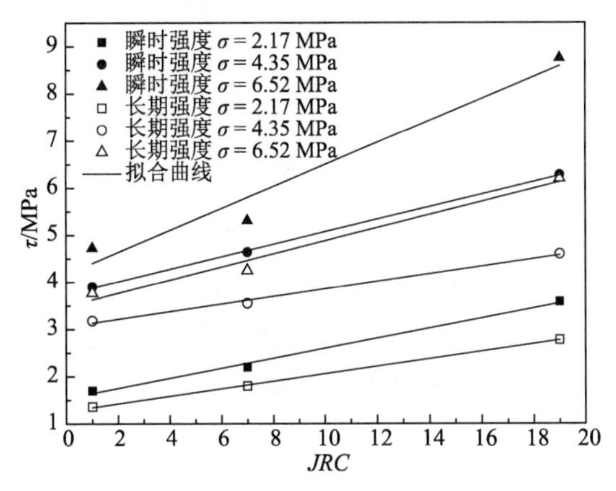

图 6.9　长期强度与 *JRC* 及法向应力的关系

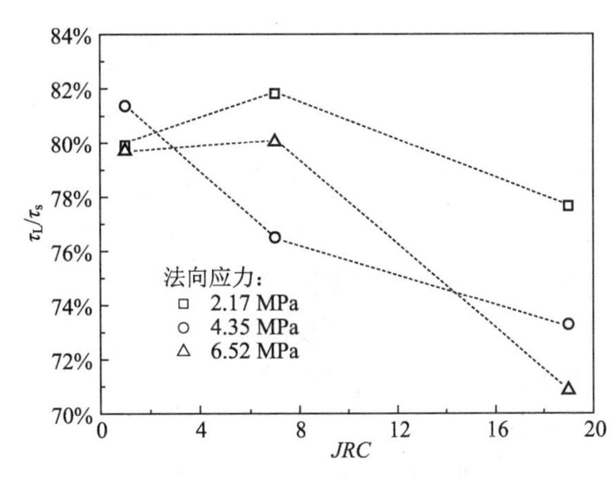

图 6.10　长期强度/瞬时强度与 *JRC* 及法向应力的关系

结合第 2 章中的强度公式(2.9)：

$$\tau = S_{JRC} + S_f \tag{6.1}$$

长期强度的计算可采用式(6.2)：

$$\tau_L = \alpha_1 S_{JRC} + \alpha_2 S_f \tag{6.2}$$

式中，τ_L 为长期强度；α_1 为长期剪切应力作用下 S_{JRC} 的折减系数；α_2 为长期剪切应力作用下 S_f 的折减系数；参数 α_1，α_2 与法向应力及岩石材料有关，并均小于 1。

结合强度公式(2.9)和式(6.2)可知，长期强度 τ_L 与瞬时强度 τ 的比值为

$$\frac{\tau_L}{\tau} = \frac{\alpha_1 S_{JRC} + \alpha_2 S_f}{S_{JRC} + S_f} = \frac{\alpha_1 k \sigma_n JRC + \alpha_2 \sigma_n \tan\varphi_b}{k\sigma_n JRC + \sigma_n \tan\varphi_b} \tag{6.3}$$

式(6.3)可以变换为

$$\frac{\tau_L}{\tau} = \alpha_1 + \frac{(\alpha_2 - \alpha_1) S_f}{S_{JRC} + S_f} = \alpha_1 + \frac{(\alpha_2 - \alpha_1)\tan\varphi_b}{k \cdot JRC + \tan\varphi_b} \tag{6.4}$$

根据试验结果可知，τ_L/τ 随 JRC 的增大而减小，那么有 $\alpha_2 > \alpha_1$，这表明在长期应力作用下，与 JRC 有关的强度组分折减量大于摩擦作用下的强度折减量。

同样，根据式(2.1)，计算瞬时强度(表 2.2)的参数 m 和 n 以及长期强度相关的参数 m_L 和 n_L，如表 6.10 所示，从表中计算结果可知，式(2.1)中的两个参数 m 和 n 均有所折减，且折减量不同。n 在不同法向应力下，折减量基本相同，为 81%～84%，同等法向应力作用下，m 的折减量大于 n，并随着法向应力的增大，m 的折减量增加。这表明 S_{JRC} 是结构面强度随时间变化的主要原因，且随法向应力的增大，JRC 提供的抗力 S_{JRC} 对时间更加敏感。对 m 和 n 的折减规律将在第 7 章讨论。

表 6.10　不同法向应力下的参数 *m* 和 *n*

法向应力/MPa	长期强度		瞬时强度		m_L/m	n_L/n
	m_L	n_L	m	n		
2.17	0.079	1.265	0.106	1.539	74.5%	82.2%
4.35	0.080	3.055	0.132	3.744	60.6%	81.6%
6.52	0.138	3.489	0.232	4.171	59.5%	83.6%

因此，由于 *JRC* 所提供的抗力组分 S_{JRC} 与摩擦抗力组分 S_f 的时间效应的不同，当 *JRC* 较小时，S_f 所提供强度比例较大，由于其对法向应力和时间的不敏感性，表 6.9 中 1 号结构面，长期强度与瞬时强度的比值变化不大，而随着 *JRC* 的增大，S_{JRC} 所占的比重逐渐增大，其性质也影响了整个结构面的性质，如表 6.9 中 10 号结构面，长期强度与瞬时强度的比值越来越小。

以上现象可以说明：

(1) 强度的时间效应与法向应力和结构面的表面形态密切相关。具体表现为法向应力或 *JRC* 越大，在长期荷载作用下，强度降低的幅度越大，这说明 *JRC* 为强度的时间效应提供了“空间”。

(2) *JRC*＝1 时，长期强度较瞬时强度降低 20%左右，而 *JRC*＝19 时，长期强度较瞬时强度降低 23%～30%。不同法向应力下长期强度与瞬时强度的关系也存在着相似的特征。*JRC* 和法向应力的增大均意味着 *JRC* 所提供抗力(S_{JRC})的百分比增大，因此，切齿提供抗力的百分比及其与摩擦时效特征的差别应是结构面长期强度与瞬时强度比值随二者变化的原因。

6.3.2 基于应力-变形曲线特征对长期强度变化特征的解释

Goodman[31]提出蠕变与瞬时加载产生的应力-应变全过程曲线存在以下关系(图 6.11)：长期强度以上的岩石蠕变破坏变形值，与瞬时全应力-应变曲线峰后同一应力下的应变量十分相近，即蠕变在应力水平稳定后的应力-应变轨迹是一条水平线(AB, CD, EF)。从点 A 或点 C 开始的蠕变试验经过一段时间会在瞬时全应力-应变曲线峰后的点 B 或点 D 破坏，在临界应力水平点 I 以下点 E 开始的蠕变试验则经过很长时间才会逼近点 F，而且不会引起破坏。轨迹线 GH 则是岩石试样在临界应力以下的各级荷载最终变形(如点 F)连成的一条轨迹线。Bérest 等[16]对这条曲线也做了相关的研究，将其称作极限变形轨迹。如图 6.11所示，极限变形轨迹与全应力-应变曲线交于点 H，在此荷载下经过长时间变形，能够与全应力-应变峰后段相交，这时的蠕变达到破坏所需要的时间最长，所需应力水平最低，破坏变形量也最大，因此，点 H 所对应的应力水平即为长期荷载下岩石不发生破坏的临界值，此应力值可作为长期强度。这个规律同样适用于岩石的疲劳试验，并且在葛修润[150, 151]、章清叙[152]、肖建清[153]等人的试验中得到了证实(图 6.12)。

根据极限变形轨迹的定义可知，极限变形轨迹具有以下特点：

(1) 极限变形曲线的斜率(模量)一定低于任何加载速率下的斜率；

(2) 极限变形曲线的形态与岩石性质有关，粗糙度较小时，相同应力水平下的变形较大，因而粗糙度较小时的斜率低于粗糙度较大时的斜率。

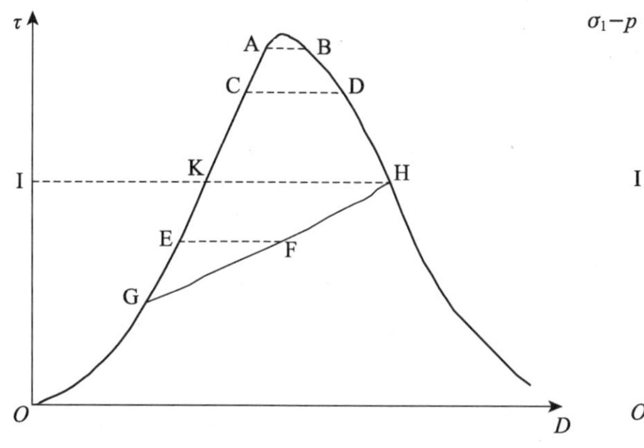

图 6.11　蠕变与应力-应变曲线的关系

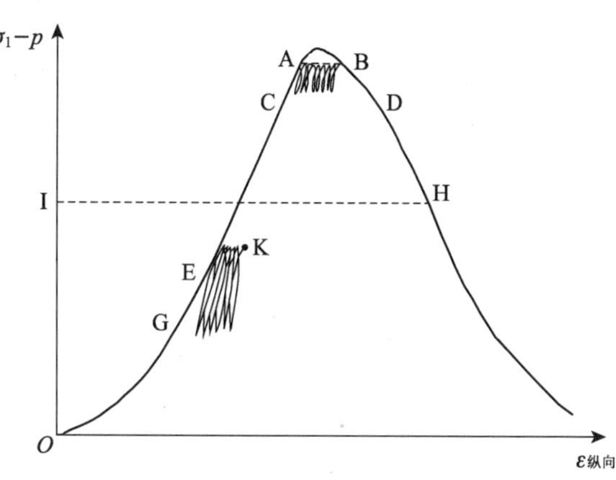

图 6.12　循环荷载下岩石的疲劳试验曲线与应力-应变曲线的关系

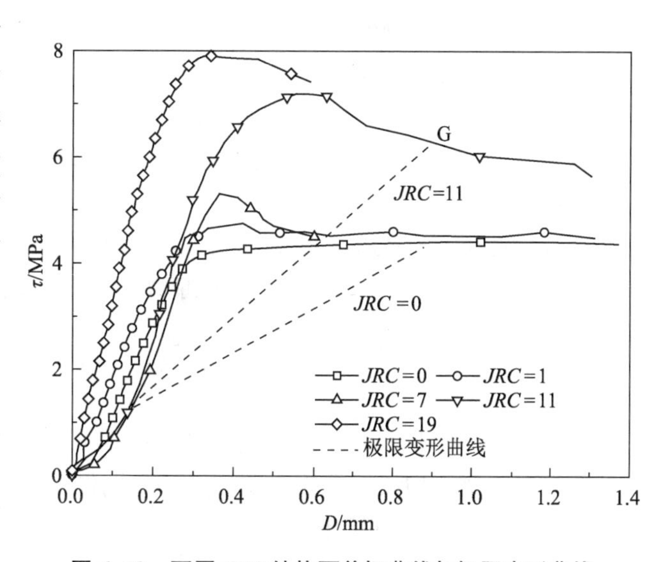

图 6.13　不同 *JRC* 结构面剪切曲线与极限变形曲线

图 6.13 为不同 *JRC* 结构面剪切应力-变形曲线，随着 *JRC* 的增大，瞬时剪切的应力-变形曲线由磨损式到剪断式，即 *JRC* = 0，1 时，应力-变形曲线无明显的峰值，而 *JRC*＝7，11，19 时，随着对结构面"突起物"的剪切(即切齿)逐渐成为提供结构面抗力的一部分，并且所占的百分比增大，此时应力-变形曲线表现出较为明显的峰值，峰后则有很大的应力降。根据极限变形规律，极限变形曲线与应力-变形曲线交点所对应的应力值即为长期强度，那么不同应力-变形曲线的形态决定了交点的位置，进一步决定了长期强度与峰值强度之间的关系。如图 6.13 中极限变形轨迹所示，当应力-变形曲线没有明显峰值时(如 *JRC*＝0)，峰后曲线应力降较小，极限变形曲线与峰后曲线交于点 J，此时点 J 的应力与瞬时剪切强度相差很小，这是由于时间作用强度降低的幅度较小。当应力-变形曲线峰值较为明显时(如 *JRC* = 11)，极限变形曲线与瞬时应力-变形曲线交于峰后的点 G，该点的应力水平与峰值强度具有一定的差值，因而 *JRC* 越大，长期强度与峰值强度的比值越大。因此，根据瞬时应力-变形曲线形态及极限轨迹可以定性分析长期强度随 *JRC* 的变化规律。同样地，当法向应力增大时，瞬时曲线也表现出了类似的曲线特征，即法向应力越大，曲线峰值越明显，随着法向应力的增大，长期强度与瞬时强度的比值逐渐变小。

6.3.3 基于剪切面积比对长期强度变化特征的解释

在 Ladanyi(1969)[26]提出的规则齿形结构面强度公式中，引入了剪切面积比的概念，即剪断切齿的面积与结构面面积的比值，剪切面积比越大，切齿提供的抗力在总抗力中的百分比越大。试验表明，法向应力和 *JRC* 越大，剪切面积比越大。

瞬时剪切-变形曲线中法向应力和 *JRC* 越大，在同样的剪切应力下，其变形越小，即通过变形释放的能量越少，未释放的能量储存在结构面中。贯通的平整结构面储能能力较小，依靠摩擦释放能量；连续完整的岩石储能能力较大，可以在岩石内部储存较多的能量。*JRC* 或法向应力越大，剪切面积比越大，切齿(齿形为完整连续的岩石突起)提供的抗力占结构面抗力的百分比越大，储能越多，在结构面发生破坏时，能量突然释放，破坏表现得越剧烈。同样，在蠕变试验中，粗糙度越大或法向应力越大，剪切时，*JRC* 抗力占结构面抗力比例越大，其储能能力就越大，外部试验机对结构面做功，不断以弹性能或塑性能的形式进行储能或能量释放，并且随着时间的推移，不断有能量通过裂隙发生和扩展释放出去，最终形成不可恢复的塑性变形，在此过程中弹性能的储存对结构面强度和性质影响较小，而塑性能则意味着结构面内部的破坏以及力学性质的劣化。由于贯通平整结构面依靠摩擦耗能，在耗能过程中，结构面咬合能力降低，趋于平滑，但是对结构面的力学性质改变较小，因而对整个结构面的强度影响不大。而结构面“突起物”(齿形)部分则通过弹性能和塑性能的储存和转换，最终造成结构面性质的劣化，从而导致“突起物”(齿形)所提供的抗力分量减小，进而影响结构面的整体强度。

因此，随着 *JRC* 与法向应力的增大，剪切面积比增大，结构面中强度随时间的变化空间增大，因此，长期强度与瞬时强度比值随 *JRC* 及法向应力的增大而减小，可表达为式(6.5)：

$$\frac{\tau_L}{\tau} = \alpha_f \frac{S_{JRC-l}}{S_{JRC}} + (1-\alpha_f)\frac{S_{f-l}}{S_f} \tag{6.5}$$

式中，τ_L为结构面的长期强度；τ 为结构面瞬时强度；S_{JRC-l}为长期作用下切齿提供的抗力；S_{JRC}为瞬时作用下切齿提供的抗力；S_{f-l}为长期作用下摩擦提供的抗力；S_f为瞬时作用下摩擦提供的抗力；α_f为剪切面积比。

从本节的试验结果可以推断，随着剪切面积比 α_f的增大(法向应力或 *JRC* 增大)，τ_L/τ 是减小的，即切齿所占的百分比越大，长期强度较瞬时强度降低的比值越大。那么可以有以下推断，对于水泥砂浆结构面有：

$$\frac{S_{JRC-l}}{S_{JRC}} < \frac{S_{f-l}}{S_f} \tag{6.6}$$

即“突起物”或 *JRC* 抗力因时间降低的强度比例大于贯通的结构面因时间而降低的强度比例。

6.4 本章小结

本章采用过渡蠕变法、松弛法和速率法确定长期强度，并提出了确定长期强度的新方法——等速率曲线拐点法，探讨了 *JRC* 对长期强度的影响以及长期强度与屈服应力之间的关系。最后，基于极限变形规律以及剪切面积比分析了 *JRC* 对长期强度的影响机理。

（1）基于长期强度的基本定义，通过过渡蠕变法推测了长期强度的范围，通过等速率曲线拐点法、松弛法及速率法求解长期强度值，三种方法求解的结果接近，并且符合过渡蠕变法求解的长期强度范围值。等速率曲线拐点法作为推断长期强度的一种新方法，利用曲线拟合的方式确定曲线的拐点，其求解结果符合过渡蠕变法所求得的长期强度范围，其合理性和可靠性得到了验证。

（2）通过比较四种方法所求得的长期强度，松弛法与等速率曲线拐点法应用一个试样进行求解，并且能够相对较准确地求得长期强度，因而可作为长期强度的求解方法进行推广。

（3）随着 *JRC* 的增大，长期强度与瞬时强度的百分比减小，即 JRC 越大，结构面强度的时效特性表现得越明显，造成这种现象的原因是，*JRC* 及法向应力越大，*JRC* 发挥的作用越大，即 *JRC* 实际发挥的作用（切齿）为强度的时效特征提供了“空间”。

（4）瞬时强度和长期强度与 *JRC* 呈线性关系，与 *JRC* 相关的强度部分是造成结构面强度具有时间效应的主要原因，也是不同 *JRC* 结构面长期强度与瞬时强度比值变化的原因。

（5）通过对强度时效特征的机理分析可知，连续完整的试验材料由于时间造成的强度降低的比例大于平整节理面因时间而降低的比例，且受法向应力等外界环境条件变化的影响。

第7章
不同粗糙度结构面时间效应作用机理

速率依存性、蠕变、应力松弛以及长期强度是结构面时间效应的主要方面。蠕变揭示了在应力不变的情况下，变形随时间的变化规律；应力松弛则反映了与蠕变相对应的情况，即变形不变，应力随时间的变化规律；结构面力学特性的速率依存性反映其力学性质的速率相关性，由于速率是变形或应力与时间的函数，速率依存性也是与时间相关的重要性质。随着时间的增长，上述三种现象都会引起结构面的强度降低，而强度降低的极限即是长期强度。国内外学者对岩石或结构面力学特性的时效特征的研究一直没有间断过，但是从整体上考虑上述四个方面解释其机理的研究并不多见。

本章通过前面的试验结果，在应力-变形空间内阐述了四种现象之间的关系，对其进行统一的分析和研究，并通过一些试验结果验证了上述结论。通过分析结构面剪切结果及数值计算结果，探讨了结构面剪切过程中 *JRC* 抗力衰减和摩擦力启动与塑性变形的关系，提出了 *JRC* 衰减(JRC-Weakening, JRCW)模型，并应用该模型对结构面剪切蠕变、应力松弛、速率依存性以及长期强度的机理进行了统一的解释和研究。

7.1 蠕变、应力松弛、速率依存性及长期强度之间的关系

7.1.1 蠕变与应力松弛之间的关系

1. 蠕变与应力松弛特征的联系

如图 7.1 和图 7.2 所示，无论是蠕变曲线与应力松弛曲线之间，还是蠕变速率曲线与应力松弛速率曲线之间，都存在着近似的对称关系，它们随时间的变化规律基本相似，蠕变速

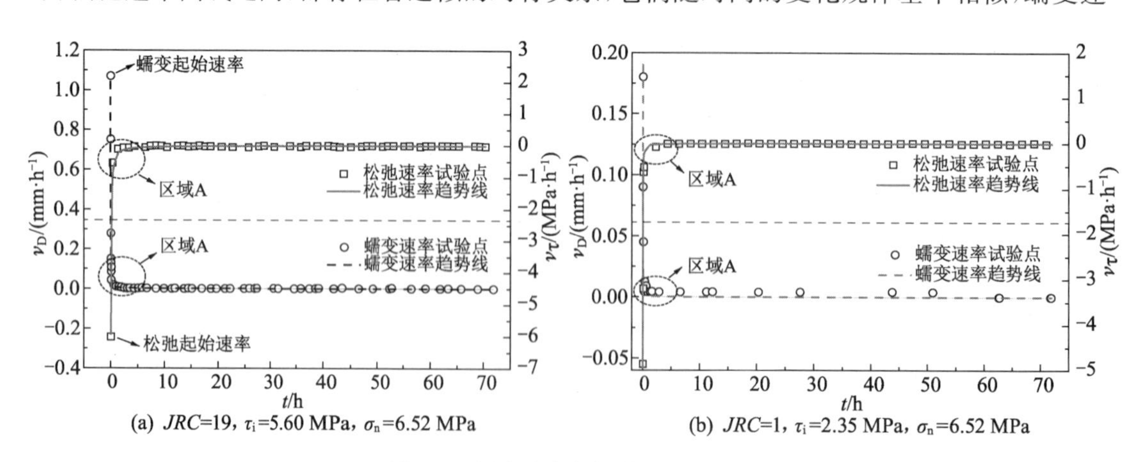

(a) JRC=19, τ_i=5.60 MPa, σ_n=6.52 MPa　　(b) JRC=1, τ_i=2.35 MPa, σ_n=6.52 MPa

图 7.1　蠕变速率与松弛速率关系图

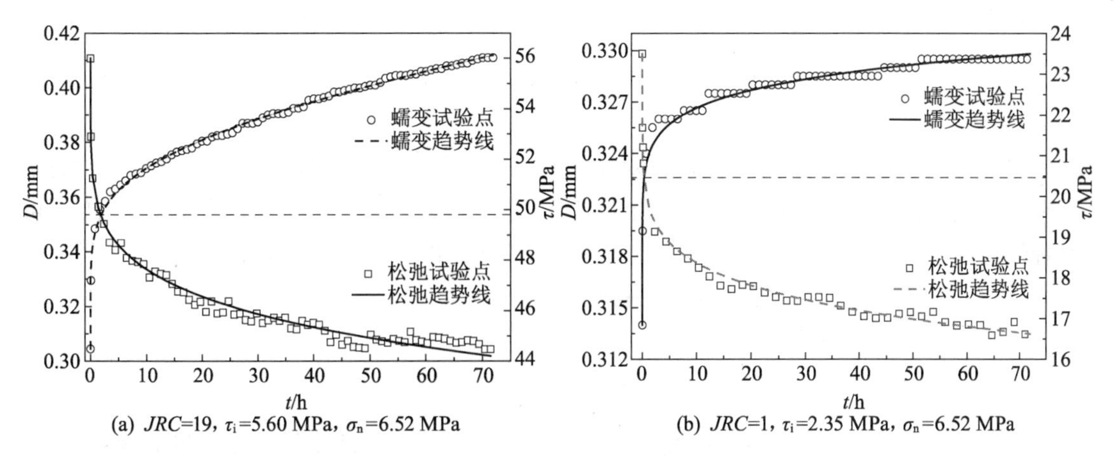

(a) $JRC=19$，$\tau_i=5.60$ MPa，$\sigma_n=6.52$ MPa
(b) $JRC=1$，$\tau_i=2.35$ MPa，$\sigma_n=6.52$ MPa

图 7.2 蠕变曲线与松弛曲线关系图

率和应力松弛速率均表现出先迅速减小后趋于不变的形态。二者从形态上也非常一致，如两条曲线从迅速降低过渡到稳态阶段的时间基本相同(区域 A)。这表明无论是蠕变还是松弛，蠕变变形或应力松弛的基本规律及相关曲线的形态是基本相同的。

2. 蠕变与松弛之间的近似转换关系

根据本书第 4 章和第 5 章所推导的经验本构模型[式(4.1)和式(5.1)]可知，过渡蠕变段和稳态蠕变段蠕变速率及应力松弛速率可用以下表达式描述：

$$\left.\begin{aligned} v_D &= m_c t^{n_c} + v_c \\ v_\tau &= m_r t^{n_r} + v_r \end{aligned}\right\} \tag{7.1}$$

式中，v_D为蠕变速率；n_c为蠕变曲线形态及蠕变速率衰减速度的参数；m_c为描述蠕变量大小的参数；v_c为最终的蠕变速率；v_τ为松弛速率；n_r为描述应力松弛曲线形态及应力松弛速率衰减速度的参数；m_r为描述松弛量大小的参数；v_r为最终的应力松弛速率。

上述经验本构模型中，形式及参数均相同，通过第 4 章和第 5 章中对蠕变和松弛速率的拟合结果可知，两式均具有比较好的效果，并且由其推导得到的蠕变和松弛曲线可以很好地描述蠕变变形以及松弛应力随时间的变化。上述描述蠕变速率和应力松弛速率的本构模型可写作：

$$\frac{\mathrm{d}D}{\mathrm{d}t} = m_c t^{n_c} + v_c \tag{7.2}$$

$$\frac{\mathrm{d}\tau}{\mathrm{d}t} = m_r t^{n_r} + v_r \tag{7.3}$$

式(7.2)和式(7.3)相比可得：

$$\frac{\mathrm{d}\tau}{\mathrm{d}D} = \frac{m_r t^{n_r} + v_r}{m_c t^{n_c} + v_c} \tag{7.4a}$$

对式(7.4a)中参数进行研究发现，如表 4.6 及表 5.5 所示，v_c和 v_r为蠕变或松弛试验的最终速率，低应力下为 0，高应力下该值也比较小，可近似为 0，因而 v_c和 v_r的作用在式

(7.4a)中可不考虑。因此式(7.4a)可转换为

$$\frac{\mathrm{d}\tau}{\mathrm{d}D}=\frac{m_{\mathrm{r}}t^{n_{\mathrm{r}}}+v_{\mathrm{r}}}{m_{\mathrm{c}}t^{n_{\mathrm{c}}}+v_{\mathrm{c}}}\approx\frac{m_{\mathrm{r}}t^{n_{\mathrm{r}}}}{m_{\mathrm{c}}t^{n_{\mathrm{c}}}}=\frac{m_{\mathrm{r}}}{m_{\mathrm{c}}}t^{n_{\mathrm{r}}-n_{\mathrm{c}}} \tag{7.4b}$$

将式(7.4b)中的参数 n_{r} 和 n_{c} 进行对比，如表 7.1 所示，排除试样间的差异以及试验时不可避免的操作误差及环境差异，在同样的初始应力条件下，蠕变参数 n_{r} 和应力松弛参数 n_{c} 可以看作是相等的，也就是说，对曲线形态而言，二者具有相似性，这与图 7.1 和图 7.2 所反映的规律相同。进一步将式(7.4b)简化得到式(7.4c)：

$$\frac{\mathrm{d}\tau}{\mathrm{d}D}=\frac{m_{\mathrm{r}}}{m_{\mathrm{c}}} \tag{7.4c}$$

从第 4 章和第 5 章中的参数研究可知，m_{c} 和 m_{r} 分别是表征蠕变量与松弛量的参数，并且 m_{c} 和 m_{r} 分别与蠕变量和松弛量呈线性关系，$m_{\mathrm{r}}/m_{\mathrm{c}}$ 的物理意义是松弛量与蠕变量的比值。

表 7.1　拟合参数对比

试验编号	JRC	τ_i	n_r	$m_r/10^{-2}$	n_c	$m_c/10^{-3}$
c-1-6.52	1	2.35	−0.852	5.41	−0.887	11.02
		2.82	−0.815	5.59	−0.890	15.00
		3.29	−0.831	4.83	−0.853	29.90
		3.76	−0.805	6.37	−0.873	40.70
		4.23	−0.843	6.80	−0.892	50.80
c-4-6.52	7	2.90	−0.852	6.19	−0.873	0.74
		3.48	−0.824	6.49	−0.846	0.78
		4.06	−0.841	6.78	−0.840	0.87
		4.64	−0.853	7.89	−0.868	1.04
		5.22	−0.868	8.58	−0.884	1.14
c-10-6.52	19	3.50	−0.826	11.30	−0.839	2.90
		4.20	−0.826	9.43	−0.848	3.50
		4.90	−0.823	10.91	−0.837	4.80
		5.60	−0.825	9.77	−0.828	7.01
		6.30	−0.818	13.58	−0.829	10.10
		7.00	−0.841	14.72	−0.834	13.42
c-w-6.52	完整试样	4.75	−0.868	8.58	−0.808	12.41
		5.70	−0.819	11.36	−0.831	16.00
		6.65	−0.812	14.86	−0.819	21.87
		7.60	−0.844	17.53	−0.813	32.59
		8.55	−0.874	21.20	−0.805	48.53

对 m_r 和 m_c 的关系进行研究，如表 7.1 和图 7.3 中所示，当 JRC 相同时，m_r 和 m_c 表现出了较为明显线性关系，即

$$m_r = \delta m_c \tag{7.5}$$

根据式(7.4a)和式(7.5)可知：

$$\frac{\mathrm{d}\tau}{\mathrm{d}D} = \delta \tag{7.6}$$

式(7.6)表示，同一初始应力下同样的结构面，经历相同时间后的松弛量和蠕变量(过渡蠕变阶段和稳态蠕变阶段)成正比。对于同一试样，在相同大小的初始应力条件下，δ 为常数，并且为负值，表示蠕变变形增加时，应力减小。因此，蠕变与松弛之间是可以相互转换的，相等时间内松弛的应力与蠕变变形成正比，并且对于同一试样，该比值不随应力以及时间的变化而变化。

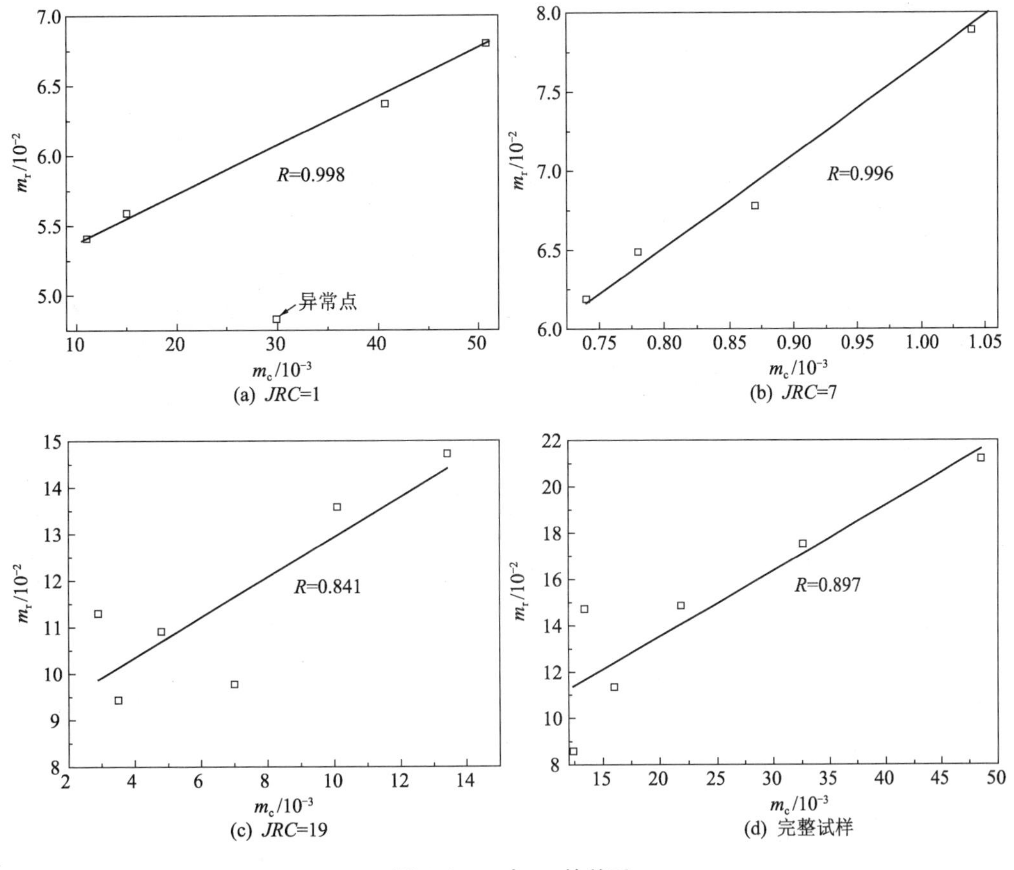

图 7.3　m_r 与 m_c 的关系

7.1.2　蠕变和应力松弛的稳定状态

1. 蠕变和应力松弛的稳定条件

根据第 4 章 4.4 节和第 5 章 5.5 节的加卸载试验结果可知，当试样经历过较大的前期

应力时，蠕变和应力松弛现象越来越不明显，具体表现为前期塑性变形量越大，蠕变量和应力松弛量越小。为了探索结构面蠕变和应力松弛消失的条件，即在一定应力状态下结构面应力以及变形的稳定条件，对结构面开展了以下试验。

试验①：将试样加载破坏一段时间后，对其进行卸载，即从图 7.4 中点 N 开始卸载，按照峰值强度参考值的 10%进行逐级卸载，卸载至预定应力以后(点 A，B，C，D)，进行应力松弛或蠕变试验，每级荷载下蠕变和应力松弛试验分别持续 72 h，试验应力路径如图 7.4 中试验①所示。

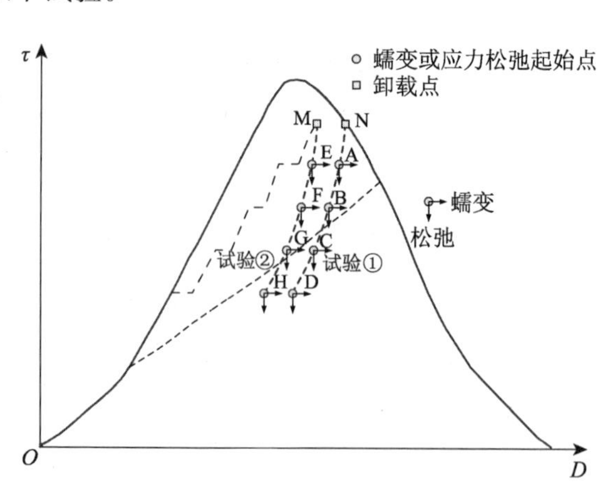

图 7.4　极限卸载蠕变和松弛试验应力路径

试验②：试样进行了 5 级分级加载蠕变和应力松弛试验以后，对其进行卸载，即从图 7.4 中的点 M 开始卸载，按照峰值强度参考值的 10%进行逐级卸载，卸载至预定应力后(点 E，F，G，H)进行应力松弛或蠕变试验，每级荷载下蠕变和应力松弛试验分别持续 72 h，试验应力路径如图 7.4 中试验②所示。

由于上述试验持续时间较长，本次试验选取了 10 号结构面 ($JRC=19$)，在法向应力为 6.52 MPa 的条件下进行上述试验。

对每级蠕变量及松弛量进行统计，如表 7.2 所示，试验①在应力卸载至点 C 及试验②的应力卸载至点 H 时，试样已经基本上没有松弛量或蠕变量，这说明在此状态下，试样已经处于稳定状态。即两个试验中点 A，B，E，F，G 均处于不稳定状态，无论何种应力状态，如果保持变形不变或应力不变，对应的应力和变形均会随时间发生变化，该区域可以定义为非稳定区；而点 C，D，H，试样的变形和应力均不会发生变化，该区域可以定义为稳定区。

表 7.2　极限卸载蠕变和松弛试验结果

试验编号	卸载应力	位置	蠕变或松弛初始应力/MPa	蠕变变形/mm	松弛应力/MPa
试验①	峰后 7.0 MPa	A	6.3	0.15	1.00
		B	5.6	0.05	0.52
		C	4.9	0	0.01
		D	4.2	0	0
试验②	分级蠕变至 7.0 MPa	E	6.3	0.27	1.81
		F	5.6	0.19	1.03
		G	4.9	0.10	0.40
		H	4.2	0	0

另外，从试验中可以发现，试样卸载后是否有蠕变或应力松弛与卸载点以及蠕变和应力松弛初始应力在应力-变形空间内的相对位置有关，如在点 M 开始卸载，那么卸载至点 H

时，试样才是稳定状态，而从点 N 开始卸载时，到点 C 就会处于稳定状态。因此可以推测，“稳定区”与“非稳定区”的界线通过点 B 和点 C 以及点 G 和点 H 之间。如图 7.4 中虚线所示。

上述试验结果再次说明，结构面的蠕变和应力松弛现象是受结构面经历的应力历史直接影响的。如果经过应力历史作用后，结构面在某个应力条件下，裂隙已经发展完毕，或者已不能产生塑性变形，结构面就会处于稳定状态，之所以出现试验①在点 C 稳定、试验②在点 H 才稳定，是由于试验①的前期塑性变形更大，在点 C 时已经没有蠕变和松弛的空间。

2. 极限变形曲线

根据图 7.4 的试验结果可知，在“稳定区”与“非稳定区”之间存在着一条通过点 B 和点 C 以及点 G 和点 H 之间的界线，这条界线下方的点既没有蠕变也没有应力松弛，这说明，当达到这条界线以后，蠕变和应力松弛均已停止，这条曲线的概念与极限变形曲线的概念相同，因而图 7.4 中的虚线即为极限变形曲线。

如图 7.5 所示，当时间足够长并且蠕变应力低于长期强度时，蠕变会停止；同样地，当时间足够长时，应力松弛也会停止。根据第 6 章 6.3.2 节关于极限变形曲线的阐述，蠕变或应力松弛稳定时均会停止于极限变形曲线上[154]，根据蠕变和应力松弛之间的比例关系可知，同一初始应力下，经历同样时间的松弛量与蠕变量的比值为 δ，而最终的松弛量与蠕变量也满足上述关系，那么极限变形曲线符合图 7.5 中所示几何关系，结合第 5 章图 5.28 可知，该曲线大部分应呈近似线性，其斜率为 δ。

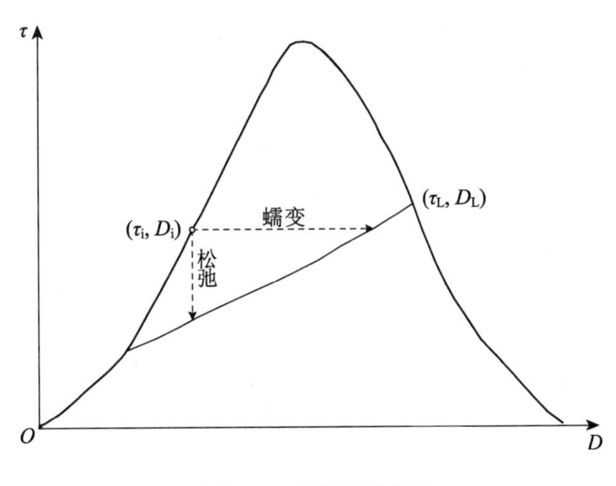

图 7.5　极限变形曲线

7.1.3　蠕变、应力松弛、速率依存性及长期强度在应力-变形空间中的关系

根据速率依存性(第 3 章)、蠕变(第 4 章)、应力松弛(第 5 章)和长期强度(第 6 章)的相关试验及结果，可将蠕变、松弛以及速率依存性以及长期强度的关系归纳为图 7.6。

1. 极限变形曲线特征

当加载速率趋向于无穷小时，就可以得到极限变形曲线，Bérest(1979)等[154]、Goodman(1989)[31]、葛修润等(2003)[150, 151]以及肖建清等(2010)[153]均对极限变形规律进行研究，并认为这条变形曲线是存在的，它的含义是加载速率足够慢，使塑性变形具有充足的时间发展时的应力-变形曲线，即这条曲线是以无穷小速率进行加载的应力 应变曲线，该曲线的峰值应力为长期强度。理论上说，这条曲线可以由长期强度以下每级应力下的最终蠕变量的连线获得。当然，这条曲线也可以由不同初始应力下应力松弛稳定时点的连线获得，即峰值应力以前的任何初始应力作用下，应力松弛均会停止在该曲线上。

由第3章的结论可知，速率越小，屈服应力与峰值应力越接近，并且曲线的峰值强度表现得越不明显。根据上述结论可以推测，在极端情况下，加载速率足够小时，剪切曲线的峰值消失，结构面一旦进入裂隙非稳定扩展阶段，即宣告破坏，进入流滑阶段，极限变形曲线作为加载速率趋于无穷小时的加载曲线，其形态应满足上述分析，即屈服应力与峰值应力非常接近，极限变形曲线大部分应表现近似线性形态，这与图7.5中由蠕变、应力松弛转换关系得到的结论相同，并且这种极限变形曲线的形态可以解释图5.28循环松弛试验中松弛应力与累积变形之间的线性关系，以及式(5.7)中的转换关系。

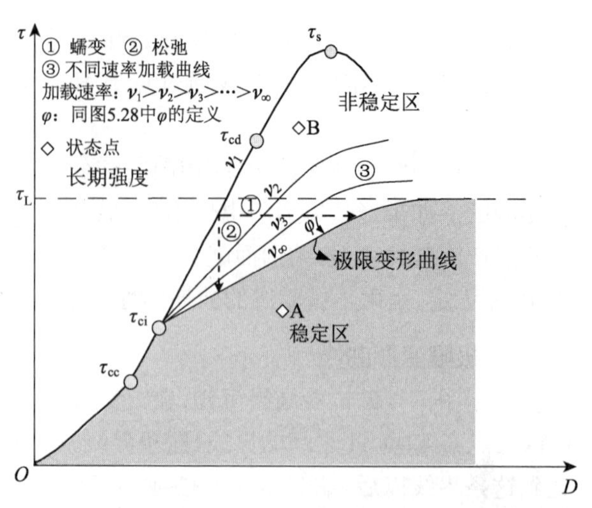

图7.6 蠕变、松弛、速率依存性及长期强度之间的关系

2. 稳定区与非稳定区

根据前文稳定区与非稳定区的阐述，无论经历任何应力路径，如蠕变后卸载或应力松弛后卸载以及在循环加卸载应力路径作用下，使应力和变形状态点位于图7.6中稳定区时，如点A，试样不会发生蠕变或应力松弛，不会产生应力或变形的变化，此时为稳定状态。而当试样应力变形状态位于非稳定区域时，如点B，蠕变和应力松弛均会发生，此时为不稳定状态。

由于极限变形曲线是加载速率趋于零时的剪切曲线，因此任何单调加载的曲线均不会超过极限变形曲线，达到稳定状态时，其应力-变形关系均应落在极限变形曲线上，若要达到稳定区域内，则需要加载条件变化(如卸载)才可达到。

3. 速率依存性与蠕变、应力松弛之间的关系

图7.6中不同加载速率条件下剪切曲线以及与蠕变和应力松弛的关系可简化为图7.7。根据第3章的介绍，随着剪切速率的增大，破坏时的声发射累积能量、累积撞击数、能量率和撞击率均会减小；相反，剪切速率越小，上述现象表现得越明显[53]。上述试验结果表明，加载速率相对较小时，相当于单位应力或单位时间内发生的破裂现象增多，也可以说是单位应力或单位时间内所产生的塑性变形增加。如图7.7所示，当速率为v_2时，相当于速率为v_1的曲线附加了作用时间为

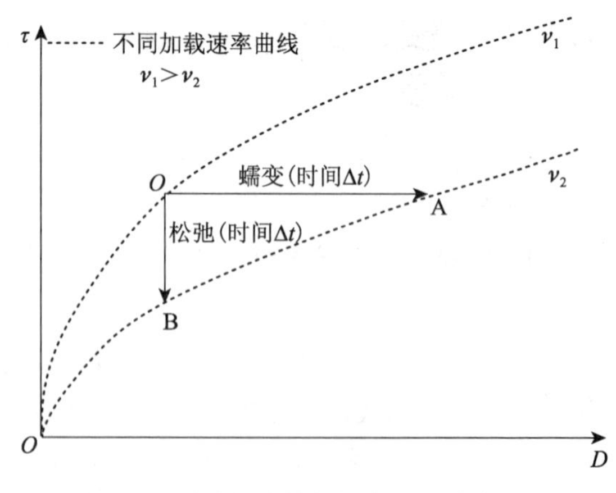

图7.7 速率依存性与蠕变和松弛的关系

Δt 的蠕变(图 7.7 中 OA)或应力松弛(图 7.7 中 OB)的效果。将速率为 v_1 的曲线上的每个点附加上述蠕变或松弛效果,即为速率较低时的加载曲线。

4. 加卸载松弛与蠕变试验结果不同的原因

根据第 4 章及第 5 章中分别进行的加卸载后蠕变和应力松弛试验结果可知,前期塑性变形 ΔD 与松弛量之间存在线性关系,与蠕变量之间不存在线性关系,之所以会产生该现象,可利用图 7.8 进行解释。如图 7.8 所示,加卸载后进行相同初始应力下的蠕变和应力松弛试验,蠕变按水平方向朝极限变形曲线发展,松弛则按竖直方向朝极限变形曲线发展,那么无论如何加卸载,蠕变的轨迹总在 OA 这条轨迹线上发展,因而根据曲线中的几何关系,可知该曲线不存在线性关系,而卸载后松弛曲线则沿 OB 和 EC 轨迹进行。由于极限变形轨迹线呈近似的线性关系,因此根据第 5 章的试验结果与几何关系可知,OB 与 EC 轨迹线在一个相似三角形中,根据几何关系,与前期塑性变形呈线性关系。上述分析也再次证明了极限变形曲线的存在。

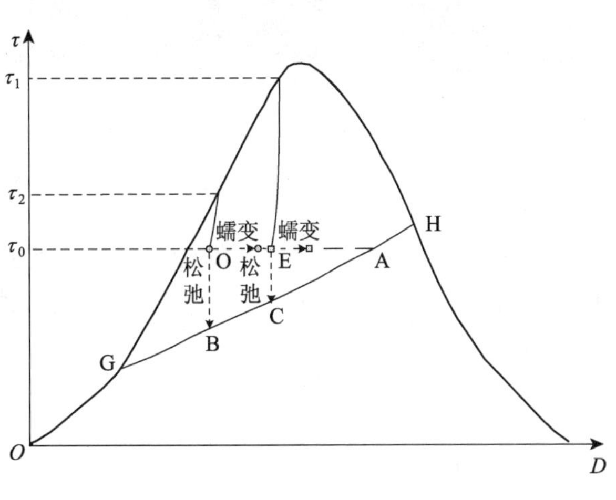

图 7.8　加卸载后蠕变和松弛关系

7.2　基于 JRCW 模型的结构面时间效应机理解释

7.2.1　JRCW 本构模型

对于结构面剪切力学特性,很多学者提出了相关的本构模型以研究其力学特性,但大部分成果仍然是将结构面看作连续性材料,并不能体现结构面表面形态对其力学性质的影响。然而,岩石节理的弹塑性耦合特征及所表现出的力学特性取决于其表面几何形状[155],因而对于结构面力学特性来说,结构面的表面形态对其至关重要。本节通过研究结构面剪切特征,认为 *JRC* 抗力组分以及摩擦抗力组分的发挥并不是同时启动的,分析二者在剪切过程中的动态变化特征,根据剪切过程中 *JRC* 的衰减特征以及摩擦强度的变化特征,推导出了考虑 *JRC* 动态变化的剪切本构模型(JRCW 模型),并以此为基础,对结构面时间效应机理进行了进一步的解释。

1. 结构面剪切特征

对结构面加载至峰值强度的 90%,卸载后观察其结构面形态,如图 7.9 所示,结构面的剪切形态并没有太大的变化,仅有图 7.9 中虚线所示的少量磨损或擦痕,切齿形态不易观察到,但是结构面表面上的“突出物”手掰即碎,表明“突出物”内部结构劣化,造成其强度降低。这说明未达到峰值时,结构面剪切变形以及强度变化主要是由“突出物”的剪切造成的。如图 7.9 所示,*JRC*=1 时表面的摩擦现象要比 *JRC*=19 时明显,这说明 *JRC* 对峰前的剪切模式具有非常大的影响。

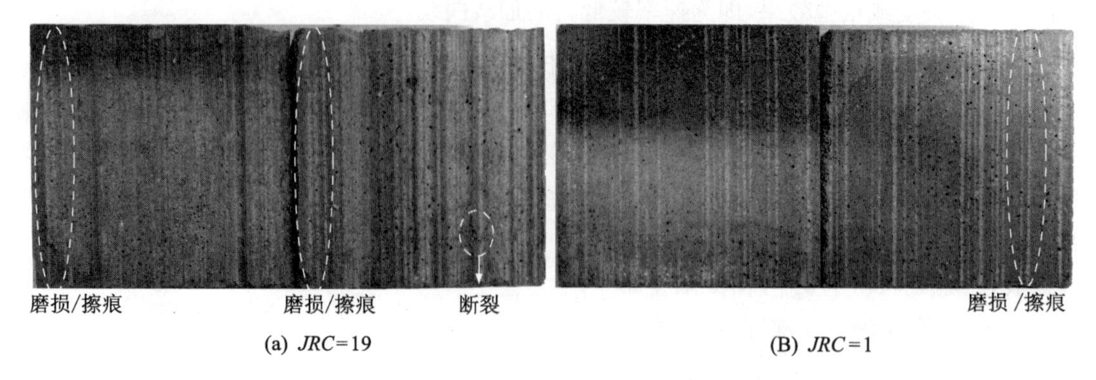

图 7.9　剪切应力为峰值强度的 90%时的剪切面状态

为了对剪切过程中结构面的应力状态有更进一步的了解，利用有限元计算方法，采用 Fortran 语言编写有限元程序对剪切过程进行数值模拟计算，计算边界条件和结构面各部分处理方法及本构模型如图 7.10 所示。

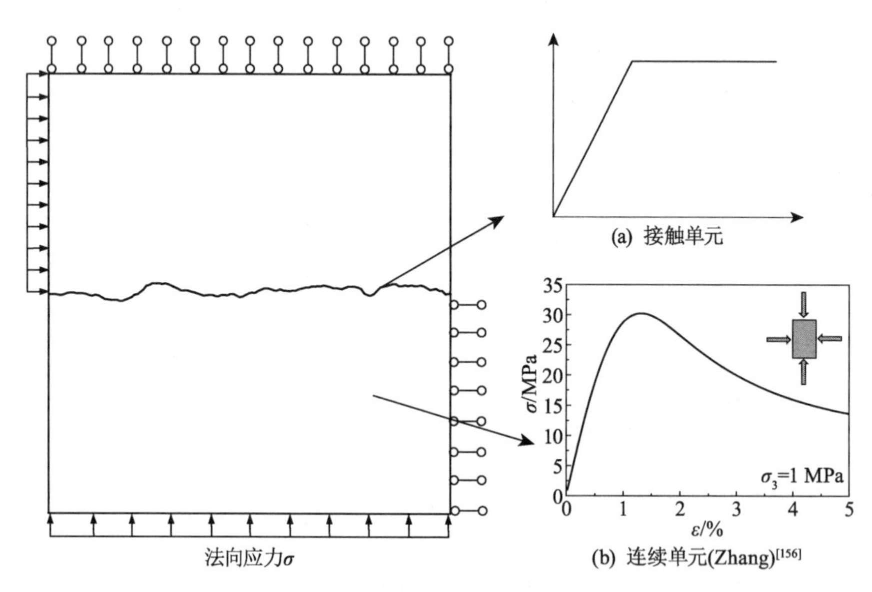

图 7.10　数值计算原理图

(1) 计算模型及边界条件

计算模型采用 10 号 Barton 标准曲线的数据，在 ANSYS 中生成二维计算模型，导出计算节点和单元信息，如图 7.11 所示，计算节点 7 242 个，计算单元 6 909 个。

按照直剪试验的边界条件，下盘右侧固定水平方向位移，模型上部固定垂直方向位移。计算过程中，先在模型下部施加 6.52 MPa 的法向应力，法向应力施加完毕后，在上盘左侧施加 0.02 mm/s 的剪切速率，当总位移为 2 mm 时，计算停止。

(2) 本构模型及计算参数

计算模型(图 7.10)中存在两部分，即上、下两盘的连续性材料以及结构面。上、下两盘

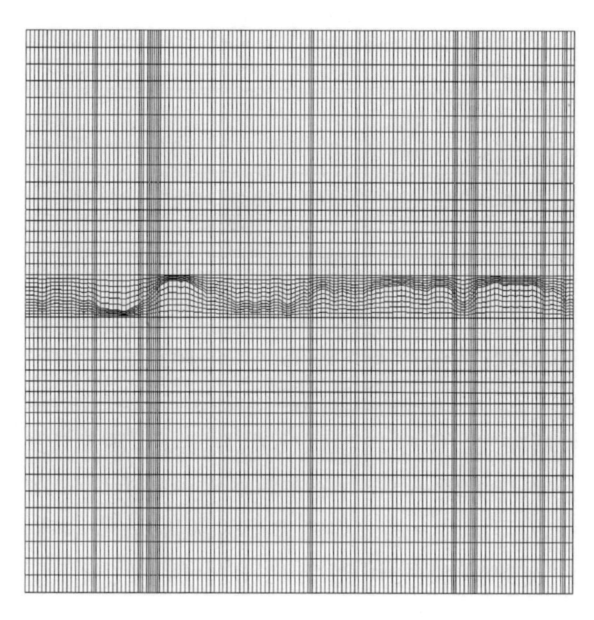

图 7.11　计算模型

的连续性材料采用 Zhang[156,157]提出的有关岩石时间效应本构模型进行计算，该模型将沉积岩看作 OCR 很大的超固结黏土，在 t_{ij} 的概念及下负荷面概念的基础上提出，可以计算蠕变、应力松弛以及速率依存性。计算中采用的参数如表 7.3 所示，μ，e_0，E 由常规物理力学试验得到，R_f，E_p，β，a，α，C_n，ρ，D_n 由不同剪切速率下的三轴试验标定得到[153]。参数计算出的应力-应变曲线如图 7.10(b)所示。

结构面表面在剪切过程中主要提供摩擦力，并传递变形和应力，采用接触单元描述结构面之间的接触行为[158]，接触单元的应力-应变特征如图 7.10(a)所示。黏聚力、摩擦角、剪切刚度以及法向刚度的取值参考 JRC=0 时的剪切试验得到的参数，如表 7.4 所示。

表 7.3　　试验材料参数(连续单元)

参数	量值
泊松比 μ	0.23
围压等于 98 kPa 时的参考孔隙比 e_0	0.20
临界应力比 R_f	11
塑性体积应变参量 E_p	0.04
弹性模量 E/GPa	7.9
临界状态参数 β	1.5
材料参数 a	500
蠕变参数 α(应变速率与时间对数之间的梯度)	0.7
速率依存性参数 C_n	0.025
应力历史相关的参数 ρ	60
ρ 变化速率参数 D_n	0.01

表 7.4 接触单元参数

参数	量值
法向刚度/(MPa·mm^{-1})	1×10^{9}
剪切刚度/(MPa·mm^{-1})	4×10^{6}
黏聚力/MPa	0.42
摩擦角/(°)	33.28

如图 7.12 所示，通过对 10 号结构面的剪切过程进行数值计算发现，利用弹塑性模型以及接触单元进行模拟可以较好地描述剪切峰值之前的曲线，但对于峰值强度以后的应力变形特征特别是残余强度特征，并不能较好地描述。从图 7.12 中的剪切过程曲线可以比较清楚地看到剪切过程中的压密段[图 7.12(a)，(b)]、弹性段[图 7.12(c)]和屈服段[图7.12(d)]。当剪切变形较小时，应力较小，应力分布相对来说较为均匀，结构面上应力集中现象并不明显[如图 7.12(a)，D=0.02 mm]，但随着剪切的进行，应力逐渐集中在剪切面处，特别是在两个比较明显的"突起物"结构中[图 7.12(b)中的虚线框]，应力集中较为明显，这时在齿的两侧已经有了应力分布不均匀的情况，迎剪切方向一侧应力集中，而背剪切方向一侧应力减小，甚至减小为 0，这表明背剪切方向一侧不受力。而当剪切变形达到一定程度以后，部分区域内结构面之间脱离[图 7.12(c)，(d)]，迎剪切面一侧则出现应力集中现象，这时可能发生破坏，如图 7.12(d)中图①和②。

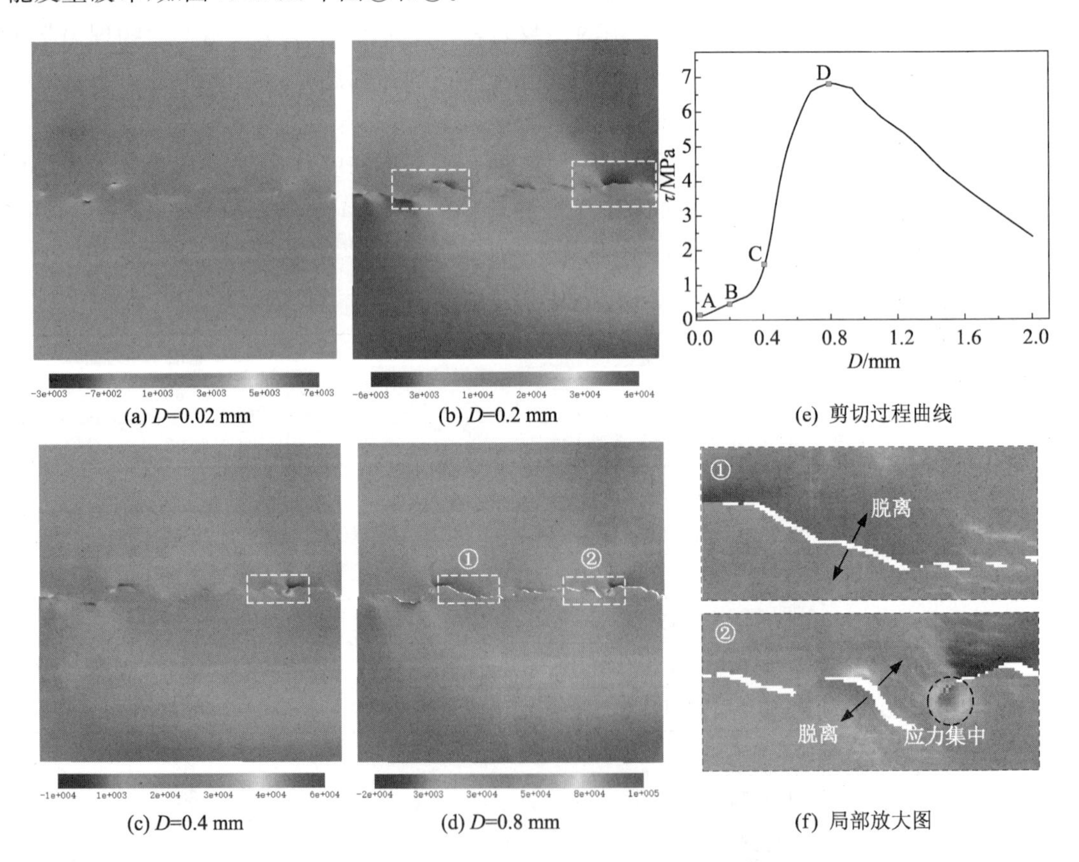

图 7.12 结构面剪切数值计算成果(水平应力分布，单位为 kPa)

对法向应力在结构面中的分布情况进行研究，如图 7.13 所示，当法向应力已经加载至 6.52 MPa 而尚未进行剪切时，结构面法向应力分布如图 7.13(a)所示，法向应力在结构面上并非均匀分布，如虚线框①中，该区域下盘存在比较明显的"突出物"，由于结构面以及"突出物"的形态，在施加法向应力时，顶端出现了应力集中，其值大于 6.52 MPa，而上盘两翼则具有相对翘起的趋势，因而两翼法向应力小于 6.52 MPa，由于法向应力越大，应力集中现象越明显，"突起物"越易压碎，这也是法向应力选择强度相对比较小(单轴抗压强度的 10%～30%)的原因。开始施加剪切应力以后，由于水平方向应力的施加，迎剪切面方向受到挤压，该侧翘曲趋势逐渐减弱，法向应力也逐渐增加(图 7.13 中②)，而背剪切面由于非协调变形以及水平移动，法向应力减小，随着水平位移的增加，结构面逐渐脱离，法向应力并不能作用在"突起物"上(图 7.13 中③，④，⑤)。通过对剪切过程中应力状态的分析可知，在剪切过程中，由于法向应力以及水平应力的共同作用，结构面之间并不能完全接触或法向应力分布并不均匀，部分阶段结构面之间仅仅是点接触，主要表现为对"突出物"的剪切，如图 7.13(e)所示，此时结构面之间接近于点接触，这时只对部分"突起物"进行剪切，由于结构面部分脱离，摩擦抗力并不能完全发挥。因此，剪切强度主要由部分 *JRC* 以及部分摩擦力提供，二者强度并不是同时完全发挥的，或者说剪切过程中，由于接触状态的变化，作用在结构面表面上的法向应力是不断变化的，从而导致摩擦力也是不断变化的，同时由于部分区域应力集中，导致"突出物"或与 *JRC* 有关的部分工程性质劣化，即相当于 *JRC* 减小或 *JRC* 所提供的抗力减小。

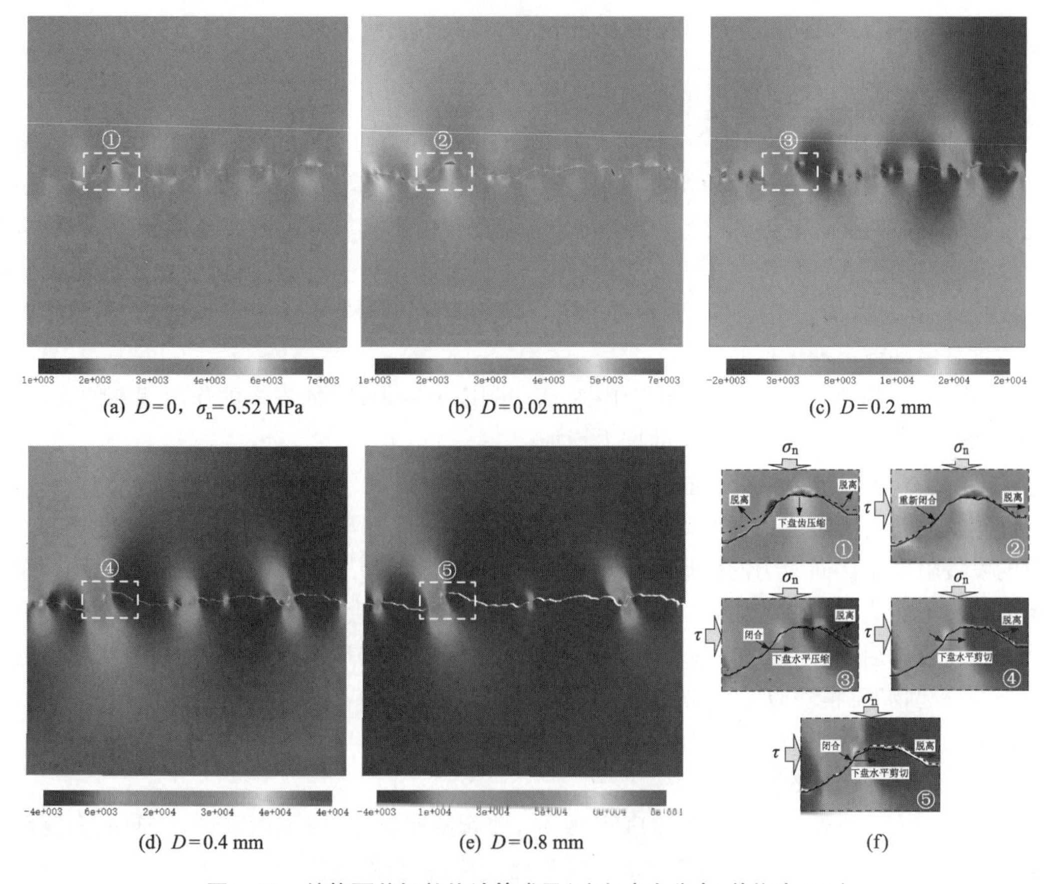

(a) $D=0$，$\sigma_n=6.52$ MPa　(b) $D=0.02$ mm　(c) $D=0.2$ mm

(d) $D=0.4$ mm　(e) $D=0.8$ mm　(f)

图 7.13　结构面剪切数值计算成果(法向应力分布，单位为 kPa)

2. 剪切过程中 *JRC* 抗力衰减及摩擦抗力启动机理

Hajiabdolmajid[159,160]认为完整岩石的黏聚力和摩擦角不是同步发挥作用的，并据此提出了 CWFS 模型。对于结构面而言，从数值计算结果以及试验现象来看，剪切过程中 *JRC* 所提供的抗力组分与摩擦所提供的摩擦抗力组分是动态变化的[138, 161]，其衰减和启动机理如图7.14所示。因此，将 *JRC* 引入剪切本构模型中，考虑 *JRC* 衰减，提出了 JRCW 模型，进而更加直接地描述结构面的剪切机理以及时间效应机理。

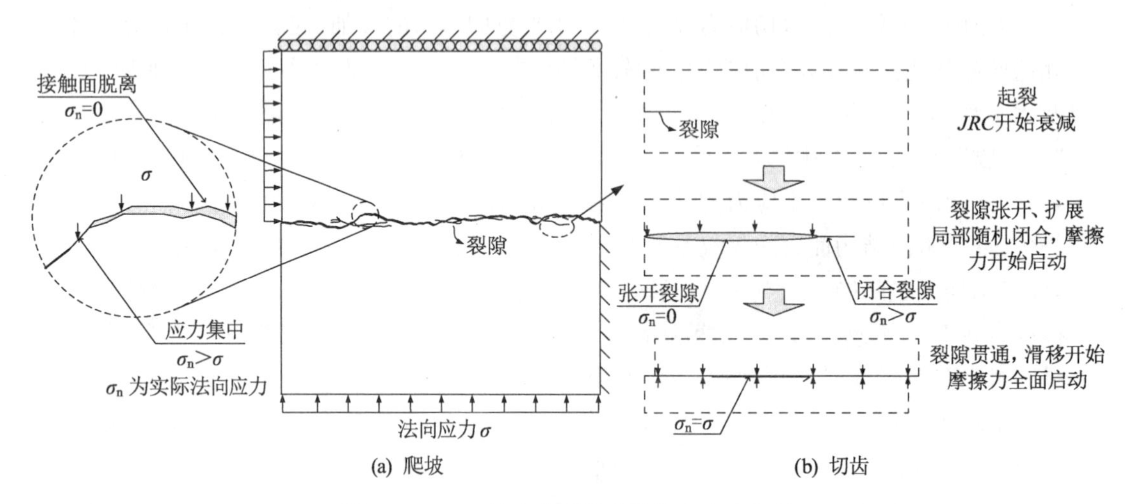

图 7.14　*JRC* 抗力衰减及摩擦抗力启动机制

(1) 起裂应力之前的强度组分变化

通过对剪切曲线(图 2.14)分析可知，剪切刚度随着剪切变形的增加先增大后减小，并且以起裂应力为阈值应力。在剪切过程中，首先为结构面的滑移及弹性阶段，此时结构面会出现短暂的爬坡或压密变形，此阶段结构面非突起部位由于爬坡开始脱离或接触应力减小，突起部位迎剪切面表现为弹性压缩，并且表现出了局部应力集中，而背剪切面由于非协调变形造成接触面脱离，如图 7.14(a)所示，法向应力仅作用在部分“突起物”上，此时表面的摩擦抗力并没有启动或启动了但非常小。

此外由于弹性变形，结构面突起压密，剪切刚度上升，*JRC* 所发挥的作用逐渐增大，此时 *JRC* 处于强化阶段，*JRC* 所提供的抗力增加。

(2) 起裂应力至裂隙贯通前的强度组分变化

当应力超过起裂应力以后，新的裂纹开始扩展，并且逐渐变为不稳定扩展，此时由于裂隙的发展阻碍了法向应力的传递，法向应力并没有作用在界面上，如图 7.14(b)所示，摩擦抗力仍然不能完全发挥作用，但在剪切过程中，部分裂隙也会闭合，进而发生相对滑动，摩擦抗力也会部分启动，但是并没有发挥到最大值。由于裂隙的扩展以及贯通，在剪切应力的作用下，“突起物”工程性质劣化或被剪断，剪切刚度逐渐减小或 *JRC* 的作用也逐渐减小，在起裂以后的剪切过程中，*JRC* 抗力处于衰减阶段。

(3) 裂隙贯通后的强度组分变化

当裂隙完全贯通以后，如图 7.14(b)所示，剪切膨胀减小，裂隙面闭合，法向应力能够完全作用于上、下结构面，结构面开始沿新的贯通面滑移，新的贯通面趋于平整，此时摩擦抗力完全启动。由于“突起物”的剪断，结构面沿新的剪切面滑移，仅剪断后的剩余部分 *JRC* 发挥作用。

(4) 各强度组分动态演化过程

如图 7.15 所示，在 *JRC* 强化段，结构面间的摩擦抗力并没有启动或虽然启动了但贡献的强度很小，此时只有 *JRC* 提供抗力，并且逐渐强化，而随着结构面中新裂纹的产生或原有裂纹的扩展，*JRC* 所能发挥的作用衰减，*JRC* 抗力下降，结构面间的摩擦力逐渐起作用。超过 *JRC* 强度临界变形值(D_J)以后，*JRC* 衰减至残余 *JRC*($JRC_{residual}$)，*JRC* 抗力基本保持稳定，而摩擦抗力在达到摩擦临界变形时(D_f)摩擦强度保持不变，成为残余强度的主要部分。

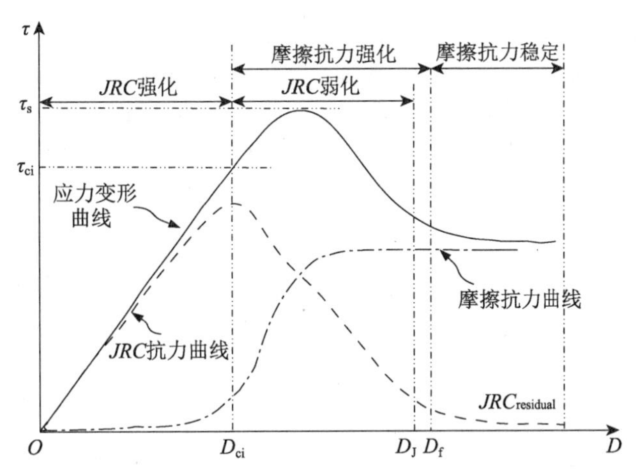

D_{ci}—起裂时变形；D_J—*JRC* 抗力衰减临界变形；D_f—摩擦抗力稳定临界变形；$JRC_{residual}$—残余 *JRC*。

图 7.15　*JRC* 强化和衰减过程示意图

从图 7.15 中可以看出，当剪切变形曲线达到峰值时，*JRC* 抗力组分以及摩擦抗力组分并不是同时发挥至最大值，而是 *JRC* 抗力衰减一部分、摩擦抗力启动后强化一部分时的产物，因此，表 3.5 所计算的各组分的值其实是 *JRC* 抗力组分与摩擦抗力组分在某个状态下的结果，并不是各组分的最大值。

3. *JRC* 衰减本构模型推导

根据前面的机理论述以及现象描述可知，试验中 *JRC* 抗力组分衰减以及摩擦抗力的启动是与裂隙发展有关的，或者说与塑性变形有关。那么式(2.1)可写作：

$$\tau = f(mJRC,\ D_p) + f(\sigma_n \tan\varphi_b,\ D_p) \tag{7.7}$$

式中，D_p为等效塑性变形，是与塑性变形和裂隙发展相关的参数，等于总变形量减去起裂变形以前的变形量。*JRC* 抗力组分包括由于结构面表面粗糙引起的切齿效应以及剪切过程中由于扩容效应产生的抗力组分。

起裂之前为 *JRC* 抗力强化阶段，达到起裂强度时为 *JRC* 抗力的最大值，本节认为 *JRC* 是衰减的，发挥系数 m 是定值。因此，式(7.7)中的 m 值应取起裂强度对应的 m 值记作 m_{max}，m_{max}为 *JRC* 的最大发挥系数，可由起裂应力求得，则式(7.7)可写作：

$$\tau = f(m_{max}JRC,\ D_p) + f(\sigma_n \tan\varphi_b,\ D_p) \tag{7.8}$$

(1) *JRC* 抗力衰减函数

JRC 抗力的强化和衰减以及剪切刚度的变化均与结构面内部的裂隙发展有关，并且基本同步。剪切刚度的变化规律基本上可代表 *JRC* 的变化，如图 7.16 所示，对试验数据进行拟合，可得经验公式：

$$k_s = k_{s-max}e^{-(ax+b)^2} + c \tag{7.9}$$

式中，k_{s-max}为最大剪切刚度；a，b，c 为经验参数。

由于剪切刚度的测量本身具有较高的误差，因此剪切刚度曲线主要反映了剪切刚度的变化特征，经验公式中经验参数的物理意义并不明确，但是描述其发展规律的基本函数可以作为讨论 JRC 变化特别是 JRC 衰减的工具。根据经验公式的基本特征可知，式(7.9)简化后的基本表达式为式(7.10)，其基本曲线形态见图 7.17。

$$y = e^{-x^2} \tag{7.10}$$

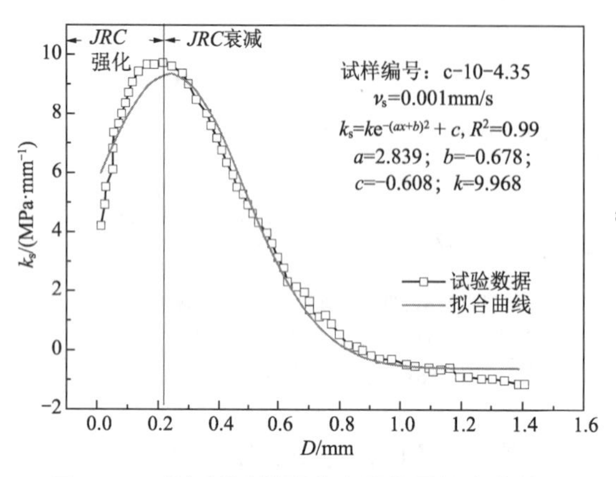

图 7.16　剪切刚度的强化和弱化及拟合曲线图

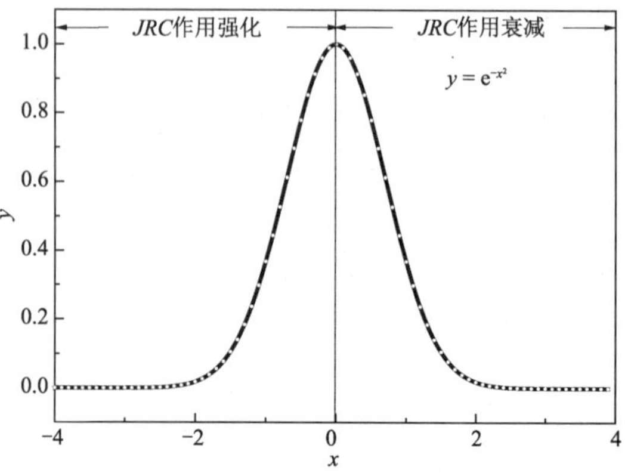

图 7.17　*JRC* 强化及衰减函数

对于结构面，从起裂开始，等效塑性变形 D_p或裂隙不断发展，一方面导致了结构面力学性质的劣化，剪切刚度降低，另一方面，“突起物”裂纹发展使其力学性质劣化，使结构面不再那么“粗糙”，等同于 JRC 的衰减，当应力达到残余强度以后 JRC 衰减基本完毕，此时对应的等效塑性变形为 D_J，通过对 D_p/D_J进行无量纲处理来表示塑性变形的发展进程，并以此表示 JRC 的衰减进度。参考式(7.10)中函数及文献[159]，可初步得到 JRC 抗力的衰减方程：

$$f(m_{max}JRC,\ D_p) = m_{max}JRCe^{-\xi},\quad \xi = (D_p/D_J)^2 \tag{7.11}$$

式中，ξ 为 JRC 的衰减系数，与裂隙发展和等效塑性变形有关。m_{max}为粗糙度最大发挥系数，其值为 JRC 抗力最大值与 JRC 的比值。当 JRC 较小时，剪切过程中剪切膨胀较小，起裂应力包括结构面间的静摩擦以及 JRC 抗力，而当 JRC 强度较大时，爬坡比较明显，因此应采用 JRC 较大时的试验数据对其进行校正。D_J为 JRC 基本衰减完毕时的等效塑性变形。

对于结构面剪切试验，一次性剪切并不能使 JRC 完全衰减，结构面仍然会有“突起物”，即 JRC 仍然会有残余($JRC_{residual}$)，因此需要考虑 $JRC_{residual}$，那么衰减部分应是 JRC 与 $JRC_{residual}$的差值，即式(7.11)可修正为

$$f(m_{max}JRC,\ D_p) = m_{max}(JRC - JRC_{residual})e^{-\xi} + m_{max}JRC_{residual},\quad \xi = (D_p/D_J)^2 \tag{7.12}$$

式中，$JRC_{residual}$为残余粗糙度。

与第3章不同的是，这里为了直观地表示 JRC 的衰减，强度组分 $m_{max}JRC$ 中，认为 JRC 是动态变化的，而发挥系数 m_{max} 为定值，为 JRC 转化强度值的中间量，对于同一种材料，该值应为定值。而第2章和第3章中的 JRC 是定值，m 值被认为是 JRC 的发挥系数，是随等效塑性变形衰减的，如果按照第2章和第3章所表达的含义认为 m 是变量，则式(7.12)可写作：

$$f(m_{max}JRC,\ D_p) = JRC(m_{max} - m_{residual})e^{-\xi} + m_{residual}JRC,\ \xi = (D_p/D_J)^2 \tag{7.13}$$

式(7.12)与式(7.13)是等价的。JRC 抗力与等效塑性变形关系如图7.18所示。

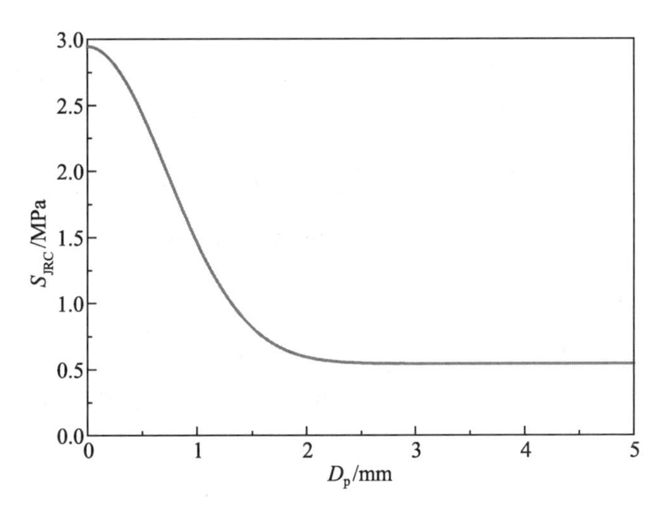

图7.18 *JRC* 强度计算结果(S_{JRC} 为摩擦抗力)

(2) 摩擦抗力组分强化函数

随着剪切滑移变形的增加，结构面中的微裂隙逐渐闭合，此时摩擦强度才会完全发挥，并保持不变，参考CWFS模型中摩擦强度的表达式[159]，摩擦抗力的强化方程可初步由式(7.14)表示：

$$f(\sigma_n \tan\varphi_b,\ D_p) = \left(2\frac{\sqrt{D_p D_f}}{D_p + D_f}\right)\sigma_n \tan\varphi_b,\quad D_p \leqslant D_f \tag{7.14}$$

式中，D_f 为摩擦抗力稳定时的临界变形值。

考虑到起裂之前会存在一定的静摩擦或少量的动摩擦，式(7.14)可修正为

$$f(\sigma_n \tan\varphi_b,\ D_p) = \left(2\frac{\sqrt{D_p D_f}}{D_p + D_f}\right)\sigma_n \tan\varphi_b + \tau_{\mu s},\quad D_p \leqslant D_f \tag{7.15}$$

式中，$\tau_{\mu s}$ 为起裂应力之前产生的摩擦抗力。

当摩擦抗力稳定后，即 $D_p = D_f$ 时的摩擦抗力为

$$f(\sigma_n \tan\varphi_b,\ D_p) = \sigma_n \tan\varphi_b + \tau_{\mu s},\quad D_p > D_f \tag{7.16}$$

对于同一种材料，摩擦抗力可采用平板摩擦试验校准。如本试验中水泥砂浆试样的摩擦角 $\varphi_b=32.38°$。摩擦抗力与等效塑性变形关系如图 7.19 所示。

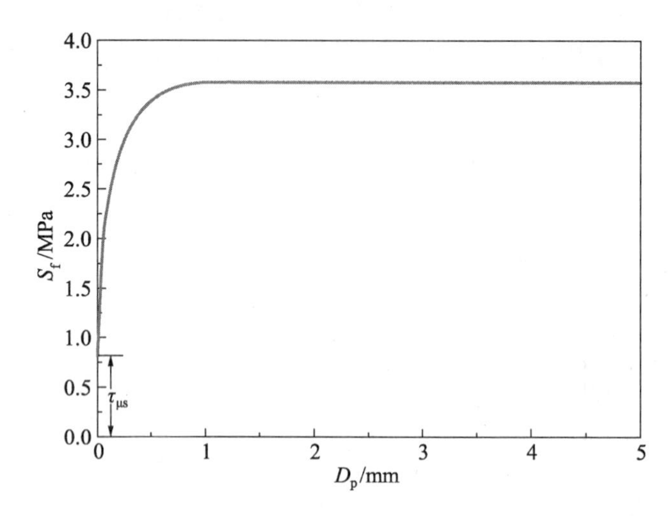

图 7.19　摩擦抗力计算结果(S_f为摩擦抗力)

(3) 弹性阶段本构模型

对于起裂应力之前，实际上该阶段具有因局部不均匀开裂造成的塑性变形，由于 JRC 在强化段表现出了近似的线性，因而上述现象并不明显。为了使模型更为简单，假设结构面上、下两块为均匀材料，则不存在由于不均匀造成的塑性变形。起裂之前采用线弹性计算：

$$\tau = k_a D, \quad \tau \leqslant \tau_{ci} \tag{7.17}$$

式中，k_a为起裂之前的平均剪切刚度；D 为剪切变形。

(4) JRCW 模型

综上所述，JRCW 模型可采用式(7.18)表示：

$$\tau = \begin{cases} k_a D, \ \tau \leqslant \tau_{ci} \\ f(m_{max} JRC, \ D_p) + f(\sigma_n \tan \varphi_b, \ D_p), \ \tau > \tau_{ci} \end{cases} \tag{7.18}$$

7.2.2　JRCW 本构模型计算结果

利用上述本构模型，以法向应力为 4.35 MPa 时的剪切试验为例，对不同 JRC、不同加载速率条件下的力学特性进行计算，计算参数如表 7.5 所示，计算结果见图 7.20。从图中可以看出，JRCW 模型能够较好地模拟剪切应力-变形曲线的特征，并且计算过程中，参数 m_{max}，φ_b均保持不变，这说明对于同一种材料，平板摩擦角以及 JRC 所能发挥的最大强度为定值。当 JRC 相同时，弹性阶段所表现出来的摩擦抗力也基本上是一个常数，这说明在剪切过程中，结构面的表面形态决定了 $\tau_{\mu s}$的大小，而剪切速率对起裂应力之前的摩擦抗力影响较小，D_J和 D_f均随 JRC 的增大而增大，JRC 越大，JRC 抗力衰减以及摩擦抗力强化需要经历的塑性变形也就越大。参数 D_J，D_f，$JRC_{residual}$与剪切速率相关。

表 7.5　　　　JRCW 模型参数(法向应力为 4.35 MPa)

JRC	v_s /(mm · s^{-1})	φ_b /(°)	m_{max}	D_J /mm	$JRC_{residual}$	D_f /mm	$\tau_{\mu s}$	$D_f - D_J$
1	0.1	32.38	0.155	0.85	0.65	0.85	0.45	0
	0.02			0.85	0.05	1.05	0.45	0.20
	0.004			0.85	0.02	1.15	0.45	0.30
	0.001			0.85	0.01	1.15	0.45	0.30
7	0.1	32.38	0.155	1.00	0.50	1.25	0.23	0.25
	0.02			1.00	1.60	1.60	0.23	0.60
	0.004			0.90	0	1.50	0.23	0.60
	0.001			0.80	1.50	1.90	0.23	1.10
11	0.1	32.38	0.155	1.45	6.50	1.45	0.25	0
	0.02			1.50	6.50	2.70	0.25	1.20
	0.004			1.19	6.50	2.49	0.25	1.30
	0.001			1.50	5.50	2.95	0.25	1.45
19	0.1	32.38	0.155	1.02	3.50	1.08	0.82	0.06
	0.02			2.20	4.50	2.35	0.31	0.15
	0.004			1.05	3.00	1.25	0.31	0.20
	0.001			1.05	2.50	2.19	0.31	1.14

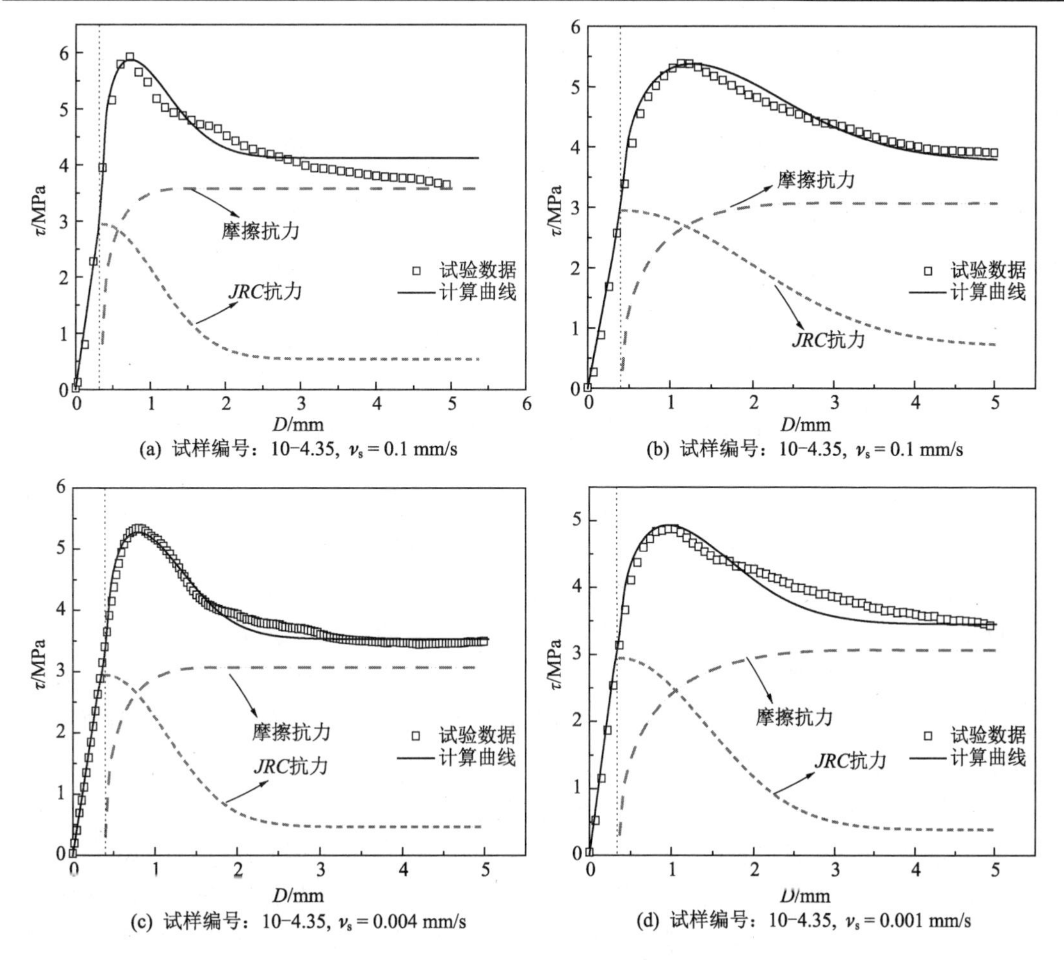

(a) 试样编号：10-4.35, v_s = 0.1 mm/s　(b) 试样编号：10-4.35, v_s = 0.1 mm/s

(c) 试样编号：10-4.35, v_s = 0.004 mm/s　(d) 试样编号：10-4.35, v_s = 0.001 mm/s

图 7.20　*JRC* 衰减剪切本构模型计算曲线

7.2.3 结构面剪切速率依存性机理

在不同加载速率条件下，采用JRCW模型计算以后发现，由于 *JRC* 抗力的衰减与裂隙发展或等效塑性变形直接相关，因此 *JRC* 抗力衰减临界变形 D_J 与剪切速率相关性不大，虽然 D_J 表现出了减小的趋势，但变化幅度较小。而摩擦抗力极限变形 D_f 则随着剪切速率的增加而增加，其差值也越来越大(如表7.5中，D_f-D_J)。如图 7.21 所示，D_J 保持不变，改变 D_f，表示二者相对位置的改变，其计算结果与不同加载速率条件下的加载曲线效果类似。这表明加载速率的变化，改变了两部分抗力的相对调动时间，起裂应力以后，*JRC* 抗力开始弱化，摩擦抗力开始启动，但是达到极限时的变形值却不尽相同，D_J 和 D_f 表示二者随塑性变形发展的快慢，二者数值越大，说明 *JRC* 抗力弱化和摩擦抗力达到稳定的过程越长，D_J 和 D_f 相对位置则决定了二者组合强度的高低，二者同时发生或 *JRC* 抗力衰减减小而摩擦强度很快达到稳定时，结构面表现出的强度就越大。如果 *JRC* 抗力完全衰减完毕，摩擦抗力还未达到稳定，那么二者的组合强度要比前者小得多，结构面的峰值也会变得不明显。

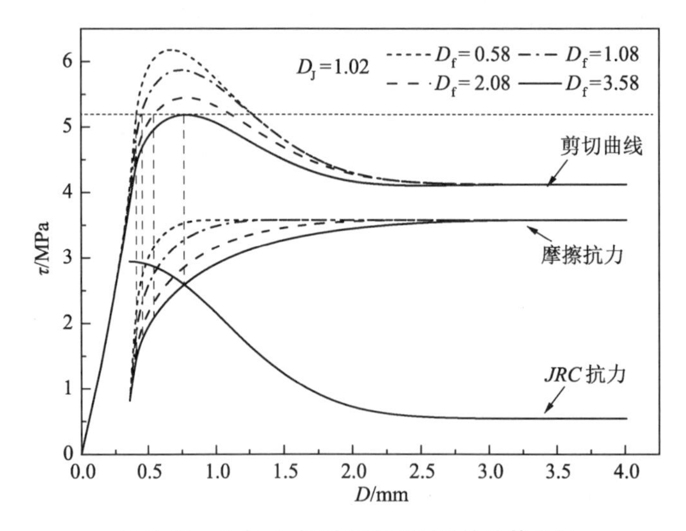

图 7.21　D_J 与 D_f 相对位置不同时的计算结果

如表 7.5 所示，速率越大，D_f 和 D_J 的位置越接近，并且当摩擦抗力达到最大值时，*JRC* 衰减量还不大，这样将二者组合得到的最终强度也表现得比较大。如图 7.21 所示，D_f = 0.58 mm时，变形最小，峰值强度时，*JRC* 抗力衰减最少，摩擦强度调动最大，这时所表现出的强度也最大，这种现象也符合第 3 章中的声发射试验现象[53]。当加载速率较小时，累计撞击次数增加，这说明剪切速率较小时会产生较多的微裂隙，要达到同样强度，*JRC* 抗力衰减较多，同时，这些微裂隙的产生，不利于垂直应力有效地施加在结构面的界面上，因而不利于摩擦抗力的调动，摩擦抗力的调动需要更多的 D_p。上述计算结果表明，结构面的速率依存性与结构面强度各组分的调动情况有着密切的关系。

从不同剪切速率作用后的 $JRC_{residual}$ 可知(表 7.5)，随着剪切速率的降低，$JRC_{residual}$ 具有减小的趋势，即剪切速率越小，越多裂隙的产生会对 *JRC* 产生较大弱化，进而导致 $JRC_{residual}$ 减小，这种现象同样符合周辉[53]等所得到的声发射试验结果，即剪切速率越小，产生的裂隙越多，JRC 被破坏得越完全，因而其衰减量越大，最后 $JRC_{residual}$ 也就越小。

7.2.4　基于 JRC 抗力衰减摩擦抗力补偿概念的剪切蠕变及剪切应力松弛机理解释

1. JRC 抗力衰减摩擦抗力补偿模型原理

上述 JRCW 模型的过程其实是结构面内部 JRC 所提供的抗力逐渐衰减、摩擦抗力逐渐启动或增强的过程。目前，很多有关蠕变的试验表明，在蠕变状态下，具有非常显著的声发射现象，蠕变变形和试样内部裂隙的发生与扩展具有密切的联系[162-164]。蠕变应力保持不变，持续的能量输入导致结构面内部发生微破裂，JRC 强度同样会不断降低，而随着蠕变变形不断增加，摩擦抗力也随之启动。

对于蠕变试验，JRC 抗力衰减量要得到摩擦抗力的充分补偿才能维持试样稳定于蠕变应力，否则一旦摩擦强度无法补偿 JRC 强度的衰减量，结构面不能提供足够的抗力，内部抗力与外力不能平衡，那么试样便会发生破坏，即进入加速蠕变阶段。

2. JRC 抗力衰减摩擦抗力补偿模型

根据式(4.4)可得蠕变(包括瞬时变形中的等效塑性变形部分)的等效塑性变形的表达式：

$$D_p = \frac{m_c}{(n_c + 1)} t^{n_c + 1} + v_c t + D_i - D_{ci} \tag{7.19}$$

式中，D_{ci} 为起裂应力时的变形；$D_i - D_{ci}$ 为瞬时变形中的等效塑性变形，记为 D_{ps}，$D_p - D_{ps}$ 为蠕变变形中的等效塑性变形，记为 D_{pc}。

根据式(7.13)，蠕变过程中 JRC 强度的衰减量为

$$|\Delta f(m_{max}JRC,\ D_p)| = f(m_{max}JRC,\ D_{ps}) - m_{max}(JRC - JRC_{residual})e^{-\xi} - m_{max}JRC_{residual},$$

$$\xi = (D_p/D_J)^2 \tag{7.20}$$

式中，$f(m_{max}JRC,\ D_{ps})$ 为瞬时变形时的 JRC 抗力。

蠕变应力 τ_c 为恒定值，为了维持蠕变应力的恒定，有下列不等式：

$$|\Delta f(m_{max}JRC,\ D_p)| \leqslant |\Delta f(\sigma_n \tan\varphi_b,\ D_p)| \tag{7.21}$$

即蠕变过程中，试样中所能调动的摩擦抗力增量必须大于 JRC 抗力组分的衰减量，蠕变中才能表现出蠕变应力恒定的现象。

3. 结构面剪切蠕变机理及破坏时间预测

(1) 计算参数

以试验 c－10－6.52 为例，对上述模型进行分析，根据第 2 章中直剪试验可得在 $JRC=19$、法向应力为 6.52 MPa 时 JRC 衰减模型的参数，如表 7.6 所示，模拟结果见图 7.22。

表 7.6　计算参数(法向应力为 6.52 MPa)

JRC	v_s/(MPa · min^{-1})	φ_b/(°)	m_{max}	D_J/mm	$JRC_{residual}$	D_f/mm	$\tau_{\mu s}$
19	0.5	32.38	0.162	0.56	1.2	0.59	1.52

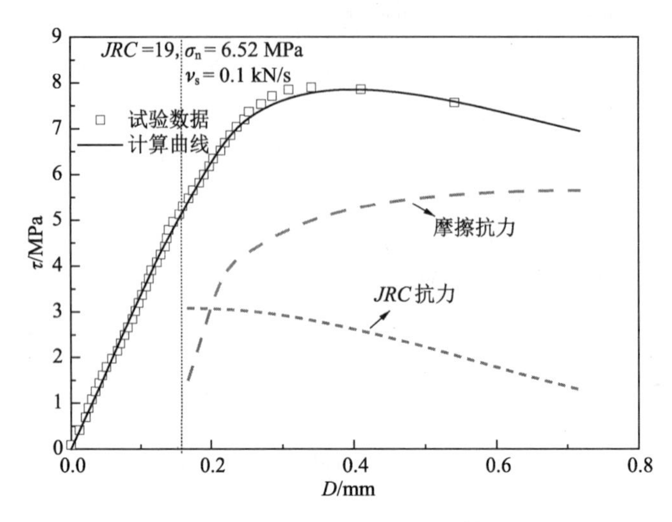

图 7.22　结构面剪切曲线及计算结果

根据第 4 章的拟合结果及式(4.4),蠕变计算参数如表(7.7)所示。

表 7.7　蠕变计算参数

试验编号	τ_c/MPa	v_c/(mm · h^{-1})	n_c	m_c/10^{-3}
c-10-6.52	4.90	2.29×10^{-4}	−0.837	4.80
	5.60	2.85×10^{-4}	−0.828	7.01
	6.30	2.89×10^{-4}	−0.829	10.10
	7.00	3.22×10^{-4}	−0.834	13.42

(2) 蠕变稳定及破坏解释

当剪切应力加载到蠕变应力时,由于变形速率不断减小,根据不同加载速率条件下剪切过程中(7.2.3 节)摩擦抗力稳定临界变形 D_f 与 JRC 抗力临界变形 D_J 的变化规律可知,加载速率减小,裂隙有足够的时间发育,不利于法向应力的传递以及摩擦强度的启动,摩擦抗力稳定的临界变形值 D_f 增大,并且 D_J 和 D_f 的差值增大,如图 7.23 所示,蠕变时摩擦抗力随塑性变形的发展速度低于剪切时摩擦抗力的发展速度,并且由于蠕变速率是不断减小的,D_f 也是动态变化的,JRC 抗力的衰减是与裂隙发展及塑性变形 D_p 直接相关的,因而可以推测其变化不大。

当摩擦抗力始终大于 JRC 抗力需要补偿的强度时,结构面会一直保持稳定,而当摩擦抗力不足以补偿 JRC 抗力衰减的量值时,如果尚未达到摩擦强度最大值,摩擦抗力会随着蠕变速率的增大(加速蠕变阶段)而迅速增大,直到达到最大摩擦强抗力 $\tau_{f\text{-}max}$,摩擦强度不能再增大，外部应力大于结构面内部抗力，此时会发生蠕变破坏。因此，摩擦抗力形态会随着蠕变速率的变化而变化，摩擦强度的发挥会根据蠕变速率的大小而调整，判断蠕变稳定与否只需判断补偿抗力曲线是否大于最大摩擦抗力 $\tau_{\text{f-max}}$。

$$\tau_{\text{f-max}} = \sigma_{\text{n}} \tan \varphi_{\text{b}} + \tau_{\mu \text{s}} + m_{\max} JRC_{\text{residual}} \tag{7.22}$$

需要补偿的摩擦抗力曲线为

$$\tau_{f\text{-c}} = f(\sigma_{\text{n}} \tan \varphi_{\text{b}},\ D_{\text{ps}}) + \left| \Delta f(m_{\max} JRC,\ D_{\text{p}}) \right| \tag{7.23}$$

式中，$f(\sigma_{\text{n}} \tan \varphi_{\text{b}},\ D_{\text{ps}})$ 为瞬时加载至蠕变应力中的摩擦抗力组分。

根据试验参数(表 7.6，表 7.7)以及蠕变条件下等效塑性变形的发展规律[式(7.19)，式(7.20)]，低蠕变应力状态下结构面的 JRC 抗力衰减以及补偿曲线如图 7.23 所示。当蠕变应力为 4.9 MPa，5.6 MPa 时，补偿强度曲线一直位于最大的摩擦强度下方，因此，摩擦抗力完全可以补偿 JRC 抗力的损失。因此，该应力状态下岩石一直处于稳态，不会发生蠕变破坏。

起裂应力以后摩擦强度不断增大，当蠕变应力较小时，摩擦强度与蠕变强度曲线相交，如图 7.23 中点 A 所示，该点摩擦抗力已经完全可以维持蠕变应力，外部应力与摩擦抗力平衡，因而此时裂隙不会发展，JRC 抗力组分也不会下降，蠕变停止。

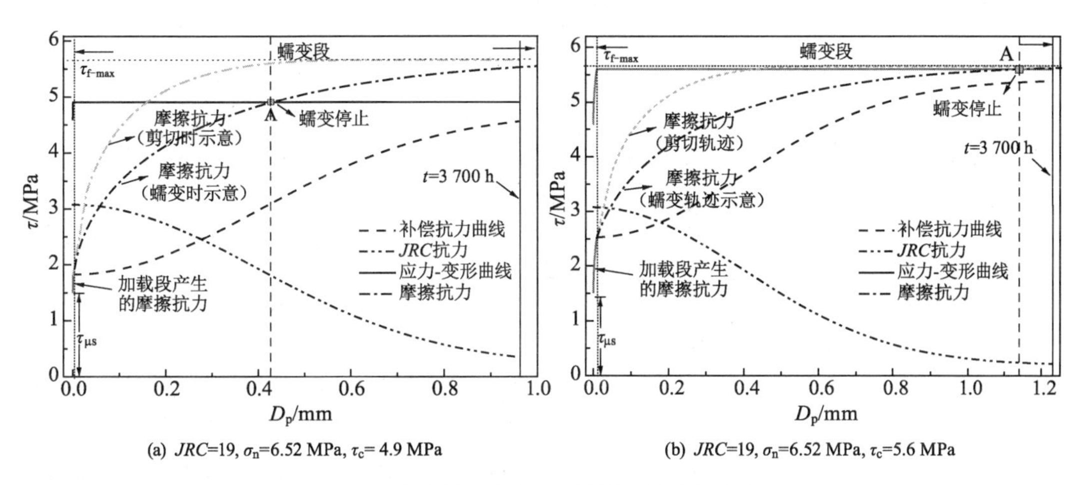

图 7.23　蠕变中的强度损失以及补偿(长期强度以下)

同样地，当蠕变应力较高时，JRC 抗力损失与补偿强度曲线如图 7.24 所示，参数 D_{f} 也随着蠕变速率的变化而变化，以补偿 JRC 抗力的损失。但是需要补偿的抗力超过最大摩擦抗力时，结构面就会发生蠕变破坏，而临界状态下，补偿抗力曲线的强度值正好与摩擦抗力的最大值相等，即

$$\tau_{\text{f-c}} = \tau_{f\text{-max}} \tag{7.24}$$

如图 7.24 所示，当蠕变应力为 6.3 MPa，7.0 MPa 时，补偿曲线在图 7.24 中点 B 处与摩擦强度曲线相交，并且如果继续加载，则补偿曲线继续上升，逐渐大于摩擦强度，此时已经达到摩擦抗力极限，摩擦抗力组分不能对 JRC 抗力的衰减进行补偿，如图 7.24 中阴影部

分，此时内部抗力不能与外部应力平衡，试样发生破坏。根据式(7.24)、式(7.22)和式(7.23)可预测其破坏时的等效塑性变形、蠕变变形以及破坏时间如下：当蠕变应力为6.3 MPa时，等效塑性变形为0.77 mm，蠕变变形为0.742 mm，蠕变破坏时间为1 852 h；当蠕变应力为7.0 MPa时，等效塑性变形为0.54 mm，蠕变变形为0.477 2 mm，蠕变破坏时间为732 h。

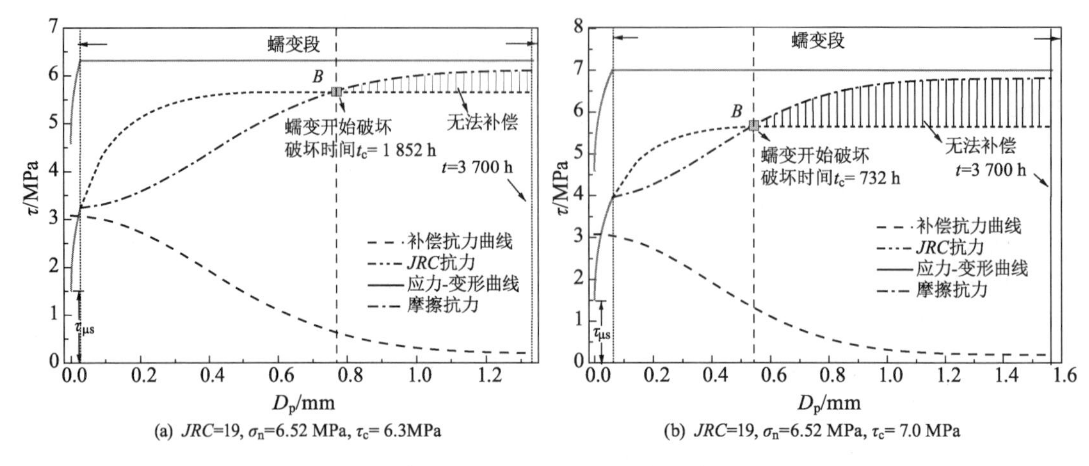

图 7.24　蠕变中的强度损失以及补偿(长期强度以上)

从图7.24中可以看出，蠕变破坏时的蠕变变形以及破坏时间主要与以下两个因素有关：

(1) 蠕变应力：结构面在高应力下发生蠕变破坏的时间比较短，蠕变变形也较小；反之，蠕变破坏需要的时间越长，蠕变变形也就越大。

(2) 同一蠕变应力条件下，瞬时变形(初始变形)越大，蠕变变形越小，相应的蠕变破坏时间也就越短，即蠕变性质与瞬时加载段的应力路径有关。

4. 结构面蠕变及松弛机理解释

根据上述论述，可将结构面看成不可回弹刚性体与摩擦片串联、与岩柱并联的物理模型，如图7.25所示，图中力学元件的性质如下：

① 岩柱：表示 JRC 强度，该岩柱所能提供的强度在达到起裂应力之后会下降。

② 刚性体：压缩时具有弹性的性质，但不具有回弹的性质。

③ 摩擦片：当该元件承担的应力低于摩擦片的阈值应力时，摩擦片不发生相对滑动，此时刚性体发生变形，而当该元件承担的应力高于摩擦片的阈值应力时，刚性体不发生变形，摩擦片发生相对滑动。摩擦片的阈值应力为 $\tau_{f\text{-}max}$。

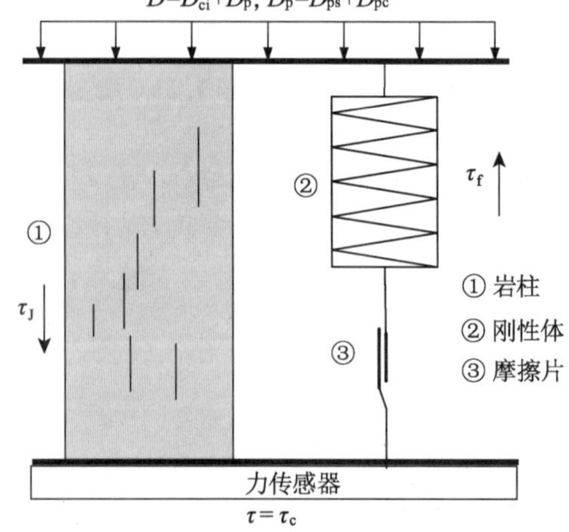

图 7.25　蠕变机理

根据上述元件的基本特征，蠕变的机理可有如下解释：当结构面稳定在蠕变应力以后时，岩柱不断地破坏，造成了岩柱内抗力减小，同时由于蠕变变形的发展，刚性体所承受的应力不断上升，这时外部应力逐渐由岩柱转换到刚性体上承担。如果刚性体承担的应力小于摩擦片的启动阈值，那么此时内部抗力与外部应力平衡，摩擦片不会启动，结构面稳定。如果刚性体的应力大于摩擦片的启动阈值，则摩擦片启动，继而持续滑动导致大变形，如果一直维持大变形状态，外部应力无法降低，最终会引起结构面的破坏。

根据文献[165]中所述，固体材料在松弛时会产生声发射现象，虽然目前反映该现象的室内岩石试验结果还很少见，但是在现场试验中，李正旺等(2001)[166]在岩石隧洞的松弛区监测到了明显的声发射现象，上述现象表明，即使岩石的变形保持不变，在一定的应力条件下，岩石内部也同样会发生破裂。

如图 7.26 和图 7.27 所示，结构面加载至 τ_{ri} 开始松弛，此时瞬时变形为 D，保持初始变形不变，刚性体所产生的抗力恒定，但是在该应力条件下，岩柱内部出现裂隙，岩柱维持在该变形下所产生的抗力减小，此时外部并没有能量供给，系统底部所测得的应力减小，从而出现了应力松弛的现象。

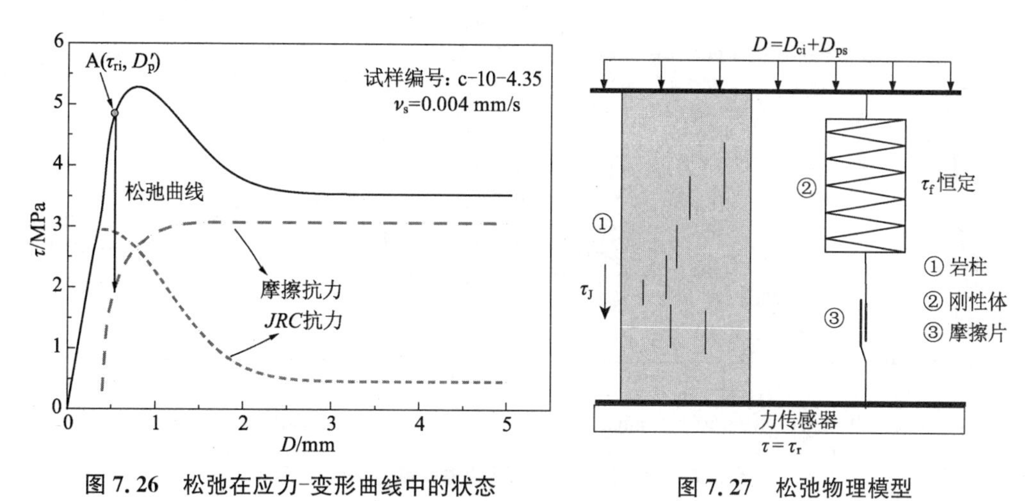

图 7.26　松弛在应力-变形曲线中的状态　　**图 7.27　松弛物理模型**

7.2.5　长期强度机理

根据图 7.25 所示物理模型可知，岩柱所提供的抗力组分是在一定应力条件下随着时间的推移而逐渐降低的，刚性体随着变形的增加，其发挥的抗力越来越大。因此，岩柱的强度损失是造成整个物理模型系统在长期应力作用下强度损失的主要原因。而 *JRC* 越大，说明 *JRC* 所能提供的强度组分越大，也就是图 7.25 所示物理模型中岩柱的强度增大，其所能提供的抗力组分增加，同时可以损失的强度组分也增加。因此，第 6 章中长期强度与峰值强度的比值随 *JRC* 的增大而减小，这再次表明 *JRC* 的增大为时间效应增加了“空间”。

7.2.6　*JRC* 对结构面时间效应的影响机理

图 7.28 所示为 *JRC*＝1，7，11 时的部分计算曲线以及剪切试验数据。从图中可以看出，同种材料，摩擦抗力随着等效塑性变形的发展规律以及曲线的基本形态相同，所不同的是，由于结构面的表面形态不同，弹性阶段所产生的摩擦抗力 $\tau_{\mu s}$ 也是不同的。随着 *JRC* 的

增大，结构面中 JRC 抗力组分所占的比例也就越大，结构面剪切曲线的峰值也越来越明显，这说明 JRC 与剪切曲线的形态以及剪切过程中结构面表现出的脆性程度有着密切的关系。

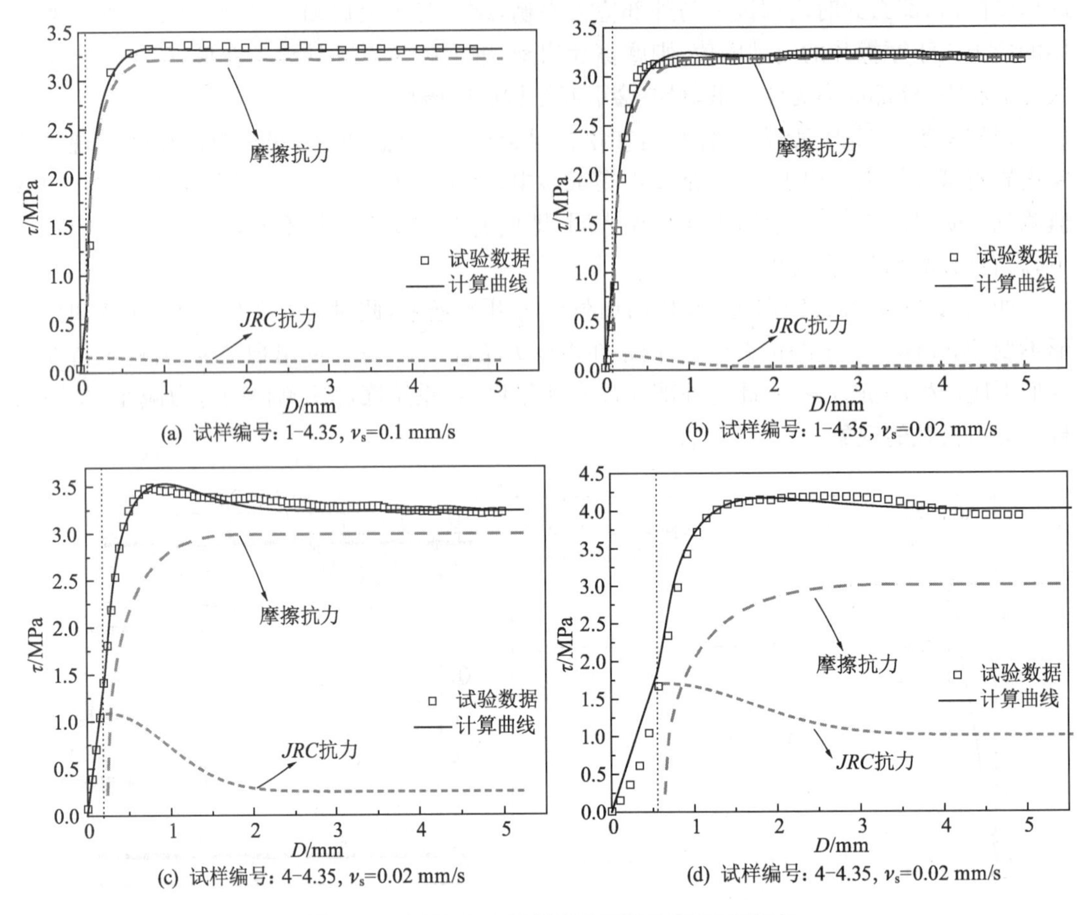

图 7.28 不同 JRC 条件下摩擦强度与 JRC 强度

根据上述蠕变、应力松弛、长期强度以及速率依存性机理可知，JRC 越大，时间对结构面中可影响的抗力成分也就越大，在同样的蠕变应力水平下，JRC 抗力组分所占的比例也就越大，其稳定需要的补偿抗力也就越大，需要较多的等效塑性变形启动摩擦抗力，因而蠕变变形也较大，同时由于 JRC 抗力组分所占的比例较大，在应力松弛过程中，结构面可降低的应力范围也相对较多(即 JRC 强度组分)，因而 JRC 越大，同样应力条件下结构面蠕变和应力松弛效果也越显著。

同样地，对于长期强度也遵循上述原理。由于 JRC 越大，JRC 抗力组分也会越大。由于可衰减的抗力组分增大，通过改变加载参数或环境状态，如长期荷载作用下，摩擦强度启动较慢(D_f较大)，仅仅以补偿 JRC 强度衰减的形式发挥作用，那么 JRC 强度和摩擦强度的组合强度很难表现出比较大的强度值，而比较极端的状态便是 JRC 作用强度完全衰减，最后只表现出了摩擦强度。从上述分析中不难得到结论，即 JRC 越大，强度组分的中的可变组分也就越大，而长期强度是可变组分损失至极限的强度，那么长期强度与峰值强度的差别也就越大，这也从理论上验证了第 6 章的结果。

7.3 本章小结

本章着重对速率依存性、蠕变、应力松弛以及长期强度等结构面时间效应几个重要方面之间的关联性进行了研究；基于结构面的剪切特征，提出了 JRCW 模型，解释了结构面强度剪切速率依存性特征，并尝试以 *JRC* 抗力衰减、摩擦抗力补偿为理论基础，讨论蠕变、应力松弛以及长期强度机理；最后讨论了 *JRC* 对结构面时间效应的影响机理。主要得到以下结论：

（1）蠕变与应力松弛之间可以通过式(7.4)进行转换，同样材料以及结构面，在相同的初始应力条件下，经历相同时间的蠕变量和松弛量的比值为定值。

（2）速率依存性、蠕变、应力松弛具有一定的关联性，可在同一应力-变形空间内表示，并且借助于极限变形曲线可将三者联系起来，统一解释其机理，三者共同作用的结果是结构面所表现出的强度降低，而强度降低的极限值为长期强度。

（3）极限变形曲线将应力-变形空间分为稳定区和非稳定区，任何应力路径到达非稳定区内都会产生变形或应力的变化，进而导致结构面产生应力松弛、蠕变以及速率依存性等现象，而进入稳定区后，结构面应力、变形均保持稳定。

（4）结构面剪切过程中，由于爬坡以及裂隙的发展，*JRC* 强度与摩擦强度并不是同时起作用的，存在着 *JRC* 抗力强化—衰减以及摩擦抗力启动—强化的过程，该过程得到了试验现象以及数值计算结果的证实。

（5）根据 *JRC* 抗力衰减以及摩擦抗力强化特征可推导 JRCW 模型，该模型可以较好地描述结构面的剪切过程，并且通过其参数的变化，可解释结构面剪切速率依存性、蠕变、应力松弛以及长期强度等特征。

（6）根据 JRCW 模型可知，*JRC* 抗力组分与摩擦抗力组分的相对调动时间的不同导致其组合强度不同，进而引起结构面强度表现出了速率依存性；蠕变和应力松弛产生的原因则是 *JRC* 抗力组分的降低，当摩擦抗力不足以补偿 *JRC* 抗力衰减量时，结构面不能提供足够的抗力维持其内外应力的平衡，那么结构面就会发生破坏，而当变形恒定时，应力会随着 *JRC* 抗力的衰减引起结构面应力降低，进而引起应力松弛现象；同时长期强度的产生也是由于 *JRC* 抗力的衰减造成的。

（7）由于 *JRC* 越大，*JRC* 抗力组分在总强度中所占的比例越大，在时间效应影响下的可变强度组分增加，对于不同剪切速率条件下的剪切试验，其强度的变化范围增大；对于蠕变，由于 *JRC* 可衰减“空间”较大，需要更多的变形启动摩擦力补偿强度损失，其蠕变变形相对较大；对于应力松弛，则表现为应力有较大的降低空间；结构面具有较大的可损失的强度，长期强度与峰值强度的比值减小。因此，*JRC* 越大，岩石结构面的时间效应越明显。

第 8 章
结构面时效特性的研究结论

本书通过对人工结构面开展瞬时剪切试验、不同剪切速率下结构面剪切试验、变速率剪切试验、分级加载剪切蠕变试验及剪切应力松弛试验、加卸载后剪切蠕变和剪切应力松弛试验以及等应力循环剪切应力松弛试验，对不同粗糙度结构面时间效应的速率依存性、蠕变、应力松弛和长期强度等四个方面的特征以及关联性进行了分析，并研究了 *JRC* 对结构面时间效应的影响。通过结构面剪切试验过程中剪切块体之间的接触关系特征及其应力分布情况，得出 *JRC* 抗力与摩擦抗力并非同时发挥作用，基于此提出了 JRCW 模型，最后以 JRCW（*JRC* 衰减）模型为基础解释了结构面时间效应作用机理及 *JRC* 对结构面剪切时效特征影响的机理。通过上述试验及分析，得到的主要结论如下：

（1）通过对结构面开展瞬时剪切试验可知，结构面直剪强度与粗糙度系数（*JRC*）呈线性关系，其强度组分可分为由 *JRC* 提供的强度组分（*JRC* 抗力）和摩擦提供的强度组分（摩擦抗力），其强度关系符合式（2.1）；结构面在剪切过程中具有比较明显的非线性特征，可分为结构面及裂隙闭合压密、弹性变形及微破裂稳定发展阶段、非稳定破裂发展阶段、峰后段等四个阶段，该非线性特征与裂隙发展有关；结构面剪切过程即 *JRC* 衰减过程。

（2）通过不同剪切速率结构面剪切试验可知，对于闭合的水泥砂浆结构面，剪切速率越小，结构面内部裂隙具有充足的时间发生和扩展，表现出的强度越小，二者之间的关系符合式（3.2）；剪切速率越小，剪切曲线的屈服应力越小，屈服应力与峰值应力越接近；通过变速率剪切试验的结果验证了关系式（3.2）；结构面力学特性的速率依存性在剪切过程中是动态变化的，以起裂应力和峰值应力为分界点可分为三个阶段，起裂应力至峰值强度段的速率依存性最强；加载速率对起裂应力没有影响；*JRC* 越大，结构面的剪切速率依存性越大。

（3）通过分级加载剪切蠕变试验和分级加载剪切应力松弛试验研究了不同初始剪切应力条件下结构面剪切蠕变和剪切应力松弛特征；剪切蠕变曲线可分为衰减蠕变阶段、稳态蠕变阶段及加速蠕变阶段，剪切应力松弛曲线可分为非线性衰减松弛阶段、稳态松弛阶段及松弛结束阶段，其中二者的稳态阶段均近似为线性；通过剪切蠕变和剪切应力松弛的速率特征可推导其本构模型，二者具有相同的形式特征；本构模型拟合参数分析结果表明，*JRC* 越大，结构面的蠕变和应力松弛能力越大。

（4）通过等应力循环剪切应力松弛试验可知，松弛量随着循环次数的增加逐渐降低，该数值与前期塑性变形呈线性关系，二者具有此消彼长的关系，这说明在应力松弛试验中，松弛应力与塑性变形具有“同源性”，由上述关系可以预测不同应力路径下的应力松弛特征。

（5）等速率曲线拐点法作为推断长期强度的一种新方法，其物理意义明确，求解结果与松弛法、过渡蠕变法和速率法所求得的长期强度值接近，具有一定的合理性和可靠性；*JRC* 越大，长期强度与峰值强度的比值越小，这表明结构面强度的时效特征越明显。

（6）通过加卸载后结构面的蠕变和应力松弛试验可知，结构面经历加卸载应力历史以后，蠕变量和松弛量均会明显降低，蠕变和应力松弛曲线的形态会有显著变化；结构面中的弹性能是结构面蠕变和应力松弛的“动力”。

（7）结构面的塑性变形、裂隙开展等现象是引起结构面蠕变和应力松弛的原因，而 *JRC* 越大，结构面发生上述行为的“空间”越大，相应的蠕变量和松弛量越大，应力历史以及加载条件对蠕变和应力松弛特征的影响也就越大。应力松弛的本质是试验机克服蠕变变形而不断调整导致内部抗力下降的过程；结构面蠕变和应力松弛之间符合式(7.4)所表达的关系，二者可相互转换。

（8）速率依存性、蠕变、应力松弛具有一定的关联性，三者分别或共同作用均会导致结构面出现强度降低，而降低的极限即为长期强度；极限变形曲线可将应力-变形空间分为稳定区和非稳定区，当结构面的应力-变形状态在稳定区时，结构面的应力和变形均保持稳定。

（9）随着剪切变形的增加，*JRC* 抗力呈现强化—衰减的过程，而摩擦抗力则表现出逐渐启动—强化的特征，基于上述原理，建立了 JRCW 模型，该模型可以更为直接地描述不同粗糙度结构面的剪切过程；根据 JRCW 模型可知，结构面速率依存性是由于 *JRC* 抗力组分与摩擦抗力组分的相对调动时间的不同造成的；蠕变和应力松弛产生的原因均是 *JRC* 抗力组分的衰减，蠕变变形是由于裂隙的扩展，*JRC* 抗力衰减，需要更多的蠕变变形启动摩擦抗力以平衡外部蠕变应力，而应力松弛则是由于 *JRC* 抗力的衰减进而引起应力的下降；长期强度则是由于 *JRC* 抗力的衰减而引起的强度损失造成的。

（10）*JRC* 越大，结构面中受时间效应影响的强度组分越大，其时间效应越明显。

参考文献

[1] 孙钧. 岩石流变力学及其工程应用研究的若干进展[J]. 岩石力学与工程学报,2007(6):1081-1106.

[2] 陈亮. 深埋软岩隧道流变特征研究[D]. 成都:西南交通大学,2014.

[3] 卿三惠,黄润秋. 乌鞘岭隧道软岩大变形防治技术问题探讨[J]. 路基工程,2005(4):93-96.

[4] Wang Z, Shen M, Gu L, et al. Creep behavior and long-term strength characteristics of greenschist under different confining pressures[J]. Geotechnical Testing Journal, 2018, 41(1):55-71.

[5] 杨进忠,杨培洲,曾雄辉,等. 锦屏二级水电站1#引水隧洞绿泥石片岩洞段处理技术与应用[J]. 水利水电技术,2015,46(4):87-92.

[6] 沈明荣,张清照. 绿片岩软弱结构面的剪切蠕变特性研究[J]. 岩石力学与工程学报,2010,29(6):1149-1155.

[7] 沈明荣,张清照. 规则齿型结构面剪切特性的模型试验研究[J]. 岩石力学与工程学报,2010,29(4):713-719.

[8] 熊良宵,杨林德,张尧,等. 锦屏二级水电站绿片岩双轴压缩蠕变特性试验研究[J]. 岩石力学与工程学报,2008(S2):3928-3934.

[9] 夏才初,孙宗颀,潘长良. 不同形貌节理的剪切强度和闭合变形研究[J]. 水利学报,1996(11):28-32.

[10] 夏才初,孙宗颀. 节理表面形貌的室内和现场量测及其应用[J]. 勘查科学技术,1994(4):27-31.

[11] 吉锋,石豫川. 硬性结构面表面起伏形态测量及其尺寸效应研究[J]. 水文地质工程地质,2011,38(4):63-68.

[12] 杜时贵. 岩体结构面起伏幅度尺寸效应的试验研究[C] //中国地质学会工程地质专业委员会. 2010年全国工程地质学术年会暨"工程地质与海西建设"学术大会论文集. 中国地质学会工程地质专业委员会:2010.

[13] L. 米勒. 岩石力学:国际力学中心(CISM)固体力学教程第165号教程与讲座[M]. 李世平,冯震海,等,译. 北京:煤炭工业出版社,1981.

[14] Barton N, Choubey V. The shear strength of rock joints in theory and practice[J]. Rock Mechanics and Rock Engineering,1977,10(1): 1-54.

[15] Barton N, Bakhtar K. Modelling of rock joint for the hydro-thermo-mechanical design of nuclear waste vaults[C] //AECLTR-418, 1987.

[16] 孙宗颀,徐放明. 岩石节理表面特性的研究及其分级[J]. 岩石力学与工程学报,1991,10

(1):63-73.
[17] 陶振宇,唐方福,张黎明.节理与断层岩石力学[M].北京:中国地质大学出版社,1992.
[18] 谢和平,王建锋. 节理粗糙度系数的分形估算[J].地质科学译丛, 1992, 9(1): 85-90.
[19] 周创兵.节理面粗糙度系数与分形维数的关系[J].武汉水利电力大学学报,1996(5):1-5.
[20] 王建锋.岩体结构面粗糙度 JRC 研究进展[J].地质科技情报,1991(2):73-78.
[21] 杜时贵,葛军容.岩石结构面粗糙度系数 JRC 测量新方法[J].西安公路交通大学学报,1999,19(2):10-13.
[22] 杜时贵,杨树峰,姜舟,等.JRC 快速测量技术[J].工程地质学报,2002,10(1):98-102.
[23] 杜时贵.岩体节理面的力学效应研究[J].现代地质,1994,8(2):198-208.
[24] 李化,黄润秋. 岩石结构面粗糙度系数 JRC 定量确定方法研究[J].岩石力学与工程学报,2014,33(S2):3489-3497.
[25] Patton F D. Multiple modes of shear failure in rock[C] //The 1st ISRM Congress. International Society for Rock Mechanics, 1966.
[26] Ladanyi B, Archambault G. Simulation of shear behavior of a jointed rock mass[C]// The 11th US Symposium on Rock Mechanics (USRMS). American Rock Mechanics Association, 1969.
[27] Barton N, Bandis S. Review of predictive capabilities of JRC-JCS model in the engineering practice[J]. Rock Joints, 1990: 603-610.
[28] 杜时贵.结构面粗糙度系数研究进展[J].现代地质, 1995(4):516-522.
[29] 杜守继,朱建栋,职洪涛.岩石节理经历不同变形历史的剪切试验研究[J]. 岩石力学与工程学报,2006,25(1):56-60.
[30] Cook N G W. Natural joints in rock: mechanical, hydraulic and seismic behavior and properties under normal stress[J]. International Journal of Rock Mechanics and Mining Sciences & Geomechanics Abstracts,1992,29(3):198-223.
[31] Goodman R E. Introduction to rock mechanics [M]. John Willey and Sons,1989.
[32] Goodman R E, Taylor R L, Brekke T L. A model for the mechanics of jointed rocks [J]. Journal of Soil Mechanics & Foundations Division, 1968(94):637-660.
[33] Bandis S C, Lumsden A C, Barton N R. Foundamentals of rock joint deformation [J]. International Journal of Rock Mechanics and Mining Sciences & Geomechanics Abstracts,1983, 20(6): 249-268.
[34] Barton N, Bandis S, Bakhtar K. Strength, deformation and conductivity coupling of rock joints[J]. International Journal of Rock Mechanics and Mining Sciences & Geomechanics Abstracts,1985,22(3):121-140.
[35] Sharp J C, Maini Y N T. Fundamental considerations on the hydraulic characteristics of joints in rock[C] //Proceedings of the symposium of percolation through fissured rock, Stuttgart, 1972: 15.
[36] Sun Z. Fracture mechanics and tribology of rocks and rock joints[D]. Lulea: Lulea

University of Technology, 1983.

[37] Malama B, Kulatilake P. Models for normal fracture deformation under compressive loading[J]. International Journal of Rock Mechanics and Mining Sciences, 2003, 40(6): 893-901.

[38] 赵坚,蔡军刚,赵晓豹,等.弹性纵波在具有非线性法向变形本构关系的节理处的传播特征[J].岩石力学与工程学报,2003,22(1):9-17.

[39] Jing L, Nordlund E, Stephansson O. A 3-D constitutive model for rock joints with anisotropic friction and stress dependency in shear stiffness[C] //International Journal of Rock Mechanics and Mining Sciences & Geomechanics Abstracts. Pergamon, 1994, 31(2): 173-178.

[40] 尹显俊,王光纶,张楚汉.岩体结构面切向循环加载本构关系研究[J].工程力学,2005,22(6):97-103.

[41] 黄达,黄润秋,雷鹏.贯通型锯齿状岩体结构面剪切变形及强度特征[J].煤炭学报,2014,39(7):1229-1237.

[42] 祁生文.岩质边坡动力反应分析[M].北京:科学出版社,2007.

[43] 尹小涛,葛修润,李春光,等.加载速率对岩石材料力学行为的影响[J].岩石力学与工程学报,2010,29(S1):2610-2615.

[44] Lajtai E Z, Duncan E J S, Carter B J. The effect of strain rate on rock strength[J]. Rock Mechanics and Rock Engineering, 1991, 24(2): 99-109.

[45] Li H B, Zhao J, Li T J. Triaxial compression tests on a granite at different strain rates and confining pressures[J]. International Journal of Rock Mechanics and Mining Sciences, 1999, 36(8): 1057-1063.

[46] Jafari M K, Hosseini K A, Pellet F, et al. Evaluation of shear strength of rock joints subjected to cyclic loading[J]. Soil Dynamics and Earthquake Engineering, 2003, 23(7): 619-630.

[47] 李海波,冯海鹏,刘博.不同剪切速率下岩石节理的强度特性研究[J].岩石力学与工程学报,2006,25(12):2435-2440.

[48] Mirzaghorbanali A, Nemcik J, Aziz N. Effects of shear rate on cyclic loading shear behaviour of rock joints under constant normal stiffness conditions[J]. Rock mechanics and rock engineering, 2014, 47(5): 1931-1938.

[49] 周辉,孟凡震,张传庆,等.结构面剪切破坏特性及其在滑移型岩爆研究中的应用[J].岩石力学与工程学报,2015,34(9):1729-1738.

[50] Crawford A M, Curran J H. The influence of shear velocity on the frictional resistance of rock discontinuities[C] //International Journal of Rock Mechanics and Mining Sciences & Geomechanics Abstracts. Pergamon, 1981, 18(6): 505-515.

[51] Atapour H, Moosavi M. The influence of shearing velocity on shear behavior of artificial joints[J]. Rock mechanics and rock engineering, 2014, 47(5): 1745-1761.

[52] 郑博文,祁生文,詹志发,等.剪切速率对岩石节理强度特性的影响[J].地球科学与环境

学报,2015,37(5):101-110.

[53] 周辉,孟凡震,张传庆,等.结构面剪切过程中声发射特性的试验研究[J].岩石力学与工程学报,2015,34(S1):2827-2836.

[54] Griggs D. Creep of rocks[J]. The Journal of Geology, 1939, 47(3): 225-251.

[55] Cristescu N. Damage and failure of viscoplastic rock-like materials[J]. International Journal of Plasticity, 1986, 2(2): 189-204.

[56] Cristescu N, Hunsche U. Time effects in rock mechanics[M]. New York: Wiley, 1998:231-252.

[57] Okubo S, Nishimatsu Y, Fukui K. Complete creep curves under uniaxial compression [C] //International Journal of Rock Mechanics and Mining Sciences & Geomechanics Abstracts. Pergamon, 1991, 28(1): 77-82.

[58] Stead D, Szczepanik Z. Time dependent acoustic emission studies on potash[C] // The 32nd US Symposium on Rock Mechanics (USRMS). American Rock Mechanics Association, 1991.

[59] Maranini E, Brignoli M. Creep behaviour of a weak rock: experimental characterization[J]. International Journal of Rock Mechanics and Mining Sciences, 1999, 36(1): 127-138.

[60] Fujii Y, Kiyama T, Ishijima Y, et al. Circumferential strain behavior during creep tests of brittle rocks [J]. International Journal of Rock Mechanics and Mining Sciences, 1999, 36(3): 323-337.

[61] Gasc-Barbier M, Chanchole S, Bérest P. Creep behavior of Bure clayey rock[J]. Applied Clay Science, 2004, 26(1): 449-458.

[62] Dubey R K, Gairola V K. Influence of structural anisotropy on creep of rocksalt from Simla Himalaya, India: An experimental approach[J]. Journal of structural Geology, 2008, 30(6): 710-718.

[63] 李永盛.单轴压缩条件下四种岩石的蠕变和松弛试验研究[J].岩石力学与工程学报,1995, 14(1):39-47.

[64] 沈振中,徐志英.三峡大坝地基花岗岩蠕变试验研究[J].河海大学学报,1997(2):3-9.

[65] 李化敏,李振华,苏承东.大理岩蠕变特性试验研究[J].岩石力学与工程学报,2004,23(22):3745-3749.

[66] 徐卫亚,杨圣奇,杨松林,等.绿片岩三轴流变力学特性的研究(Ⅰ):试验结果[J].岩土力学,2005,26(4),531-537.

[67] 万玲,彭向和,杨春和,等.泥岩蠕变行为的实验研究及其描述[J].岩土力学,2005,26(6):924-928.

[68] 梁卫国,徐素国,赵阳升,等.盐岩蠕变特性的试验研究[J].岩石力学与工程学报,2006,25(7):1386-1390.

[69] 熊良宵,杨林德,张尧.绿片岩的单轴压缩各向异性蠕变试验研究[J].同济大学学报(自然科学版),2010,38(11):1568-1573,1663.

[70] 范秋雁,阳克青,王渭明. 泥质软岩蠕变机制研究[J]. 岩石力学与工程学报,2010,29(8):1555-1561.

[71] 张治亮,徐卫亚,王伟. 向家坝水电站坝基挤压带岩石三轴蠕变试验及非线性黏弹塑性蠕变模型研究[J]. 岩石力学与工程学报,2011,30(1):132-140.

[72] 李男,徐辉,胡斌. 干燥与饱水状态下砂岩的剪切蠕变特性研究[J]. 岩土力学,2012,33(2):439-443.

[73] 蒋昱州,朱杰兵,王瑞红. 软硬互层岩体卸荷蠕变力学特性试验研究[J]. 岩石力学与工程学报,2012,31(4):778-784.

[74] 刘小军,刘新荣,王铁行,等. 考虑含水劣化效应的浅变质板岩蠕变本构模型研究[J]. 岩石力学与工程学报,2014,33(12):2384-2389.

[75] 黄兴,刘泉声,康永水,等. 砂质泥岩三轴卸荷蠕变试验研究[J]. 岩石力学与工程学报,2016,35(S1):2653-2662.

[76] 蔡燕燕,孙启超,俞缙,等. 蠕变作用后大理岩强度与变形特性试验研究[J]. 岩石力学与工程学报,2017,36(11):2767-2777.

[77] Curran J H, Crawford A M. A comparative study of creep in rock and its discontinuities[C] //The 21st US Symposium on Rock Mechanics (USRMS). American Rock Mechanics Association, 1980.

[78] 郭志. 临界等速流变剪应力的确定方法[J]. 勘察科学技术,1994(4):24-26.

[79] 李鹏,刘建. 不同含水率软弱结构面剪切蠕变试验及模型研究[J]. 水文地质工程地质,2009,36(6):49-53,67.

[80] 李鹏,刘建,朱杰兵,等. 软弱结构面剪切蠕变特性与含水率关系研究[J]. 岩土力学,2008,29(7):1865-1871.

[81] 张强勇,陈芳,杨文东,等. 大岗山坝区岩体现场剪切蠕变试验及参数反演[J]. 岩土力学,2011,32(9):2584-2590,2602.

[82] 李志敬,朱珍德,朱明礼,等. 大理岩硬性结构面剪切蠕变及粗糙度效应研究[J]. 岩石力学与工程学报,2009,28(S1):2605-2611.

[83] 何志磊,朱珍德,李志敬. 大理岩结构面非线性蠕变损伤本构模型研究[J]. 科学技术与工程, 2014,14(32):68-72.

[84] 沈明荣,张清照. 规则岩体结构面的蠕变特性研究[J]. 岩石力学与工程学报,2008,27(S2): 3973-3979.

[85] 丁秀丽,刘建,白世伟,等. 岩体蠕变结构效应的数值模拟研究[J]. 岩石力学与工程学报, 2006,25(S2): 3642-3649.

[86] 唐红梅,陈涛,鲜学福. 岩体结构面蠕变损伤机理研究[J]. 工程地质学报,2009,17(3): 357-362.

[87] Hudson J A, Harrison J P. Engineering rock mechanics: an introduction to the principles[M]. Elsevier, 2000.

[88] Peng S, Podnieks E R. Relaxation and the behavior of failed rock[C] //International Journal of Rock Mechanics and Mining Sciences & Geomechanics Abstracts.

Pergamon, 1972, 9(6): 699-700.

[89] Peng S S. Time-dependent aspects of rock behavior as measured by a servocontrolled hydraulic testing machine[C] //International Journal of Rock Mechanics and Mining Sciences & Geomechanics Abstracts. Pergamon, 1973, 10(3): 235-246.

[90] Lodus E V. The stressed state and stress relaxation in rocks[J]. Soviet Mining, 1986, 22(2): 83-89.

[91] 陈宗基,石泽全,于智海,等. 用 8000 kN 多功能三轴仪测量脆性岩石的扩容、蠕变及松弛[J]. 岩石力学与工程学报,1989(2):97-118.

[92] 唐礼忠, 潘长良, 谢学斌. 深埋硬岩矿床岩爆控制研究[J]. 岩石力学与工程学报, 2003, 22(7):1067-1071.

[93] 唐礼忠,潘长良. 岩石在峰值荷载变形条件下的松弛试验研究[J]. 岩土力学,2003,24(6):940-942.

[94] 李铀,朱维申,彭意,等. 某地红砂岩多轴受力状态蠕变松弛特性试验研究[J]. 岩土力学,2006,27(8):1248-1252.

[95] 于怀昌,李亚丽,刘汉东. 粉砂质泥岩常规力学、蠕变以及应力松弛特性的对比研究[J]. 岩石力学与工程学报,2012,31(1):60-70.

[96] 田洪铭,陈卫忠,赵武胜,等. 宜-巴高速公路泥质红砂岩三轴应力松弛特性研究[J]. 岩土力学,2013,34(4):981-986.

[97] 田洪铭,陈卫忠,肖正龙,等. 泥质粉砂岩高围压三轴压缩松弛试验研究[J]. 岩土工程学报, 2015,37(8):1433-1439.

[98] Paraskevopoulou C, Perras M, Diederichs M, et al. The three stages of stress relaxation-Observations for the time-dependent behaviour of brittle rocks based on laboratory testing[J]. Engineering Geology, 2017, 216: 56-75.

[99] Fahimifar A, Soroush H. Effect of time on the stress-strain behaviour of a single rock joint[J]. Bulletin of Engineering Geology and the Environment, 2005, 64(4): 383-396.

[100] 刘昂,沈明荣,蒋景彩,等. 基于应力松弛试验的结构面长期强度确定方法[J]. 岩石力学与工程学报,2014,33(9):1916-1924.

[101] 田光辉,沈明荣,周文锋,等. 分级加载条件下的锯齿状结构面剪切松弛特性[J]. 哈尔滨工业大学学报,2016,48(12):108-113.

[102] Schmidtke R H, Lajtai E Z. The long-term strength of Lac du Bonnet granite[C] //International Journal of Rock Mechanics and Mining Sciences & Geomechanics Abstracts. Pergamon, 1985, 22(6): 461-465.

[103] Szczepanik Z, Milne D, Kostakis K, et al. Long term laboratory strength tests in hard rock [C] //The 10th ISRM Congress. International Society for Rock Mechanics, 2003.

[104] 刘晶辉,王山长,杨洪海. 软弱夹层流变试验长期强度确定方法[J]. 勘察科学技术, 1996(5):3-7.

[105] 李晓，王思敬，李焯芬. 破裂岩石的时效特性及长期强度[C] //中国岩石力学与工程学会第五次学术大会论文集. 北京，1998：214-219.
[106] 崔希海，付志亮. 岩石流变特性及长期强度的试验研究[J]. 岩石力学与工程学报，2006(5)：1021-1024.
[107] 刘传孝，贺加栋，张美政，等. 深部坚硬细砂岩长期强度试验[J]. 采矿与安全工程学报，2010，27(4)：581-584.
[108] 崔旋，佘成学. 推断岩石长期强度的黏塑性应变率法研究[J]. 岩石力学与工程学报，2011，30(S2)：3899-3904.
[109] 沈明荣，谌洪菊. 红砂岩长期强度特性的试验研究[J]. 岩土力学，2011，32(11)：3301-3305.
[110] 侯宏江，沈明荣. 岩体结构面流变特性及长期强度的试验研究[J]. 岩土工程技术，2003(6)：324-326，353.
[111] Wang Z, Shen M, Ding W, et al. Time-dependent behavior of rough discontinuities under shearing conditions[J]. Journal of Geophysics and Engineering, 2017, 15(1): 51-61.
[112] Ang L, Mingrong S, Jingcai J. Investigation of the shear stress relaxation characteristics of a structural plane using the isostress cyclic loading method[J]. Geotechnical Testing Journal, 2015,38(2):219-228.
[113] 徐平，夏熙伦. 三峡工程花岗岩蠕变特性试验研究[J]. 岩土工程学报，1996(4)：66-70.
[114] 丁秀丽，刘建，刘雄贞. 三峡船闸区硬性结构面蠕变特性试验研究[J]. 长江科学院院报，2000(4)：30-33.
[115] 张清照，沈明荣，丁文其. 绿片岩软弱结构面剪切蠕变本构模型研究[J]. 岩土力学，2012，33(12)：3632-3638.
[116] 张清照，沈明荣，丁文其. 结构面的剪切蠕变特性及本构模型研究[J]. 土木工程学报，2011，44(7)：127-132.
[117] Lai J S Y, Findley W N. Prediction of uniaxial stress relaxation from creep of nonlinear viscoelastic material[J]. Journal of Rheology, 1968, 12(2):243-257.
[118] Taira S, Suzuki F. Relationship between relaxation and creep[J]. Journal of the Society of Materials Science Japan, 1962, 11(102):169-175.
[119] 屈钧利，刘军，高荫桐. 材料的松弛与蠕变函数曲线之间的转换关系[C] //矿井建设与岩土工程技术新发展，1997.
[120] 湛利华，阳凌. 时效蠕变与时效应力松弛行为转换关系[J]. 塑性工程学报，2013，20(3)：126-131.
[121] 徐献忠. 基于蠕变理论的应力松弛模型[C] //中国力学学会学术大会论文摘要集，2009.
[122] 刘雄. 岩石流变学概论[M]. 北京：地质出版社，1994.
[123] 张泷，刘耀儒，杨强. 基于内变量热力学的岩石蠕变与应力松弛研究[J]. 岩石力学与工

程学报,2015,34(4):755-762.

[124] 田光辉,沈明荣,翟飞格,等.锯齿形结构面剪切流变特性分析[J].工程勘察,2017,45(10):13-18,33.

[125] 付建新,宋卫东,羽柴公博.岩石强度的时间依存性及围压影响效应的若干研究进展及展望[J].岩石力学与工程学报,2016,35(S2):3653-3661.

[126] Barton N. Suggested methods for the quantitative description of discontinuities in rock masses [J]. ISRM, International Journal of Rock Mechanics and Mining Sciences & Geomechanics Abstracts, 1978, 15(6):319-368.

[127] 杜时贵,黄曼,罗战友,等.岩石结构面力学原型试验相似材料研究[J].岩石力学与工程学报,2010,29(11):2263-2270.

[128] Einstein H H, Veneziano D, Baecher G B, et al. The effect of discontinuity persistence on rock slope stability[C] //International Journal of Rock Mechanics and Mining Sciences & Geomechanics Abstracts. Pergamon, 1983, 20(5): 227-236.

[129] 郭志.实用岩体力学[M].北京:地震出版社,1996.

[130] 任伟中,王庚荪,白世伟,等.共面闭合断续节理岩体的直剪强度研究[J].岩石力学与工程学报,2003(10):1667-1672.

[131] Bandis S, Lumsden A C, Barton N R. Experimental studies of scale effects on the shear behaviour of rock joints[C]//International journal of rock mechanics and mining sciences & geomechanics abstracts. Pergamon, 1981, 18(1): 1-21.

[132] Okubo S, Nishimatsu Y, He C. Loading rate dependence of class II rock behaviour in uniaxial and triaxial compression tests—an application of a proposed new control method[C]//International Journal of Rock Mechanics and Mining Sciences & Geomechanics Abstracts. Pergamon, 1990, 27(6): 559-562.

[133] Fukui K, Okubo S, Nishimatsu Y. Creep behaviour of rock in the post-failure region[J]. Journal-Mining and Materials Processing Institute of Japan, 1993, 109(5): 361-361.

[134] Fukui K, Okubo S, Iwano K. Loading rate dependency of Sanjome andesite and Tage tuff in uniaxial tension[J]. Doboku Gakkai Ronbunshu, 2003 (729): 59-71.

[135] Bieniawski Z T. Time-dependent behaviour of fractured rock[J]. Rock Mechanics and Rock Engineering, 1970, 2(3): 123-137.

[136] Hashiba K, Okubo S, Fukui K. A new testing method for investigating the loading rate dependency of peak and residual rock strength[J]. International Journal of Rock Mechanics & Mining Sciences, 2006, 43(6):894-904.

[137] 张海龙,许江,大久保诚介,等.基于应力归还控制的岩石荷载速率依存性研究[J].岩石力学与工程学报,2017,36(1):93-106.

[138] Wang Z, Gu L, Shen M, et al. Influence of shear rate on the shear strength of discontinuities with different joint roughness coefficients[J]. Geotechnical Testing Journal, 2020,43(3):683-700.

[139] 许江,唐晓军,李树春,等.周期性循环载荷作用下岩石声发射规律试验研究[J].岩土力学,2009,30(5):1241-1246.

[140] 沈明荣,陈建峰.岩体力学[M].上海:同济大学出版社,1998:73-78.

[141] Tan T K. Determination of the rheological parameters and the hardening coefficients of clays[M]. Rheology and Soil Mechanics, Springer Berlin Heidelberg, 1966: 256-272.

[142] Tan T K, Kang W F. Locked in stresses, creep and dilatancy of rocks, and constitutive equations[J]. Rock Mechanics and Rock Engineering, 1980, 13(1): 5-22.

[143] 王煜曦,王金安,唐君.断裂岩石在蠕剪过程中的声发射特征[J].岩石力学与工程学报,2015,34(S1):2948-2958.

[144] 田光辉.规则齿形结构面剪切流变特性分析[D].上海:同济大学,2017.

[145] 王振,顾琳琳,沈明荣.不同粗糙度岩体节理面应力松弛特性及机理[J/OL].[2020-01-04].西南交通大学学报:1-8.

[146] Wang Z, Gu L, Shen M, et al. Shear stress relaxation behavior of rock discontinuities with different joint roughness coefficient and stress histories[J]. Journal of Structural Geology, 2019,126:272-285.

[147] Fabre G, Pellet F. Creep and time-dependent damage in argillaceous rocks[J]. International Journal of Rock Mechanics and Mining Sciences, 2006, 43(6): 950-960.

[148] Damjanac B, Fairhurst C. Evidence for a long-term strength threshold in crystalline rock[J]. Rock Mechanics and Rock Engineering, 2010, 43(5): 513-531.

[149] 王振,沈明荣,田光辉,等.不同粗糙度结构面时效强度特征[J].岩石力学与工程学报,2017,36(S1):3287-3296.

[150] 葛修润,卢应发.循环荷载作用下岩石疲劳破坏和不可逆变形问题的探讨[J].岩土工程学报,1992, 14(3):56-60.

[151] 葛修润,蒋宇,卢允德,等.周期荷载作用下岩石疲劳变形特性试验研究[J].岩石力学与工程学报,2003, 22(10): 1581-1585.

[152] 章清叙,葛修润,黄铭,等.周期荷载作用下红砂岩三轴疲劳变形特性试验研究[J].岩石力学与工程学报,2006(3):473-478.

[153] 肖建清,丁德馨,徐根,等.常幅循环荷载下岩石的变形特性[J].中南大学学报(自然科学版),2010,41(2):685-691.

[154] Bérest P, Bergues J, Duc N M. Comportement des roches au cours de la. rupture: applications à l'interprétation d'essais sur des tubes épais[J]. Revue française de Géotechnique, 1979 (9): 5-12.

[155] 方理刚.岩石节理弹塑性本构关系[J].岩土工程学报,1996(3):91-95.

[156] Zhang F, Yashima A, Nakai T, et al. An elasto-viscoplastic model for soft sedimentary rock based on t_{ij} concept and subloading yield surface[J]. Soils and

foundations, 2005, 45(1): 65-73.

[157] 张锋. 计算土力学[M]. 北京:人民交通出版社, 2007.

[158] 陈育民,徐鼎平. FLAC/FLAC3D 基础与工程实例[M]. 北京:中国水利水电出版社, 2009.

[159] Hajiabdolmajid V R. Mobilization of strength in brittle failure of rock[D]. Kingston:Department of Mining Engineering, Queen's University, 2001.

[160] Hajiabdolmajid V, Kaiser P K, Martin C D. Modelling brittle failure of rock[J]. International Journal of Rock Mechanics and Mining Sciences, 2002, 39(6): 731-741.

[161] Wang Z, Gu L, Zhang Q, et al. Creep characteristics and prediction of creep failure of rock discontinuities under shearing conditions[J]. International Journal of Earth Sciences, 2020,109,945-958.

[162] 陈康. 红砂岩蠕变过程中应变与声发射特性关系研究[D]. 赣州:江西理工大学,2016.

[163] 杨永杰,王德超,赵南南,等. 煤岩蠕变声发射特征试验研究[J]. 应用基础与工程科学学报,2013,21(1):159-166.

[164] 吕培苓,吴开统,焦远碧,等. 岩石蠕变过程中声发射活动的实验研究[J]. 地震学报,1991(1):104-112,130.

[165] 刘秀. 流变固体材料的 Kaiser 效应[C] //第十一届全国流变学学术会议论文集. 中国力学学会流变学专业委员会:中国力学学会,2012.

[166] 李正旺,吉冈尚也. 岩石隧洞掘进过程中松弛区域的声发射评价[J]. 岩石力学与工程学报, 2001(S1):1177-1181.